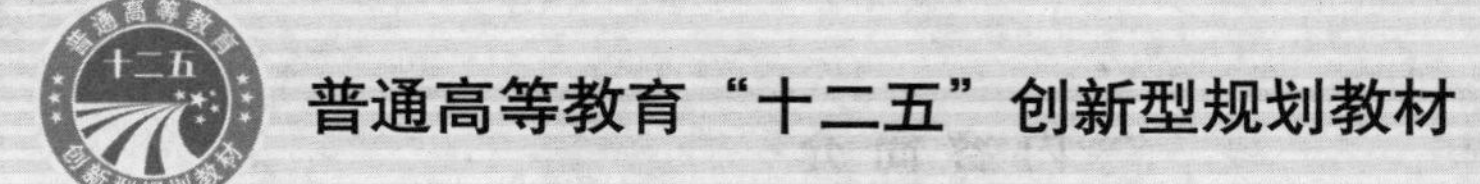

Danpianji

YuanLi Ji Yingyong

单片机原理及应用

■ 主　编　尹毅峰　刘龙江

■ 副主编　淡海英

北京理工大学出版社

BEIJING INSTITUTE OF TECHNOLOGY PRESS

内 容 简 介

本书通过七个基础项目和四个综合项目深入浅出地介绍了 MCS—51 单片机的产品设计过程和软件工具使用方法。全书共十一个项目，将 MCS—51 的各方面的知识点用项目实施的形式逐一进行讲解。项目一用于单片机简单系统的构建；项目二、项目三为单片机的原理结构和汇编程序的基础知识应用；项目四、项目五、项目六主要描述了单片机的外部、定时器/计数器和串行口通信三个中断系统的实际应用；项目七是实现单片机的输出显示功能。每个项目的理论均以项目形式展开对 MCS—51 知识体系的介绍。综合应用部分使读者在掌握整本教材的要点之后，可以参考四个综合项目开发模板，掌握单片机产品开发的整体过程。

本书的服务对象为高校机电、电子、计算机和自动控制类专业的在校学生，也可供从事单片机产品开发的工程人员参考。

图书在版编目（CIP）数据

单片机原理及应用／尹毅峰，刘龙江主编．—北京：北京理工大学出版社，2010.7

ISBN 978-7-5640-3516-7

Ⅰ.①单…　Ⅱ.①尹…　②刘…　Ⅲ. 单片微型计算机－高等学校－教材　Ⅳ.①TP368.1

中国版本图书馆 CIP 数据核字（2010）第 148067 号

出版发行／北京理工大学出版社
社　　址／北京市海淀区中关村南大街 5 号
邮　　编／100081
电　　话／(010)68914775(办公室)　68944990(批销中心)　68911084(读者服务部)
网　　址／http：／／www. bitpress. com. cn
经　　销／全国各地新华书店
印　　刷／三河市文通印刷包装有限公司
开　　本／710 毫米×1000 毫米　1/16
印　　张／15.5
字　　数／293 千字
版　　次／2010 年 7 月第 1 版　2010 年 7 月第 1 次印刷　　责任编辑／张慧峰
印　　数／1～2000 册　　责任校对／陈玉梅
定　　价／32.00 元　　责任印制／边心超

针对目前社会对高等院校学生应具有较强的实际操作和实践技能需要的要求，本教材利用实际项目将理论、实践应用、产品制作有机地结合为一体。以理论知识为基础，以项目实施训练为重点，以伟福6000和Protues7.5两套软件为工具，结合Keil的编译环境，引导读者利用汇编语言和C51完成各种单片机小产品的制作，缩短了理论教学与实践应用之间的距离。

本教材根据高等院校教育的特点，注重以项目中贯穿理论的方式组织各章节的内容。全书共十一个项目。第一篇的项目一介绍了单片机应用系统开发过程的认识，项目二介绍了单片机I/O控制，项目三介绍了循环控制的流水灯及汇编程序设计，项目四介绍了单片机控制的外部中断项目设计，项目五介绍了定时/计数器项目设计，项目六介绍了RS—232串口通信项目设计，项目七介绍了单片机与液晶显示模块接口项目设计。第二篇章以四个综合性的单片机产品项目为依托，介绍了单片机产品的开发流程。

本书由尹毅峰、刘龙江任主编，淡海英任副主编，具体参加编写的人员有：尹毅峰负责编写第一篇的项目一、项目五、项目六、项目七，刘龙江负责编写第一篇的项目二、项目三、项目四，淡海英负责编写第二篇及附录A、B，孙永芳负责编写项目四及附录C、附录D、附录E。

由于编者水平有限，书中不妥和错误之处在所难免，欢迎广大读者批评指正。编者的电子邮箱为yinyifeng@yeah.net。

第一篇　基础项目部分

第二篇　提高项目部分

第一篇
基础项目部分

项目一　单片机应用系统开发过程的认识

项目二　单片机I/O控制

项目三　循环控制的流水灯及汇编程序设计

项目四　单片机控制的外部中断项目设计

项目五　定时/计数器项目设计

项目六　RS—232串口通信项目设计

项目七　单片机与液晶显示模块接口项目设计

项目一　单片机应用系统开发过程的认识

1.1　项目概述

单片机（单片微型计算机）实际上是一种将 CPU（中央处理器）、存储器和输入输出接口集成在一个芯片中的微型计算机。单片机的内部硬件结构和指令系统主要是针对自动控制应用而设计的，所以单片机又称微控制器 MCU（Micro Controller Unit），又由于其可以很容易地将计算机嵌入到各种仪器和现场控制设备中，因此单片机也叫嵌入式微控制器（Embedded MCU）。

项目一是一个简单的单片机应用项目，项目任务是利用仿真软件实现单片机对发光二极管的控制，将 8 个发光二极管分别连接到 8051 单片机的并行口 P1 的每个位，利用汇编中常用的 MOV 指令实现对发光二极管的控制，实现 8 个灯的全灭以及指定位的亮和灭。

1.2　项目要求

（1）要求读者了解 MOV 指令的简单应用，了解简易单片机系统的设计方法。

（2）要求读者能够用汇编指令实现对发光二极管的控制。

（3）通过对本项目的实施，能够熟悉伟福 6000 和 Protues 两个软件在单片机仿真中的作用。

1.3　项目目的

本项目的目的是令读者了解简易单片机项目的开发流程，在项目设计过程中了解单片机的内部结构、MCS—51 CPU 芯片的引脚，加深对地址总线、数据总线和控制总线的认识，熟悉伟福 6000 和 Protues 软件的使用方法。

1.4 项目支撑知识

在一般工业领域，8 位通用型单片机，仍然是目前应用最广的单片机。在众多通用 8 位单片机中，8051 系列产品最多，其派生产品也较多，成为单片机应用中的主流系列。8051 系列单片机是以美国 Intel 公司的 8051 芯片为核心所派生出来的产品，当然也包括 Intel 公司本身的 MCS—51 系列产品，但由于 MCS 是 Intel 公司的注册商标，所以其他公司生产的 8051 派生产品，不能称之为 MCS—51 系列，只能称为 8051 系列。本项目需要读者了解 MCS—51 的结构和引脚。

1.4.1 项目开发背景知识 1　MCS—51 系列单片机的结构和引脚

1. MCS—51 系列单片机内部结构

MCS—51 系列单片机的内部结构框图如图 1.1 所示。

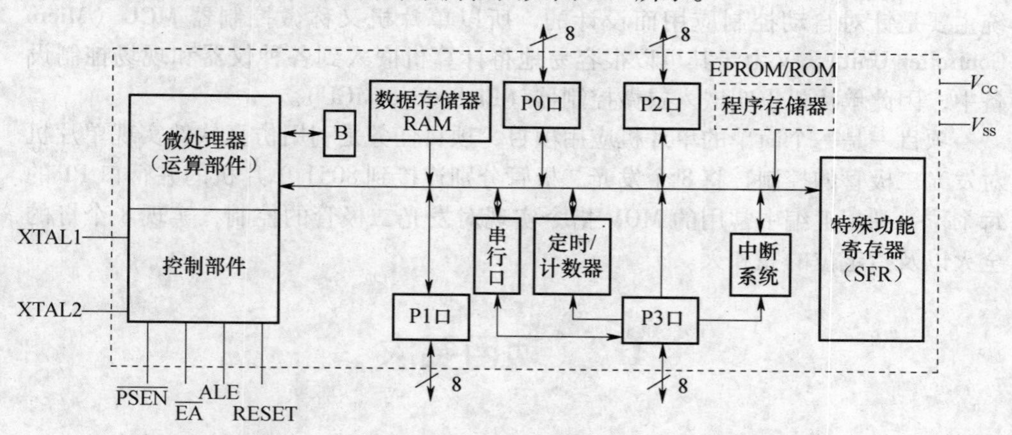

图 1.1　按功能划分的 MCS—51 系列单片机内部结构简化框图

根据图 1.1 按其功能部件划分可以看出，MCS—51 系列单片机由 8 大部分组成。

1）中央处理器（CPU）

CPU 是单片机的核心，用以完成运算和控制功能。运算由算术逻辑单元（ALU）为主的“运算器”完成。而控制则由包括时钟振荡器在内的“控制器”完成，其主要功能是对指令码进行译码，然后在时钟信号的控制下，使单片机的内外电路能够按一定的时序协调有序地工作，执行译码后的指令。

2）内部 RAM

8051 系列单片机共有 256 个字节的 RAM 单元，但只有地址为 00 ~ 7FH 这低 128 个单元供片内随机存储器（RAM）使用，而高 128 个单元的一部分被特殊功能寄存器（SFR）占用。SFR 只有 18 个，共占用 21 个单元。其余未被占用的 107 个单元，用户不能够使用。

3）内部 ROM

8051 单片机内有 4 KB 掩膜 ROM，这些只读存储器用于存放程序、原始数据或表格，所以称为程序存储器，8751 单片机片内有 4 KB 的 EPROM 型只读存储器。

4）定时器/计数器

8051 系列单片机内部有 2 个 16 位的定时/计数器 T0、T1，以完成定时和计数的功能。通过编程，T0（或 T1）还可以用作 13 位和 8 位定时/计数器。

5）并行口

8051 单片机内部共有 4 个输入/输出口，一般称为 I/O 口，即 P0、P1、P2、P3 口，每个口都是 8 位。原则上 4 个口都可以作为通用的输入/输出口，但对初学者来说，一般用 8031 型单片机，其片内没有 ROM，需用 P0 口作为低 8 位地址、数据线的分时复用口，即相当于计算机的 AD0 ~ AD7 线。而 P2 口作为高 8 位地址的复用口，即 A8 ~ A15 地址线。P3 口各个管脚又有不同的第二功能，例如，读、写控制信号等。所以，只有 P1 口可作为通用的 I/O 口使用。另外，有时还需要在片外扩展 I/O 口。

6）串行口

8051 系列单片机有一个全双工的串行 I/O 口，以完成单片机和其他计算机或通信设备之间的串行数据通信，单片机使用 P3 口的 RXD 和 TXD 两个管脚进行串行通信。

7）中断系列

8051 系列单片机内部有很强的中断功能，以满足控制应用的需要。其共有 5 个中断源，即外部中断源 2 个，定时/计数器中断源 2 个，串行中断源 1 个。

8）CPU 内部总线和外部总线

当单片机最小系统不能满足系统功能的要求时，就需要进行扩展。为了使单片机能方便地与各种扩展芯片连接，常将 MCS—51 单片机的外部连线变为一般的微型计算机三总线结构形式，其三总线由下列通道口的引线组成。

地址总线：是包括由 P0 口组成的数据总线（DB）（分时复用），由 P0 口和 P2 口组成的 16 位地址总线（AB）（P0 口分时复用），由 P2 口提供高 8 位地址线，此口具有输出锁存的功能，能保留地址信息。由 P0 口提供低 8 位地址线。

数据总线：由 P0 口提供。此口是双向、输入三态控制的 8 位通道口。

控制总线：由$\overline{\text{PSEN}}$、$\overline{\text{EA}}$、ALE 和 P3 口部分管脚（读信号$\overline{\text{RD}}$及写信号$\overline{\text{WR}}$）组成控制总线（CB）。扩展系统时常用的控制信号为：ALE——地址锁存信号，用以实现对低 8 位地址的锁存；$\overline{\text{PSEN}}$——片外程序存储器取指信号；$\overline{\text{RD}}$——片外数据存储器读信号；$\overline{\text{WR}}$——片外数据存储器写信号。

2. MCS—51 单片机 CPU 的引脚

MCS—51 系列单片机芯片均为 40 个引脚，HMOS 工艺制造的芯片采用双列直插（DIP）方式封装，其引脚示意及功能分类如图 1. 2 所示。CMOS 工艺制造的低功耗芯片也有采用方形封装的，但为 44 个引脚，其中 4 个引脚是不使用的。

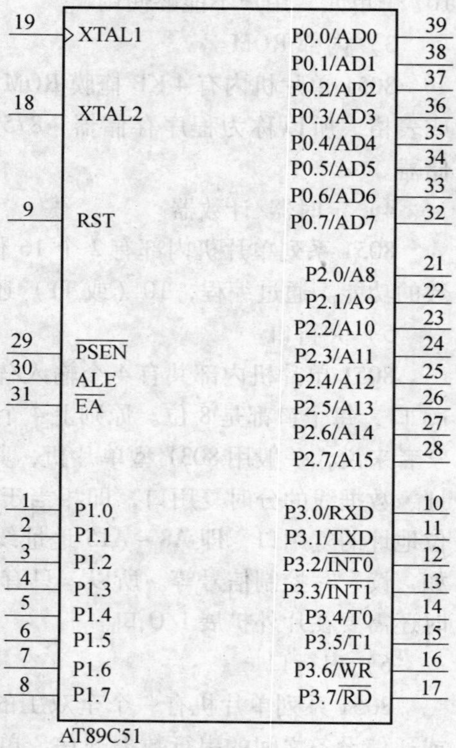

1）主电源引脚 V_{CC}和 V_{SS}

V_{CC}（40 脚）：接 +5 V 电源正端。

V_{SS}（20 脚）：接 +5 V 电源地端。

2）外接晶体引脚 XTAL1 和 XTAL2

XTAL1（19 脚）接外部石英晶体的一端。在单片机内部，它是一个反相放大器的输入端，这个放大器构成了片内振荡器。当采用外部时钟时，对于 HMOS 单片机，该引脚接地；对于 CHMOS 单片机，该引脚作为外部振荡信号的输入端。XTAL2（18 脚）接外部晶体的另一端。在单片机内部，接至片内振荡器的反相放大器的输出端。当采用外部时钟时，对于 HMOS 单片机，该引脚作为外部振荡信号的输入端；对于 CHMOS 芯片，该引脚悬空不接。

图 1. 2　MCS—51CPU 引脚

3）控制信号或与其他电源复用引脚

控制信号或与其他电源复用引脚有 RST/VPD、ALE/$\overline{\text{PROG}}$、$\overline{\text{PSEN}}$和$\overline{\text{EA}}$/V_{PP} 4 种形式。

（1）RST/VPD（9 脚）的含义：RST 即为 RESET（复位），VPD 为备用电源，所以该引脚为单片机的上电复位或掉电保护端，各寄存器复位状态见表 1. 1。

（2）ALE/$\overline{\text{PROG}}$（30 脚）：当访问外部存储器时，ALE（允许地址锁存信号）以每机器周期两次的信号输出，用于锁存出现在 P0 口的低 8 位地址。

（3）$\overline{\text{PSEN}}$（29 脚）：为片外程序存储器读选通信号输出端，低电平有效。

（4）$\overline{\text{EA}}$/V_{PP}（31 脚）：为访问外部程序存储器控制信号，低电平有效。

表 1.1　MCS—51 寄存器复位状态

寄存器	复位状态	寄存器	复位状态
PC	0000H	IP	× ×000000B
A	00H	IE	0 ×000000B
B	00H	TMOD	00H
PSW	00H	TCON	00H
SP	07H	TH0	00H
DPTR	0000H	TL0	00H
P0	0FFH	TH1	00H
P1	0FFH	TL1	00H
P2	0FFH	SCON	00H
P3	0FFH	SBUF	× ×H
PCON	0 × × ×0000H		

4）输入/输出（I/O）引脚 P0 口、P1 口、P2 口及 P3 口

（1）P0.0～P0.7 统称为 P0 口（39 脚～32 脚）。P0 口是一个三态双向口，可作为地址/数据分时复用口，也可作为通用 I/O 接口。当 P0 口作为地址/数据分时复用总线时，可分为两种情况：一种是从 P0 口输出地址或数据；另一种是从 P0 口输入数据。

（2）P1.0～P1.7 统称为 P1 口（1 脚～8 脚），可作为准双向 I/O 接口使用。从功能上来看 P1 只有一种功能（对 MCS—51 子系列），即通用输入/输出 I/O 接口，具有输入、输出、端口操作 3 种工作方式，每 1 位口线能独立地用作输入或输出线。

（3）P2.0～P2.7 统称为 P2 口（21 脚～28 脚），一般可作为准双向 I/O 接口。具有通用 I/O 接口或高 8 位地址总线输出 2 种功能。

（4）P3.0～P3.7 统称为 P3 口（10 脚～17 脚）。P3 口除了可作为通用准双向 I/O 接口外，每 1 根线还具有第 2 功能。

1.4.2　项目开发背景知识 2　单片机中数的表示

为了避免使用多种进位制的混乱，在书写计算机程序时，一般不用基数作为下标来区分各种进制，而是用相应的英文字母作后缀来表示各种进制的数。

例如：B（Binary）——表示二进制数；

D（Decimal）——表示十进制数，一般 D 可省略，即无后缀的数字为十进制数；

H（Hexadecimal）——表示十六进制数。

计算机中实际的数值是带有符号的，既可能是正数，也可能是负数，前者符号用“+”号表示，后者符号用“-”号表示，运算的结果也可能是正数，也可能是负数。于是在计算机中就存在着如何表示正、负数的问题。

1. 带符号数的表示方法

通常规定一个有符号数的最高位为符号位，即数的符号在机器中也数码化了。把一个数放在计算机中的表示形式叫机器数，而这个数本身就称为这个机器数的真值。一个有符号数，由于编码不同，可以有几种机器数。反之，一个机器数，由于解释方法不同，又可代表几种真值，见表 1.2。广义地说，在计算机内（存在内存或寄存器中）的数就是机器数，它可以代表无符号数，也可以代表有符号数，有时还可代表字符，它究竟代表什么是由编程者确定的。

表 1.2　数的表示方法

机器数		真值（十进制）			
二进制数码	十六进制表示	无符号数	原码	反码	补码
00000000	00H	0	+0	+0	+0
00000001	01H	1	+1	+1	+1
00000010	02H	2	+2	+2	+2
…	…	…	…	…	…
01111110	7EH	126	+126	+126	+126
01111111	7FH	127	+127	+127	+127
10000000	80H	128	-0	-127	-128
10000001	81H	129	-1	-126	-127
…	…	…	…	…	…
11111110	0FEH	254	-126	-1	-2
11111111	0FFH	255	-127	-0	-1

由于计算机只能识别 0 和 1，因此，在计算机中通常把 1 个二进制数的最高位作为符号位，以表示数值的正与负（若用 8 位表示 1 个数，则 D7 位为符号位；若用 16 位表示 1 个数，则 D15 位为符号位），并用 0 表示“+”，用 1

表示“-”。

具体而言，带符号的二进制数，在计算机中有三种表示方式，即为原码、反码和补码。它们的共同特点都是通过符号位来表示数的正负，但是数大小的表示方法是不同的。

1）原码

如上所述，正数的符号位用0表示，负数的符号位用1表示，符号位之后表示数值的大小，这种表示方法称为原码。例如：

$$x=+114,\ [x]_{原}=01110010B$$
$$x=-114,\ [x]_{原}=11110010B$$

2）反码

正数的反码与原码相同。最高位一定是0，代表符号。其余位为数值位。

负数的反码其符号位为1，与原码相同，数值位则将其负数的原码数值位按位取反。例如：

$$x=-6,\ [x]_{反}=11111001B$$
$$x=-0,\ [x]_{反}=11111111B$$

3）补码

正数的补码表示与原码相同，即最高位为符号位，用“0”表示正，其余位为数值位。而负数的补码为其反码加1形成。例如：

$$x=-6,\ [x]_{补}=[x]_{反}+1=11111010B$$
$$x=-0,\ [x]_{补}=[x]_{反}+1=00000000B$$

2. 8位与16位二进制数表示的范围

1）8位二进制数的范围

（1）无符号数：0~255（或用00~FFH表示）。

（2）有符号数：

原码：最小　11111111B↔-127

最大　01111111B↔+127

两个零 $\begin{cases}10000000B\leftrightarrow -0\\00000000B\leftrightarrow +0\end{cases}$

反码：最小　10000000B↔-127

最大　01111111B↔+127

两个零 $\begin{cases}11111111B\leftrightarrow -0\\00000000B\leftrightarrow +0\end{cases}$

补码：最小　10000000B↔-127

最大　01111111B↔+127

一个零 00000000B↔0

2）16 位二进制数的范围

（1）无符号数：0 ~ 65535（或用 0000 ~ FFFFH 表示）

（2）有符号数（只写出补码）：

最小　8000H↔ -32768

最大　7FFFH↔ +32767

一个零 0000H↔0

3. 计算机常用编码

计算机除了能对二进制数运算外，还需要对各种各样的字符进行识别和处理，这就要求计算机首先能够表示这些字符。由于计算机只能识别二进制数，所以，字符也由几位组合的二进制代码来表示，这就是二进制编码。常见的编码有 BCD 码、ASCII 码等。

1）二—十进制编码（BCD 码）

BCD 码就是以二进制数表示十进制数的一种编码，它实质是一种用二进制编码的十进制数。如表 1.3 所示，BCD 码用标准 8421 的纯二进制码的 16 个状态中的 10 个来表示 0 ~ 9。

表 1.3　8421BCD 编码表

十进制数	8421BCD 码	十进制数	8421BCD 码
0	0000	5	0101
1	0001	6	0110
2	0010	7	0111
3	0011	8	1000
4	0100	9	1001

常见的 BCD 码有 8421 码、余 3 码、格雷（Gary）码。表 1.3 给出了 8421BCD 码的编码表。8421 码是用 4 位二进制数来表示 1 位十进制数，且逢 10 进位，表中 4 位二进制数，从左到右各位的权为 8、4、2、1，故称为 8421BCD 码。但由于 4 位二进制数有 16 个编码，必须舍去 A ~ F 的编码。

[例 1.1] 写出 69.25 的 BCD 码。

根据上表可直接写出相应的 BCD 码：$69.25 = (01101001.00100101)_{BCD}$

2）字母和符号的编码

在计算机的应用过程中，如操作系统命令，各种程序设计语言以及计算机运算和处理信息的输入/输出，经常用到某些字母、数字或各种符号，如：英文字母的大、小写；0 ~ 9 数字符；+、-、*、/运算符；<、>、=关系运算符等。但在计算机内，任何信息都是用代码表示的，因此，这些符号也必须要有自己的编码。

ASCII 码（美国信息标准代码）是一种国际通用文字符号代码。微机普遍采用的是 ASCII 码（见附录 B 所示）。ASCII 码是一种 8 位代码，最高位一般用于奇偶校验，用其余 7 位二进制码对 128 个字符进行编码。它包括 10 个十进制数0 ~9，大写和小写英文字母各 26 个，32 个通用控制符号，34 个专用符号，共 128 个字符。其中数字 0 ~9 的 ASCII 编码分别为 30H ~39H，英文大写字母 A ~Z 的 ASCII 编码从 41H 开始依次编至 5AH。ASCII 编码从 20H ~7EH 均为可打印字符，而 00H ~1FH 为通用控制符，它们不能被打印出来，只起控制或标志的作用，如 0DH 表示回车（CR），0AH 表示换行控制（LF），04H（EOT）为传送结束标志。

1.5　项目实施

单片机项目的开发环节包括软件设计和硬件设计两个部分，单片机应用系统开发时常用的方法是先进行仿真，其目的是利用仿真软件来模拟单片机系统的 CPU、存储器和 I/O 设备的运行状态。本书提供的仿真开发工具为伟福 6000（Wave6000）和 Protues 两个软件，其中伟福 6000 实现汇编程序的编辑和编译工作；Protues 实现项目中的硬件设备及连线功能，并能在项目中添加伟福 6000 编译后的目标代码，实现单片机项目的联调。

在项目设计前，读者先要完成伟福 6000 和 Protues7. 5 两个仿真软件的安装。

1.5.1　硬件设计

Proteus 软件是英国 Labcenter electronics 其公司发布的 EDA 工具软件。它不仅具有其他 EDA 工具软件的仿真功能，还能仿真单片机及外围器件。Proteus 不仅可将许多单片机实例功能形象化，也可直观形象地演示单片机实例的运行过程。它是目前较好的工程化单片机及外围器件的仿真工具。

1. Proteus ISIS 的工作界面

Proteus ISIS 的工作界面是一种标准的 Windows 界面，如图 1. 3 所示。包括：标题栏、主菜单、工具栏、绘图工具栏、状态栏、对象选择按钮、预览对象方位控制按钮、仿真进程控制按钮、预览窗口、对象选择器窗口、图形编辑窗口。

2. 常用器件选取

读者可以从库中选取项目用的器件，也可以从 Protues 所带的案例中复制所需要的器件。在菜单中选择【库 | 拾取元件符号】项单击鼠标左键，在图 1. 4 所示的对话框中选择所需要的器件，双击鼠标左键或者单击“确定”按钮，将被

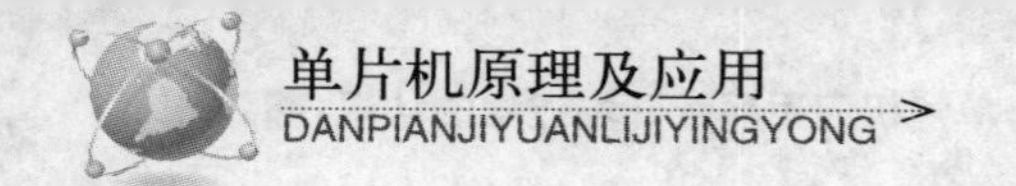

选中的器件放置到图 1.3 中的“对象选择器窗口”。

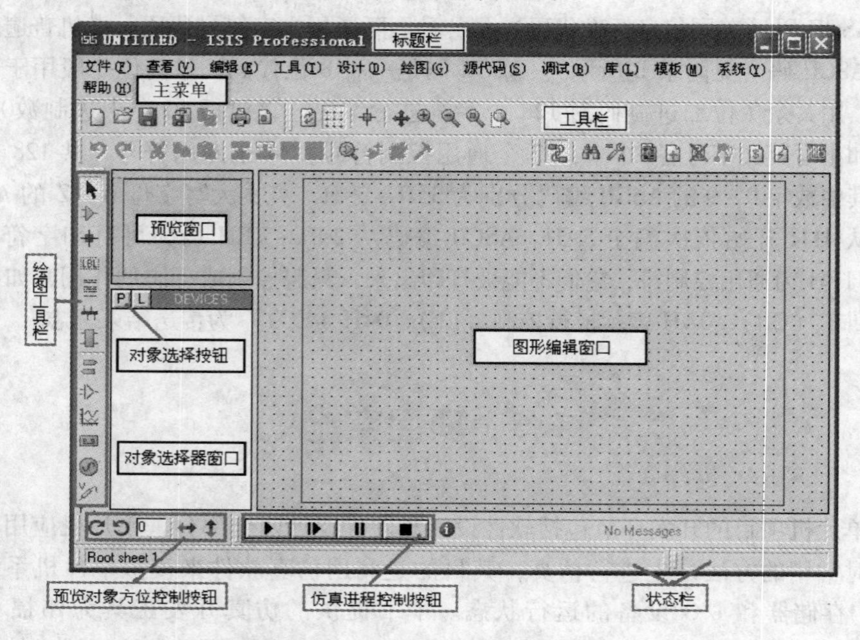

图 1.3　Proteus ISIS 的工作界面

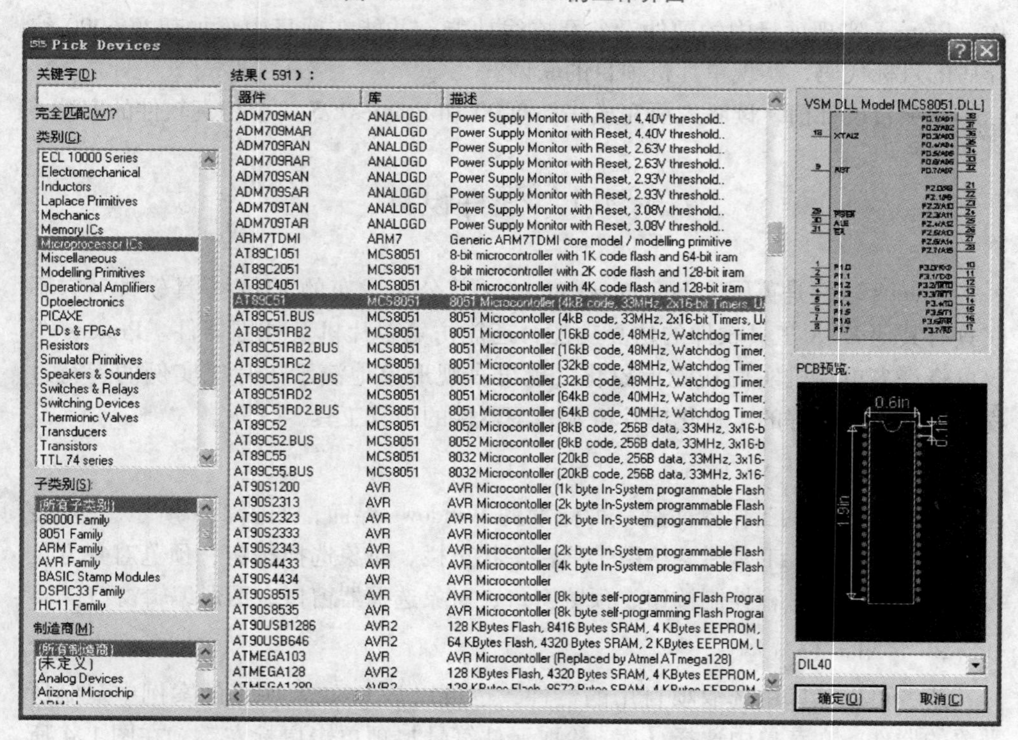

图 1.4　器件拾取对话框

表 1.4 中列出了图 1.3 中常用的器件类别。

表 1.4 单片机中常用器件类

类 别	说 明
Capacitors	电容类
Diodes	二极管类
Microprocessor Ics	微处理器类
Miscellaneous	杂项类，包括晶振等
Optoelectronics	输出设备类，包括发光二极管、液晶、点阵、七段数码管等
Resistors	电阻类
Speaker&Sounders	喇叭及蜂鸣器类
Switches&Replays	开关类
Transistors	三极管类

本章介绍很简单的单片机项目，选取最简单的器件，项目中选取的器件包括：+5 V 电源、接地、Capacitors 类中的 Cap 子类、Microprocessor Ics 类中的 AT89C51、Optoelectronics 类中的 LED－RED、Miscellaneous 类中的 CRYSTAL 晶振。

3. 硬件电路设计

本项目的硬件原理图如图 1.5 所示，在设计方面采用简易的最小系统和发光二极管相结合的方法，最小系统中包括晶振电路和复位电路，其中复位电路是最简易的上电复位。要设置电容 C_1 的属性值，读者需要选中器件双击鼠标左键，

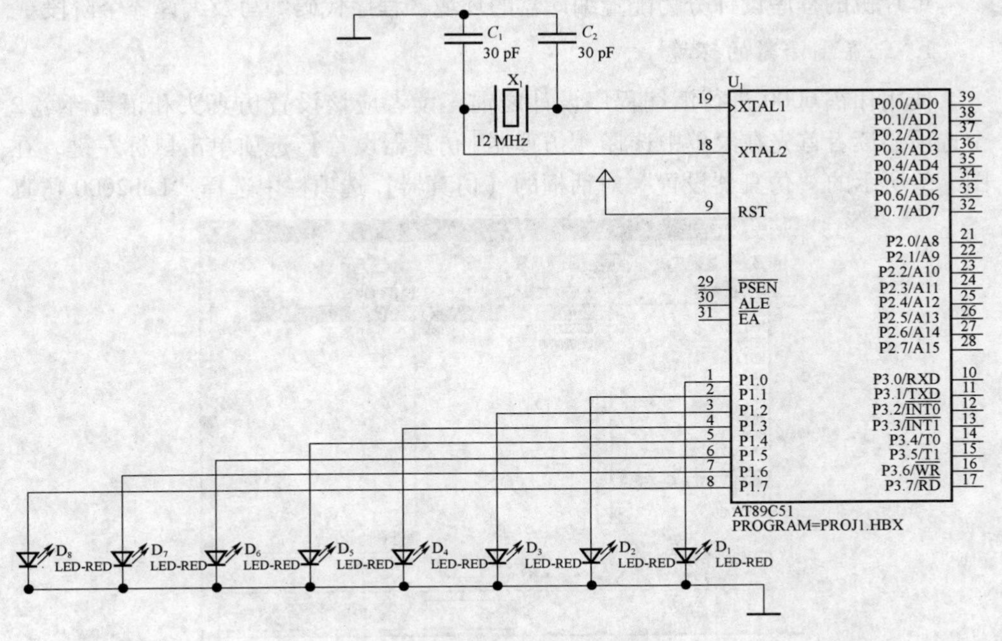

图 1.5 项目一的硬件原理图

在图 1.6“编辑元件”对话框中将电容值设置为 30 pF，其他器件依此类推，将 C_2 的值也设置为 30 pF，将晶振 X_1 的值设置为 12 MHz。

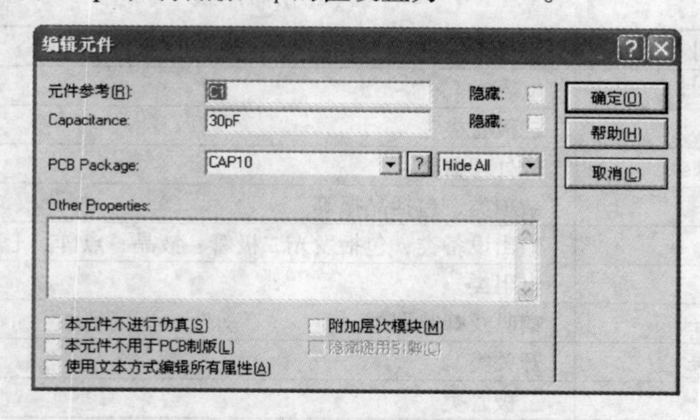

图 1.6　编辑电容 C_1 的电容值

4. 保存 ISIS 设计文件

完成硬件原理设计后，在菜单中选择【文件|保存设计】项单击鼠标左键，将项目名改为“Proj1. DSN”，保存到磁盘的指定位置。

1.5.2　软件设计

单片机的程序设计分为配置编译器的环境、程序代码编写及编译 3 个阶段。

1. 配置编译器的环境

使用伟福 6000 进行汇编程序设计之前，读者应该设置仿真头和语言环境 2 个选项，读者首先在菜单中选择【仿真器|仿真器设置】选项单击鼠标左键，在图 1.7 所示的“仿真器设置”对话框的【仿真器】选项栏中选择“Lab2000 仿真

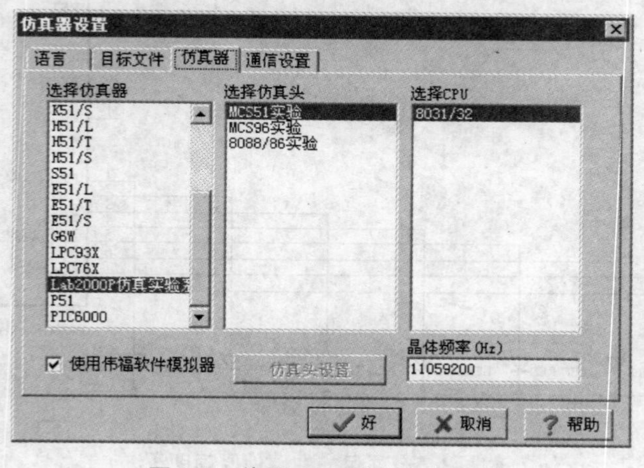

图 1.7　伟福 6000 的仿真头设置

实验系统”，仿真头为“MCS51”，其 CPU 默认为“8031/32”。其次选择【语言】选项栏，在图 1.8 所示的“编译器选择”栏中选择“伟福汇编器”。上述两步骤设置完成后，读者单击【好】按钮，返回程序设计界面。

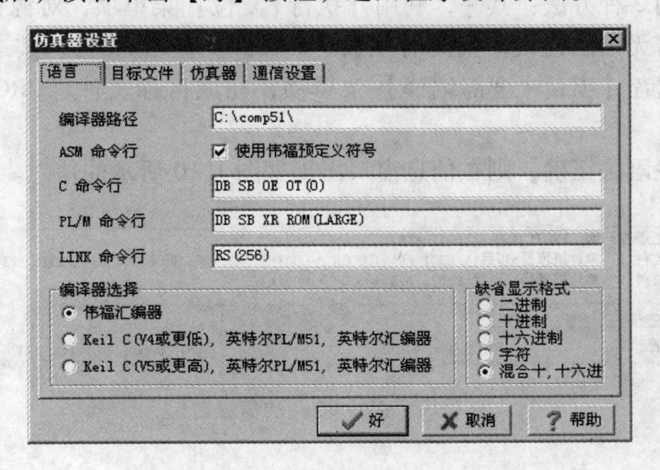

图 1.8 伟福 6000 的语言环境设置

2. 程序代码编写

使用伟福 6000 的【文件|新建文件】菜单项开始程序设计，在空白文件“NONAME1”处单击鼠标右键，选择【保存文件】项将原文件保存到指定路径，更名为“PROJ1. ASM”，如图 1.9 所示编写程序代码，程序编写完成后，单击“保存文件”按钮。

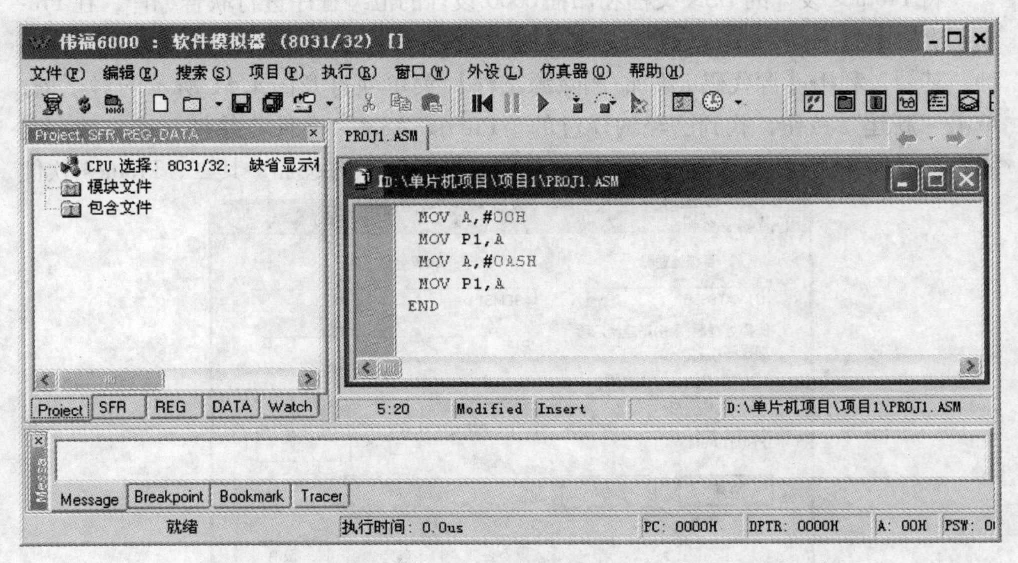

图 1.9 伟福 6000 程序代码设计

3. 汇编程序的编译

编写完程序后，还需要将源代码编译成目标代码“.HEX”文件才能仿真。读者可以采用2种方法：其一，利用【执行|复位】菜单项，对源代码程序实行系统复位，若无语法错误，则同时生成“PROJ1.HEX”文件；其二，单击【项目|编译】或者【项目|全部编译】菜单项，完成目标文件“PROJ1.HEX”的生成。

如果程序语法正确，则在信息窗口出现如图1.10所示的信息。

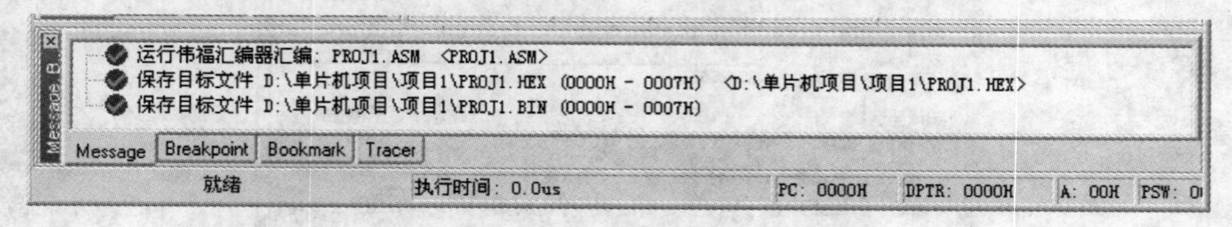

图1.10 伟福6000的信息窗口

1.5.3 演示步骤

完成单片机项目的软件设计和硬件设计后，需要进行联合编译、启动调试和停止仿真3个步骤的调试仿真。

1. 联合编译

将Protues设计的DSN文档和伟福6000设计的汇编程序进行联合编译，在Protues软件中打开“Proj1.DSN”设计文档，在Protues中增添汇编程序的方法有两种：其一，利用【源代码|添加/删除源文件】菜单项打开图1.11所示的对话框，单击“新建”按钮，找到已经编译过的“PROJ1.ASM”文件，并打开该文件，在图1.11对话框中单击“确定”按钮，即完成汇编程序的添加；其二，Protues软件

图1.11 添加/移除源代码对话框

具有烧写 MCS—8051CPU 芯片的仿真功能，读者可以双击“AT89C51（U_1 单元）”CPU 芯片，在图 1.12 所示“编辑元件”对话框中单击按钮，将“PROJ1. HEX”目标文档添加到“Programm File:”的选项栏中，完成汇编程序的添加。

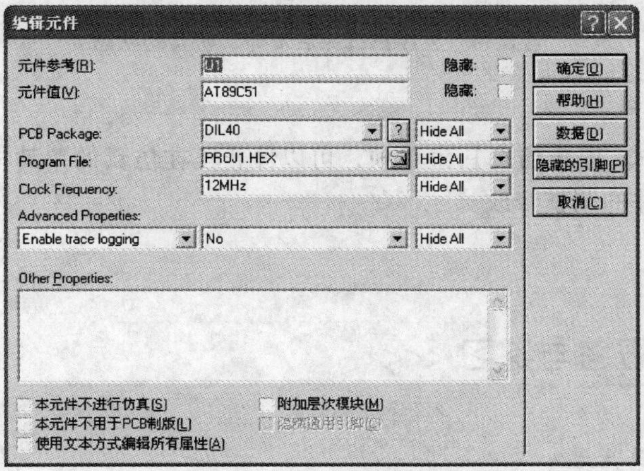

图 1.12　CPU 芯片编辑对话框

添加汇编程序后，读者可以单击【源代码|编译】菜单项，即完成整个单片机系统的联合编译。

2. *启动调试*

单击【调试|开始/重新启动调试】菜单项，如图 1.13 所示启动 Protues 的调试工具，利用 F10 功能键可以实现单步调试，执行“MOV P1，A”的指令后，8 个发光二极管全灭；继续按 F10 执行到“END”指令，发光二极管的状态如图 1.14 所示。

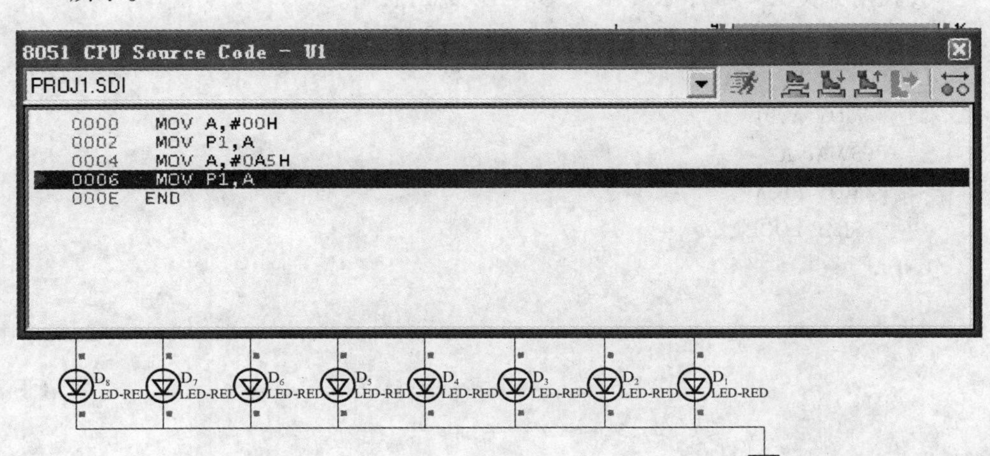

图 1.13　单步调试过程及发光二极管状态

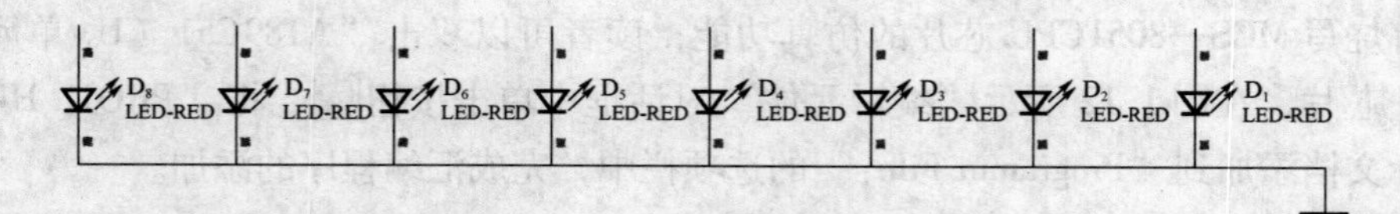

图 1.14　程序执行完后发光二极管的状态

3. 停止仿真

单击【调试|停止仿真】菜单项，可以停止正在仿真的单片机项目，进行系统的硬件和软件的调整修改。

思考与练习 <<<

1. 什么叫单片机?

2. 单片机由哪些基本部件组成?

3. 一个字节的十六进制数最大值相当于多大的十进制数，两个字节的十六进制数最大值相当于多大的十进制数?

4. P1 口的功能及使用。

设计步骤

①P1.0 ~ P1.3 4 个口线分别接 $K_1 \sim K_4$ 4 个 Switch 开关，P1.4 ~ P1.7 4 个口线接 4 个发光二极管 $D_1 \sim D_4$。

②参见手工汇编实验示例或机器汇编实验示例调试程序并运行。

③拨动开关 K_1、K_2、K_3、K_4，$D_1 \sim D_4$ 分别点亮。

程序实现:

```
LOOP:MOV P1,#0FH
     MOV A,P1
     SWAP A
     MOV P1,A
     SJMP LOOP
END
```

项目二　单片机 I/O 控制

2.1　项目概述

一个单片机要工作必须具备电源、晶振、复位电路，能够实现对单片机任意 I/O 口的操作。单片机系统实际是由硬件和软件两大部分组成，硬件除了单片机主机外，还应有输入/输出等外部设备，软件则是各种程序及数据的总称，通过用户编程命令使硬件设备完成相应的操作。

本项目是我们认识单片机应用的开始，从点亮 LED 灯开始我们的单片机学习之旅。本项目硬件电路由 1 片 ATMEL 公司的 89C51 芯片，1 块晶振，8 个发光二极管（LED）搭接而成，要求用单片机控制 8 个灯的任意亮灭。

2.2　项目要求

对单片机的控制，其实就是对 I/O 口的控制，无论单片机对外界进行何种控制，或接受外部的何种控制，都是通过 I/O 口进行的。

通过本项目，主要学习对 I/O 口的任意控制，包含输出控制电平高低和输出检测电平高低。

2.3　项目目的

（1）掌握单片机最小系统的构成。

（2）会仿真器、编程器等单片机开发设备的使用。

（3）初步掌握使用单片机点亮发光二极管的步骤，深刻理解单片机程序开发的过程。

2.4 项目支撑知识

本项目支撑知识内容是本课程的基础，是单片机应用系统硬件设计和软件编程的基本前提。要求掌握89C51存储器及I/O口、内部存储单元、特殊功能寄存器的特性与特点；掌握单片机的复位方式、复位电路及复位状态；掌握89C51单片机基本I/O口的特性；掌握振荡周期、状态周期、机器周期和指令周期的基本概念；掌握使用C语言编写简单单片机程序的方法。

2.4.1 项目开发背景知识1 89C51单片机的存储结构及工作方式

存储器是计算机的基本组成部分，是用来存储信息的部件。存储器一般都采用半导体存储器，分为只读存储器（ROM）和随机存储器（RAM），存储器的地址一般称为存储单元。8951单片机有16根地址线，因此，它有2^{16}=65 536个单元（一般称为64 KB，1 K=1 024，B=Byte），每个单元的内容为1个字节（Byte），它的单元地址为0000H～FFFFH。

1. 存储器组织结构概述

下面以8051单片机为例，对存储器组织结构进行介绍。8051单片机存储器从物理结构上可分为：片内、片外程序存储器与片内、片外数据存储器4个部分；从寻址空间分布可分为：程序存储器、内部数据存储器和外部数据存储器3大部分；从功能上可分为：程序存储器、内部数据存储器、特殊功能寄存器、位地址空间和外部数据存储器5大部分。图2.1给出了8051单片机的4个独立的存储器空间：64 KB的片外程序存储器；64 KB的片外数据存储器；256个字节的片内数据存储器包括128个字节的特殊功能寄存器（SFR）区及128个字节的片内RAM区；4 KB的片内程序存储器空间。

上述4个存储器空间都是从0000H或00H单元开始的，必然有出现地址重叠现象，可以用如下方法加以区别。

（1）使用MOV、MOVX、MOVC 3种指令，区分内部RAM、外部RAM和程序存储器空间（详见下章）。

（2）使用控制信号$\overline{PSEN}$读取片外程序存储器的内容，利用$\overline{RD}$和$\overline{WR}$信号来读写片外RAM的内容。

（3）单片机$\overline{EA}$引脚接地，应该从片外程序存储器开始取指令；如果该引脚接+5 V，则从片内程序存储器开始取指令。

（4）程序存储器、外部数据存储器使用16位地址，而片内RAM和特殊功能寄存器（SFR）只能使用8位地址。

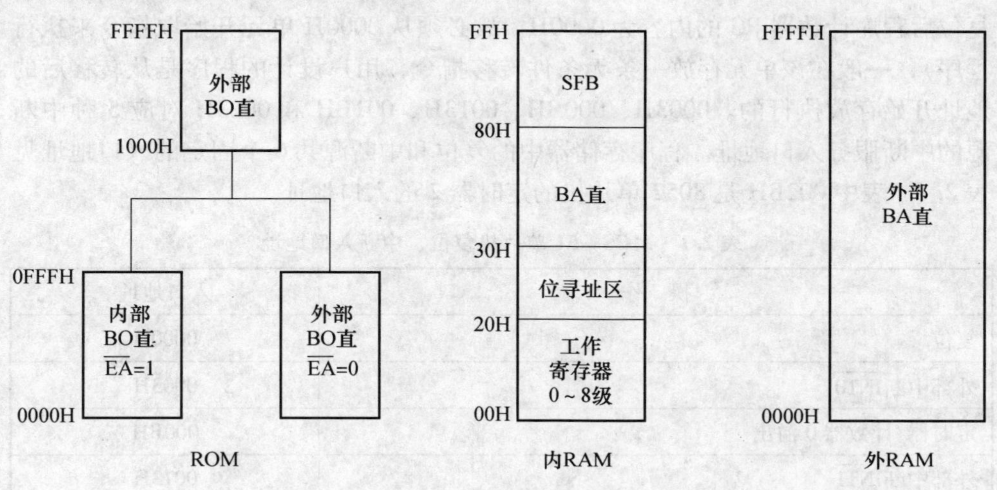

图2.1　8051存储器组织结构

2. MCS—51系列单片机程序存储器地址空间

对于8051单片机来说，程序存储器（ROM）的内部地址为0000H～0FFFH，共4 KB；外部地址为1000H～FFFFH，共60 KB。对于单片机$\overline{EA}$引脚接+5 V这种情况，则从片内程序存储器开始取指令。当程序计数器由内部0FFFH执行到外部1000H时，会自动跳转；对于8751来说，内部有4 KB的EPROM，将它作为内部程序存储器；8031内部无程序存储器，必须外接程序存储器，此时，单片机$\overline{EA}$引脚必须接地，从片外程序存储器开始取指令。

需要说明的是：

（1）计算机的工作是按照事先编制好的程序命令一条条顺序执行的，程序存储器就是用来存放这些已编好的程序和表格常数，它由只读存储器ROM或EPROM组成。

（2）单片机使用程序计数器PC（Program Counter）作为程序存储器的地址指针，且PC总是指向将要执行的下一条指令所在的程序存储器单元地址。

PC用于存放CPU下一条要执行的指令地址，是一个16位的专用寄存器，可寻址范围是0000H～0FFFFH共64 KB。程序中的每条指令存放在ROM区的某一单元，并都有自己的存放地址。CPU要执行哪条指令时，就把该条指令所在的单元地址送上地址总线。在顺序执行程序中，当PC的内容被送到地址总线后，会自动加1，即（PC）←（PC）+1，即指向CPU下一条要执行的指令地址。

（3）实际应用时，程序存储器的容量由用户根据需要扩展，而程序地址空间原则上也可由用户任意安排。对于8051单片机，其中有6个单元地址具有特殊用途，是保留给系统使用的，分别是：0000H 单元是系统的起始地址（单片机复位后程序计数器 PC 的内容为 0000H，故必须从 0000H 单元开始取指令来执行程序），一般在该单元存放一条无条件转移指令，用户设计的程序是从转移后的地址开始存放执行的。0003H、000BH、0013H、001BH 和 0023H 对应 5 种中断源的中断服务入口地址。程序存储器中的复位和中断源共 6 个固定的入口地址见表 2.1。表中 002BH 是 8052 单片机的定时器 2 的入口地址。

表 2.1　MCS—51 单片机复位、中断入口地址

操　作	入口地址
复位	0000H
外部中断$\overline{INT0}$	0003H
定时器/计数器 0 溢出	000BH
外部中断$\overline{INT1}$	0013H
定时/计数器 1 溢出	001BH
串行口中断	0023H
定时/计数器 2 溢出或 T2EX 端负跳变（MCS—52 子系列）	002BH

3. MCS—51 系列单片机内部数据存储器地址空间

使用内部 RAM 比使用外部 RAM 快得多，故应尽量使用内部 RAM。8051 单片机片内 RAM 的配置如图 2.1 所示。片内 RAM 为 256 字节，地址范围为 00H ~ FFH，分为两大部分：低 128 字节（00H ~ 7FH）为真正的 RAM 区；高 128 字节（80H ~ FFH）为特殊功能寄存器区 SFR。

1）内部数据存储器（RAM）和堆栈

内部低 128 字节 RAM 区可分为工作寄存器区、位寻址区和数据缓冲区三部分。

（1）工作寄存器区

00H ~ 1FH 这 32 单元，称为通用工作寄存器区。它又可分成 4 个区，分别称为 0 区、1 区、2 区、3 区。每 1 个区有 8 个通用寄存器 R0 ~ R7（每个区的 8 个字节从低到高被称为 R0 ~ R7）。寄存器和 RAM 地址对应关系如表 2.2 所示。

表 2.2　工作寄存器和 RAM 地址对照表

工作寄存器 0 组		工作寄存器 1 组		工作寄存器 2 组		工作寄存器 3 组	
地址	寄存器	地址	寄存器	地址	寄存器	地址	寄存器
00H	R0	08H	R0	10H	R0	18H	R0
01H	R1	09H	R1	11H	R1	19H	R1

续表

工作寄存器0组		工作寄存器1组		工作寄存器2组		工作寄存器3组	
地址	寄存器	地址	寄存器	地址	寄存器	地址	寄存器
02H	R2	0AH	R2	12H	R2	1AH	R2
03H	R3	0BH	R3	13H	R3	1BH	R3
04H	R4	0CH	R4	14H	R4	1CH	R4
05H	R5	0DH	R5	15H	R5	1DH	R5
06H	R6	0EH	R6	16H	R6	1EH	R6
07H	R7	0FH	R7	17H	R7	1FH	R7

通用工作寄存器共有4组，但编写软件时，每次只使用1组，其他各组不工作。哪1组寄存器工作由程序状态字PSW中的PSW.3（RS0）和PSW.4（RS1）两位来选择，其对应关系见表2.3所示。复位时，PSW的值等于00H，所以复位后自动使用0区。

表2.3 RS1、RS0与片内工作寄存器组的对应关系

RS1	RS0	寄存器组	片内PAM地址	通用寄存器名称
0	0	0组	00H~07H	R0~R7
0	1	1组	08H~0FH	R0~R7
1	0	2组	10H~17H	R0~R7
0	1	3组	18H~1FH	R0~R7

（2）位寻址区

20H~2FH单元为位寻址区，每个单元有8位，这16个单元（共计128位）的每1位都有1个8位表示的位地址，位地址范围为00H~7FH，如表2.4所示。位寻址区的每1位都可被用户当作软件标志，以0或1表示程序中需记忆和查询的标志，由程序直接进行位处理。通常可以把各种程序状态标志、位控制变量存于位寻址区内。同样，位寻址的RAM单元也可以作为一般的数据缓冲，按字节操作。

（3）数据缓冲区

30H~7FH是数据缓冲区，也即用户RAM区，共80个单元。数据缓冲区一般用于存放运算数据和结果。实际上，不使用的位寻址的字节和通用工作寄存器区都可以作为数据缓冲区使用。

（4）堆栈

在程序实际运行中，往往需要一个后进先出的RAM区，在子程序调用、中断服务处理等场合用以保护CPU的情况，这种后进先出的缓冲区称为堆栈。

MCS—51 单片机堆栈区不是固定的，原则上可设在内部 RAM 的任意区域内，但为了避开工作寄存器区和位寻址区，一般设在30H 以后的范围内，栈顶的位置由专门设置的堆栈指针寄存器 SP（8 位）指出。

表 2.4　内部 RAM 中位地址表

RAM 地址	D7	D6	D5	D4	D3	D2	D1	D0
20H	07	06	05	04	03	02	01	00
21H	0F	0E	0D	0C	0B	0A	09	08
22H	17	16	15	14	13	12	11	10
23H	1F	1E	1D	1C	1B	1A	19	18
24H	27	26	25	24	23	22	21	20
25H	2F	2E	2D	2C	2B	2A	29	28
26H	37	36	35	34	33	32	31	30
27H	3F	3E	3D	3C	3B	3A	39	38
28H	47	46	45	44	43	42	41	40
29H	4F	4E	4D	4C	4B	4A	49	48
2AH	57	56	55	54	53	52	51	50
2BH	5F	5E	5D	5C	5B	5A	59	58
2CH	67	66	65	64	63	62	61	60
2DH	6F	6E	6D	6C	6B	6A	69	68
2EH	77	76	75	74	73	72	71	70
2FH	7F	7E	7D	7C	7B	7A	79	78

2）特殊功能寄存器

特殊功能寄存器（SFR），又称为专用寄存器。实际上 SFR 是微处理器的内部寄存器或I/O 口，只是按统一编址的原则，把它们的地址定在 80H ~ FFH。它不用于存储一般数据，而是专用于控制、管理单片机内算术逻辑部件、并行 I/O 口锁存器、串行口数据缓冲器、定时/计数器、中断系统等功能模块的工作。8051 单片机内部设置了 18 个特殊功能寄存器，对用户来说，这些 SFR 是可读可写的，相当于内部 RAM。SFR 中凡是字节地址末尾为 0 或 8 的，表示可以进行位寻址，并且最低位的位地址即它的字节地址。表 2.5 给出了这 18 个 SFR 的名称、标识符、地址。18 个寄存器中有 3 个 16 位的寄存器，所以共占据了 21 个地址单元。另外可以进行位寻址的 SFR 共有 11 个，也在表中予以详示。

表 2.5　特殊功能寄存器名称、标识符、地址一览表

专用寄存器名称	符号	地址	位地址与位名称							
			D7	D6	D5	D4	D3	D2	D1	D0
P0 口	P0	80H	87	86	85	84	83	82	81	80
堆栈指针	SP	81H								
数据指针低字节	DPL DPTR	82H								
数据指针高字节	DPH	83H								
电源控制	PCON	87H	SMOD	—	—	—	GF1	GF0	PD	IDL
定时/计数器控制	TCON	88H	TF1 8F	TR1 8E	TF0 8D	TR0 8C	IE1 8B	IT1 8A	IE0 89	IT0 88
定时/计数器方式控制	TMOD	89H	GATE	$C/\overline{T}$	M1	M0	GATE	$C/\overline{T}$	M1	M0
定时/计数器 0 低字节	TL0	8AH								
定时/计数器 1 低字节	TL1	8BH								
定时/计数器 0 高字节	TH0	8CH								
定时/计数器 1 高字节	TH1	8DH								
P1 口	P1	90H	97	96	95	94	93	92	91	90
串行控制	SCON	98H	SM0 9F	SM1 9E	SM2 9D	REN 9C	TB8 9B	RB8 9A	TI 99	RI 98
串行数据缓冲器	SBUF	99H								
P2 口	P2	A0H	A7	A6	A5	A4	A3	A2	A1	A0
中断允许控制	IE	A8H	EA AF	— —	ET2 AD	ES AC	ET1 AB	EX1 AA	ET0 A9	EX0 A8
P3 口	P3	B0H	B7	B6	B5	B4	B3	B2	B1	B0
中断优先级控制	IP	B8H	— —	— —	PT2 BD	PS BC	PT1 BB	PX1 BA	PT0 B9	PX0 B8
程序状态字	PSW	D0H	CY D7	AC D6	F0 D5	RS1 D4	RS0 D3	OV D2	— D1	P D0
累加器	A	E0	E7	E6	E5	E4	E3	E2	E1	E0
B 寄存器	B	F0	F7	F6	F5	F4	F3	F2	F1	F0

这里，先简要介绍几个特殊功能寄存器，其余在后续章节说明。

(1) 程序状态字 PSW (Programe State Word)

程序状态字寄存器 PSW，地址为 0D0H，可位寻址。PSW 的各位定义如下：

D_7	D_6	D_5	D_4	D_3	D_2	D_1	D_0
CY	AC	F0	RS1	RS0	OV	…	P

CY(PSW.7)——进位标志位。

AC(PSW.6)——辅助进位（或称半进位）标志。

F0(PSW.5)——由用户定义的标志位。

OV(PSW.2)——溢出标志位。由硬件置位或清零。

PSW.1——未定义位。

P(PSW.0)——奇偶标志位。

RS1(PSW.4)、RS0(PSW.3)——工作寄存器组选择位。

(2) 累加器 Acc(Accumulator)

Acc 是 8 位累加器，可简记为 A。其地址为 0E0H，可位寻址。所有的加法指令和减法指令，其中一个操作数必须是累加器 A。它是最忙碌和最重要的一个寄存器。例如 MOV　A，#01H；ADD　A，#03H。

(3) 寄存器 B

B 寄存器是一个辅助寄存器，也叫乘除法寄存器。其地址为 0F0H，可位寻址。乘法时，必须是一个数放在 A，一个数放在 B；乘积结果：高 8 位放在 B 中，低 8 位放在 A 中。除法时，被除数必须放在 A，除数放在 B；结果：商放在 A，余数放在 B。例如：

```
MOV    A,#32
MOV    B,#4;      32 * 4 = 128 = 80H
MUL    AB;        (A) = 80H          (B) = 00H
```

(4) 堆栈指针 SP (Stack Pointer)

SP 是 8 位的堆栈指针，地址是 81H，不可位寻址。系统复位后，SP 初始化为 07H，第一个断点保护数据将装入 08H 单元。实际应用时，一般设在 30H 以后的范围内（避开工作寄存器区和位寻址区）。

(5) I/O 端口控制/数据寄存器 P0 ~ P3

P0 (80H)、P1 (90H)、P2 (A0H) 和 P3 (B0H) 口作为通用 I/O 口时，为准双向口。即当其用作输入方式时，各口对应的锁存器必须先置“1”，然后才能进入输入操作。

例：MOV　P0,#23H;

```
MOV  80H,#23H;
MOV  P0,0FFH;
MOV  A,P0。
```

（6）数据指针寄存器 DPTR（地址 82H/83H）

数据指针 DPTR 是一个 16 位的专用寄存器，其高位字节寄存器用 DPH 表示，低位字节寄存器用 DPL 表示。既可作为一个 16 位寄存器 DPTR 来处理，也可作为两个独立的 8 位寄存器 DPH 和 DPL 来处理。

DPTR 主要用来存放 16 位地址，当对 64 KB 外部数据存储器空间寻址时，作为间址寄存器用。在访问程序存储器时，用作基址寄存器。

（7）两个 16 位的定时/计数器 T_0 和 T_1

定时/计数器 0 和 1 分别占用两个单元。T_0 由 TH_0 和 TL_0 两个 8 位计数器组成，字节地址分别是 8CH 和 8AH。T_1 由 TH_1 和 TL_1 两个 8 位计数器组成，字节地址分别是 8DH 和 8BH。详见项目四。

需要说明的是：

①因为都有复位值，故凡用到的寄存器，在复位后应考虑是否重新赋初值，以便与系统的初始状态匹配。

②18 个特殊功能寄存器地址散布在片内 RAM 的 80H ~ FFH 之间。它们共只占据了这 128 个字节单元中的 21 个地址单元，其余未用的地址单元，用户不能使用。

3）位寻址空间

在 MCS—51 单片机的内部数据寄存器 RAM 块和特殊功能寄存器 SFR 块中，有一部分地址空间可以按位寻址，按位寻址的地址空间又称之为位寻址空间。位寻址空间一部分在内部 RAM 的 20H ~ 2FH 的 16 个字节内，共 128 位；另一部分在 SFR 的 80H ~ FFH 空间内，凡字节地址能被 8 整除的专用寄存器都有位地址，共 93 位。因此，MCS—51 系列单片机共有 221 个可寻址位，其位地址见表 2. 4、表 2. 5 所示。

布尔处理（即位处理）是 MCS—51 单片机 ALU 所具有的一种功能。单片机指令系统中的布尔指令集（17 条位操作指令）、存储器中的位地址空间以及借用程序状态标志寄存器 PSW 中的进位标志 CY 作为位操作“累加器”，共同构成了单片机内的布尔处理机。

4. MCS—51 系列单片机外部数据存储器地址空间

外部数据存储器一般由静态 RAM 构成，其容量大小由用户根据需要而定，最大可扩展到 64 KB 的 RAM，地址是 0000H ~ 0FFFFH。MCS—51 单片机访问外部数据存储器可用 1 个特殊功能寄存器——数据指针寄存器 DPTR 进行寻址。由于 DPTR 为 16 位，可寻址的范围可达 64 KB，所以扩展外部数据存储器的最大容量是 64 KB。CPU 通过 MOVX 指令访问外部数据存储器，用间接寻址方式，R0、R1 和 DPTR 都可作间接寄存器。注意，外部 RAM 和扩展的 I/O 接口是统一编址的，所有的外扩 I/O 口都要占用 64 KB 中的地址单元。

5. 单片机的工作方式

1）单片机的工作周期

单片机有了硬件和软件就可以在控制器发出的控制信号作用下有条不紊地工作，控制信号必须定时发出，为了定时计算机内部必须有一个准确的定时脉冲。这种定时脉冲是由晶体振荡器产生的，并组成下面几种工作周期，如图 2.2 所示。

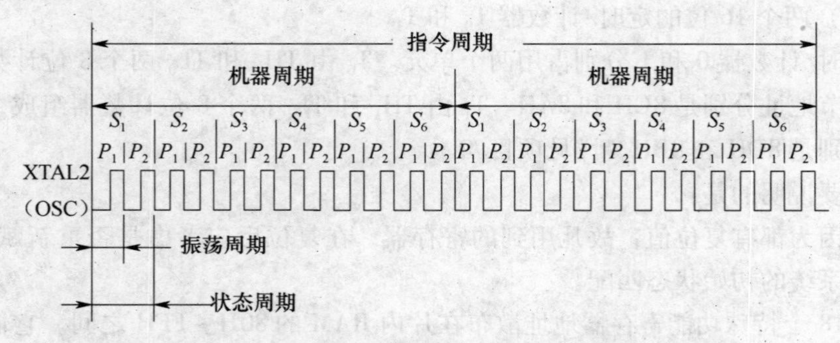

图 2.2 振荡周期、状态周期、机器周期和指令周期

振荡周期：是指为单片机提供时钟脉冲信号的振荡源的周期。即由单片机的晶体振荡器产生的时钟脉冲周期。

状态周期：每个状态周期为振荡周期的 2 倍，是振荡周期经二分频后得到的。在一个状态周期中有两个时钟脉冲，通常称它为 P_1、P_2。

机器周期：一个机器周期包含 6 个状态周期 $S_1 \sim S_6$，也就是 12 个振荡周期。在一个机器周期内，CPU 可以完成一个独立的操作。

指令周期：它是指 CPU 完成一条操作所需的全部时间。

MCS—51 单片机的所有指令可分为单（机器）周期指令、双周期指令和四周期指令。

控制部件是单片机的神经中枢，以主振频率为基准（主振周期即为振荡周期），控制器控制 CPU 的时序，对指令进行译码，然后发出各种控制信号，它将各个硬件环节组织在一起。

一般情况下，算术逻辑操作发生在时相 P_1 期间，而内部寄存器之间的传送发生在时相 P_2 期间，这些内部时钟信号无法从外部观察，故用 XTAL2 引脚振荡信号作参考。

2）单片机的工作过程和工作方式

单片机工作过程遵循现代计算机的工作原理（冯·诺依曼原理），即程序存储和程序控制。存储程序是指人们必须事先把计算机的执行步骤序列（即程序）及运行中所需的数据，通过一定的方式输入并存储在计算机的存储器中。程序控制是指计算机能自动地逐一取出程序中的一条条指令，加以分析并执行规定的操作。

单片机的工作方式有：复位、程序执行、掉电保护和低功耗、编程、校验与加密等方式。

（1）复位方式

通过某种方式，使单片机内各寄存器的值变为初始状态的操作称为复位。复位方式是单片机的初始化操作。单片机除了正常的初始化外，当程序运行出错或由于操作错误而使系统处于死循环时，也需要按复位键重启机器。MCS—51 单片机复位后，程序计数器 PC 和特殊功能寄存器复位的状态如表 2.6 所示。复位不影响片内 RAM 存放的内容，而 ALE、$\overline{PSEN}$在复位期间将输出高电平。由表 2.6 可以看出，复位后：

①（PC）=0000H 表示复位后程序的入口地址为 0000H，即单片机复位后从 0000H 单元开始执行程序。

②（PSW）=00H，其中 RS1（PSW.4）=0，RS0（PSW.3）=0，表示复位后单片机选择工作寄存器 0 组。

③（SP）=07H 表示复位后堆栈在片内 RAM 的 08H 单元处建立。

④P0～P3 口锁存器为全 1 状态，说明复位后这些并行接口可以直接作输入口，无须向端口写 1。

定时/计数器、串行口、中断系统等特殊功能寄存器复位后的状态对各功能部件工作状态的影响，将在后续有关章节介绍。

表 2.6　PC 与 SFR 复位状态表

寄存器	复位状态	寄存器	复位状态
PC	0000H	TCON	00H
A	00H	T2CON	00H
B	00H	TH0	00H
PSW	00H	TL0	00H
SP	07H	TH1	00H
DPTR	0000H	TL1	00H
P0～P3	FFH	SCON	00H
IP	××000000B	SBUF	××H
IE	0×000000B	PCON	(0×××0000B)
TMOD	00H		

MCS—51 单片机在时钟电路工作以后，在 RST/VPD 端持续给出 2 个机器周期的高电平就可以完成复位操作。例如使用晶振频率为 12 MHz 时，则复位信号持续时间应不小于 2 μs。

复位方法一般有上电自动复位、外部按键手动复位以及“看门狗”复位 3 种类型。前两种见图 2. 3 所示。“看门狗”电路则是一种集成有单片机的电源监测、按键复位、对程序运行进行监控以及防止程序“跑飞”出现死机而设计的电路。

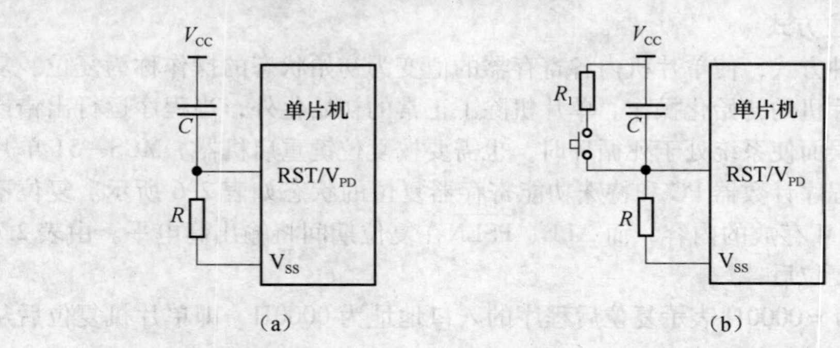

图 2. 3 MCS—51 单片机复位参考电路

(a) 上电复位电路；(b) 上电/外部复位电路

(2) 程序执行方式

程序执行方式是单片机的基本工作方式。由于复位后 PC＝0000H，因此程序执行总是从地址 0000H 开始，为此就得在 0000H 处开始的存储单元安放一条无条件转移指令，以便跳转到实际程序的入口去执行。

(3) 待机方式

待机方式也称空闲方式，是一种节电工作方式。在待机工作方式中，振荡器保持工作，时钟脉冲继续输出到中断、串行口、定时器等功能部件，使它们继续工作，但时钟脉冲不再送到 CPU，因而 CPU 停止工作。

(4) 掉电方式

掉电方式，也被称为停机方式。在掉电方式中，振荡器工作停止，单片机内部所有功能部件停止工作。它同样是一种为降低功耗而设计的节电工作方式。

待机方式和掉电方式都是为了进一步降低功耗而设计的节电工作方式，它们特别适合于电源功耗要求很低的应用场合。这类系统往往是直流供电或停电时依靠备用电源供电以维持系统的持续工作。CHMOS 型单片机的节电方式是由特殊功能寄存器 PCON 控制，其具体使用可参考相关书籍和手册。

(5) 编程和校验方式

对于内部集成有 EPROM 的 MCS—51 单片机，可以进入编程或校验方式。

A. 内部 EPROM 编程。

编程时，时钟频率应定在 3～6 MHz 的范围，其余各相关引脚的接法和用法如下：

①P1 口和 P2 口的 P2.0 ~ P2.3 为 EPROM 的 4 KB 地址输入，P1 为 8 位地址。

②P2.4 ~ P2.6 以及 PSEN 应为低电平。

③P0 口为编程数据输入。

④P2.7 和 RST 应为高电平；RST 的高电平可为 2.5 V，其余的都以 TTL 的高低电平为准。

⑤EA/V_{PP}端加 +21 V 的编程脉冲，此电压要求稳定，不能大于 21.5 V，否则会损坏 EPROM。

在出现正脉冲期间，ALE/PROG 端加上 50 ms 的负脉冲，完成一次写入。

8751 的 EPROM 编程一般要用专门的单片机开发系统来进行。

B. EPROM 程序校验。

在程序的保险位尚未设置，无论在写入的当时或写入以后，均可将片上程序存储器的内容读出进行检验，在读出时，除 P2.7 脚保持为 TTL 低电平之外，其他引脚与写入 EPROM 的连接方式相同。要读出的程序存储器单元地址由 P1 口和 P2 口的 P2.0 ~ P2.3 送入，P2 口的其他引脚及$\overline{\text{PSEN}}$保持低电平，ALE、EA 和 RST 接高电平，检验的单元内容由 P0 口送出。在检验操作时，需在 P0 的各位外部加上电阻 10 kΩ。

C. 程序存储器的保险位。

8751 内部有一个保险位，亦称保密位，一旦将该位写入便建立了保险，就可禁止任何外部方法对片内程序存储器进行读写。将保险位写入以建立保险位的过程与正常写入的过程相似，仅只 P2.6 脚要加 TTL 高电平而不是像正常写入时加低电平，而 P0、P1 和 P2 的 P2.0 ~ P2.3 的状态随意，加上编程脉冲后就可使保险位写入。

保险位一旦写入，内部程序存储器便不能再被写入和读出校验，而且也不能执行外部存储器的程序。只有将 EPROM 全部擦除时，保险位才能被一起擦除，也才可以再次写入。

2.4.2 项目开发背景知识 2 89C51 的并行接口与操作

89C51 单片机共有 4 个 8 位 I/O 端口，通常把 4 个端口简称为 P0 口（39 脚 ~ 32 脚）、P1 口（1 脚 ~ 8 脚）、P2 口（21 脚 ~ 28 脚）及 P3 口（10 脚 ~ 17 脚），每个口引脚为 8 个，总共 32 个引脚。各口都包括一个锁存器（即专用寄存器 P0 ~ P3）、一个输出驱动器和输入缓冲器。在无片外扩展存储器的系统中，这 4 个端口的每一位都可以作为准双向通用 I/O 端口使用。在具有片外扩展存储器的系统中，P2 口作为高 8 位地址线，P0 口分时作为低 8 位地址线和双向数据总线。

并行 I/O 口应用要点如下：

（1）P0 口是一个三态双向口，可作为地址/数据分时复用口，也可作为通用 I/O 接口。当 P0 口作为地址/数据分时复用总线时，可分为两种情况：一种是从 P0 口输出地址或数据；另一种是从 P0 口输入数据。P0 口作为通用 I/O 接口使用时是一准双向口。P0 口每一个引脚可驱动 8 个 TTL 门电路。

（2）P1 口为准双向口。从功能上来看 P1 只有一种功能，即通用 I/O 接口，具有输入、输出、端口操作 3 种工作方式，每 1 位口线能独立地用作输入或输出线。P1 口每一个引脚可驱动 4 个 TTL 门电路。

（3）P2 口也是一准双向口，它具有通用 I/O 接口或高 8 位地址总线输出两种功能。作为通用 I/O 接口，其工作原理与 P1 相同，也具有输入、输出、端口操作 3 种工作方式，负载能力也与 P1 口相同。

（4）P3 口除了可作为通用准双向 I/O 接口外，每 1 根线还具有第 2 功能。当 P3 口作为通用 I/O 接口时，在这种情况下，P3 口仍是 1 个准双向口，它的工作方式、负载能力均与 P1、P2 口相同。当 P3 口作为第 2 功能时，各引脚功能见表 2.7 所示。

（5）4 个口的各个引脚都可作为通用 I/O 使用，但当某一引脚作为输入使用前，必须先使该引脚置“1”（这是由 4 个 8 位并行 I/O 口的结构所决定的，此种状态下的各口也被称为准双向口）。单片机复位后，4 个口的 32 个引脚均为高电平（已自动置为 1），但用户在自己的初始化程序中，应考虑到所使用的引脚是否符合要求。

表 2.7　P3 口第 2 功能表

引脚	第 2 功能
P3.0	RXD　（串行口输入端）
P3.1	TXD　（串行口输出端）
P3.2	$\overline{INT0}$　（外部中断 0 请求输入端，低电平有效）
P3.3	$\overline{INT1}$　（外部中断 1 请求输入端，低电平有效）
P3.4	T0　（定时/计数器 0 计数脉冲输入端）
P3.5	T1　（定时/计数器 1 计数脉冲输入端）
P3.6	$\overline{WR}$　（外部数据存储器写选通信号输出端，低电平有效）
P3.7	$\overline{RD}$　（外部数据存储器读选通信号输出端，低电平有效）

89C51 单片机 4 个 I/O 端口线路设计的非常巧妙，学习 I/O 端口逻辑电路，不但有利于正确合理地使用端口，而且会给设计单片机外围逻辑电路有所启发。

下面简单介绍一下输入/输出端口结构。

1. P0 口的内部结构

图 2.4 为 P0 口的某位 P0. $n(n=0\sim7)$ 结构图，它由一个输出锁存器、一个

转换开关 MUX，两个三态输入缓冲器和输出驱动电路及控制电路组成。从图中可以看出，P0 口既可以作为 I/O 用，也可以作为地址/数据线用。

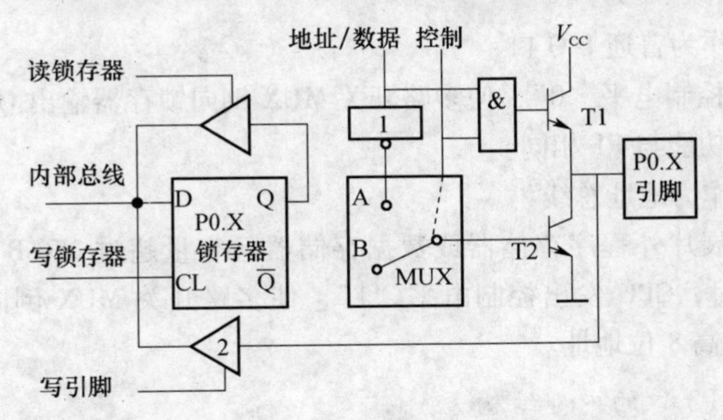

图 2.4　P0 口的某位 P0. n(n = 0 ~ 7) 结构图

1) P0 口作为普通 I/O 口

(1) 输出接口

CPU 发出控制电平“0”封锁“与”门，将输出上拉场效应管 T1 截止，同时使多路开关 MUX 把锁存器与输出驱动场效应管 T2 栅极接通。故内部总线与 P0 口同相。由于输出驱动级是漏极开路电路，若驱动 NMOS 或其他拉电流负载时，需要外接上拉电阻。P0 的输出级可驱动 8 个 LSTTL 负载。

(2) 输入接口——分读引脚或读锁存器

做输入接口时，数据可以读自接口的锁存器，也可以读自接口的引脚。这要根据输入操作采用的是“读锁存器”指令还是“读引脚”指令来决定。

读锁存器：CPU 在执行“读—修改—写”类输入指令时（如 ANL P0，A），内部产生的是读锁存器。

读引脚：由传送指令（MOV）实现。

(3) 输入——分读引脚或读锁存器

读锁存器：有些指令如：ANL P0，A 称为“读—改—写”指令，需要读锁存器。上面一个缓冲器用于读端口锁存器数据。

2) P0 作为地址/数据总线

在系统扩展时，P0 端口作为地址/数据总线使用时，分为：

(1) P0 引脚输出地址/数据信息。

CPU 发出控制电平“1”，打开“与”门，又使多路开关 MUX 把 CPU 的地址/数据总线与 T2 栅极反相接通，输出地址或数据。由图 2.4 可以看出，上下两个 FET 处于反相，构成了推拉式的输出电路，其负载能力大大增强。

(2) P0 引脚输出地址/输入数据。

输入信号是从引脚通过输入缓冲器进入内部总线。

此时，CPU 自动使 MUX 向下，并向 P0 口写“1”，“读引脚”控制信号有效，下面的缓冲器打开，外部数据读入内部总线。

2. P2 的内部结构

1）P2 口作为普通 I/O 口

CPU 发出控制电平“0”，使多路开关 MUX 倒向锁存器输出 Q 端，构成一个准双向口。其功能与 P1 相同。

2）P2 口作为地址总线

在系统扩展片外程序存储器或数据存储器且容量超过 256 B（用 MOVX @ DPTR 指令）时，CPU 发出控制电平“1”，使多路开关 MUX 倒向内部地址线。此时，P2 输出高 8 位地址。

3. P1 口、P3 口的内部结构

1）P1 口的一位的结构

它由 1 个输出锁存器、2 个三态输入缓冲器和输出驱动电路组成准双向口。

2）P3 的内部结构

作为通用 I/O 口与 P1 口类似——准双向口（W = 1）。

P3 第二功能（Q = 1），此时引脚部分输入（Q = 1、W = 1），部分输出（Q = 1、W 输出）。

P3 第二功能各引脚功能定义见表 2. 7。

（1）综上所述：当 P0 作为 I/O 口使用时，特别是作为输出时，输出级属于开漏电路，必须外接上拉电阻才会有高电平输出；如果作为输入，必须先向相应的锁存器写“1”，才不会影响输入电平。

（2）当 CPU 内部控制信号为“1”时，P0 口作为地址/数据总线使用，这时，P0 口就无法再作为 I/O 口使用。

（3）P1、P2 和 P3 口为准双向口，在内部差别不大，但使用功能有所不同。

（4）P1 口是用户专用 8 位准双向 I/O 口，具有通用输入/输出功能，每一位都能独立地设定为输入或输出。当由输出方式变为输入方式时，该位的锁存器必须写入“1”，然后才能进入输入操作。

（5）P2 口是 8 位准双向 I/O 口。外接 I/O 设备时，可作为扩展系统的地址总线，输出高 8 位地址，与 P0 口一起组成 16 位地址总线。对于 8031 而言，P2 口一般只作为地址总线使用，而不作为 I/O 线直接与外部设备相连。

2.4.3 项目开发背景知识 3 单片机 C 语言使用中的几个基本概念

要用 C 语言编制单片机程序，就要了解 C 语言的基本知识以及用于单片机时应注意的问题。下面仅对C语言作一些简要介绍，故要了解有关C语言的详细内容可参阅C语言方面的书籍。

C语言是一种编译型程序设计语言，它兼顾了多种高级语言的特点，并具备汇编语言的功能。目前，使用C语言进行程序设计已经成为软件开发的一个主流。用C语言开发系统可以大大缩短开发周期，明显增强程序的可读性，便于改进、扩充和移植。而针对8051的C语言日趋成熟，已成为了专业化的实用高级语言。

1. C—51 的特点

C语言作为一种非常方便的语言而得到广泛的支持，很多硬件开发都采用C语言编程，如：各种单片机、DSP、ARM等。C语言程序本身不依赖于机器硬件系统，基本上不作修改就可将程序从不同的单片机中移植过来。C语言提供了很多数学函数并支持浮点运算，开发效率高，故可缩短开发时间，增加程序可读性和可维护性。

C—51 与 ASM—51 相比，有如下优点：

①对单片机的指令系统不要求了解，仅要求对8051的存储器结构有初步了解。

②寄存器分配、不同存储器的寻址及数据类型等细节可由编译器管理。

③程序有规范的结构，可分成不同的函数，这种方式可使程序结构化。

④提供的库包含许多标准子程序，具有较强的数据处理能力。

⑤由于具有方便的模块化编程技术，使已编好程序可容易地移植。

2. C—51 的数据类型和运算符

1）C—51 的数据存储类型

C—51 中的数据有常量与变量之分，不论是常量还是变量同样有多种类型，各种类型在机器中占有不同的存储长度，因此在程序中使用常量、变量和函数时，都必须先说明它的类型，这样C语言编译器才能为它们分配存储单元。下面分别介绍常量与变量的类型划分。

（1）常量和符号常量

程序运行过程中，其值不能被改变的量称为常量。还可以用一个标志符代表一个常量，称为符号常量。

（2）变量

凡数值可以改变的量称为变量。变量由变量名和变量值构成。C语言规定变量名只能由字母、数字和下划线组成，且不能以数字打头。变量和常量一样，分成以下几种类型。

①字符变量。

字符型变量用来存放字符，但只能放一个字符。字符变量的定义形式为 char

c1，c2；它定义了c1和c2为字符型变量，因此可以用下面语句对c1，c2赋值：

```
c1 = 'a';c2 = 'b';
```

一个字符变量在内存中占一个字节。将一个字符放到一个字符变量中，实际上是将该字符的ASCII代码放到存储单元中。例如字符'a'和'b'的ASCII代码分别为97和98。字符数据存储形式与整数的存储形式相类似。因此，C语言的字符型数据和整型数据之间可以通用。一个字符数据既可以以字符形式输出，也可以以整数形式输出。

②整型变量。

整型变量可分为下述几种类型，其在程序中使用时，必须详细定义。例如

int i,k;（指定变量i,k为整型）

unsigned int m;（指定变量m为无符号整型）

unsigned long p;（指定p为无符号长整型）

signed long q,s;（指定q,s为有符号长整型）

③实型变量。

C语言中的实型变量分为单精度（float）和双精度（double）两类。同样在程序使用前要加以定义。例如：

float x,y;（指定x,y为单精度实数）

double z;（指定z为双精度实数）

单精度实数提供7位有效数字，双精度实数提供15～16位有效数字，数值的范围因机器系统的不同而略有差异。需要指出，实型常量不分float型和double型。因此把一个实型常量赋给一个float型或double型变量时，要根据变量的类型截取实型常量中相应的有效位数字。

C—51数据的变量存储类型举例如下：

数据类型	变量名
char	var1;
bit	flags;
unsigned char	vextor[10];
int	wwww;

注意：变量名不能使用C语言中的关键字表示。

2）C—51的运算符和表达式

（1）算术运算符及其表达式

C语言的基本运算符有：

+（加法运算符或正值运算符。如2+7、+2）；

-（减法运算符或负值运算符。如7-2、-2）；

*（乘法运算符。如3*7）；

/（除法运算符。如7/2）；

%（模运算符，或称求余运算符，要求两侧均为整型数据。如8%5的值为3）。

用算术运算符和圆括号将运算对象包括常量、变量、函数、数组等连接起来，并符合C语法规则的式子称为算术表达式。如a*(b-c)+2.3+'a'就是一个合法的算术表达式。

C语言还规定了运算符的优先级和结合性。其中优先级规定为：先乘除模（模运算又称求余运算），后加减，括号最优先；结合性规定为“自左至右”，即运算对象两侧的算术运算符优先级相同时，先与左边的运算符结合。

如果一个运算符两侧的数据类型不同，则必须转换成同一类型，再进行运算。转换方式有自动转换（默认）和强制转换。强制转换的形式为

(类型名)(表达式)；

例如：(int)　(m+n)；　　（将m+n的值强制转换成整型）

(double)x；　　　　（将x强制转换成双精度型）

强制转换只转换表达式的值，并不改变其中的变量的类型。（上例中的m，n，x的类型都不变）。

（2）关系运算符及其表达式

C的关系运算符有6种：

>　（大于）；

<　（小于）；

>=（大于或等于）；

<=（小于或等于）；

==（等于）；

!=（不等于）。

关系运算符的优先级规定为

①前四种运算符（>，>=，<，<=）优先级相同，后两种也相同，前四种高于后两种。

②关系运算符的优先级低于算术运算符。

③关系运算符的优先级高于赋值(=)运算符。

用关系运算符将两个表达式（算术表达式、关系表达式、逻辑表达式等）连接起来的式子称为关系表达式。关系表达式的结果是逻辑值，即“真”或“假”。C语言没有逻辑型数据，以1代表真，以0代表假。例：如果a=l，b=2，c=3，则c>b的值为“真”，表达式的值为1；b>=(a+c)的值为“假”，表达式的值为0；x=a>b，因a>b的值为“假”，所以x的值为0。

（3）逻辑运算符及其表达式

C的逻辑运算符有3种：

&&　逻辑与（两个操作数都为真时，结果才为真，否则为假）；

‖　逻辑或（只要两个操作数中有一个为真，结果便为真，否则为假）；

!　逻辑非（对操作数的值取反）。

“&&”和“‖”要求有两个操作对象，而“!”是单目运算符，只要求有一

个运算对象。

逻辑运算符的优先级规定为“!”（非）→“&&”（与）→“‖”（或）。

当表达式中同时出现不同类型的运算符时，“!”（非）运算符优先级最高，算术运算符次之，关系运算符再次之，其后是“&&”和“‖”，最低为赋值运算符。

用逻辑运算符将关系表达式或逻辑量连接起来的式子称为逻辑表达式。逻辑表达式的值是一个逻辑值，即“真”或“假”。与关系表达式的值相同，以0代表假，以1代表真。

例如 a=2，b=3，则

!a 为假（0） （因 a=2(非0）为真，所以！a为假）；

&&b 为真（1）；

! a&&b 为假（0） （因先执行！a，值为0，而0&&b为0）。

（4）位操作运算符及其表达式

C的位操作运算符有：

& 按位与；

| 按位或；

^ 按位异或；

~ 按位取反；

<< 位左移；

>> 位右移。

除按位取反运算符~外，其余位操作运算符都是两目运算符，要求运算符两侧各有一个运算对象。位运算符操作的对象只能是整型或字符型数据。

下面简单介绍位运算符的运算规则：

①按位与&。

参与运算的两操作数，只有双方相应的位都为1，结果值中该位为1，否则为0。即0&0=0，0&1=0，1&0=0，1&1=1。例如若a=0x37=00110111B，b=0x7A=01111010B，则a&b的值为00110010B，即0x32。

②按位或|。

参与运算的两操作数，只要双方相应的位中有1，结果值中该位为1，否则为0。即0|0=0，0|1=1，1|0=1，1|1=1。例如若a=0x31=00110001B，b=0x56=01010110B，则a|b的值为01110111B，即0x77。

③按位取反~。

对操作数的二进制值按位取反，即0变1，1变0。例如若a=3FH=00111111B，则~a的值为11000000B即0C0H。

④按位异或^。

参与运算的两操作数，按位进行异或运算，如果对应位的值不同，运算结果该位为1，否则为0。即0^0=0，0^1=1，1^0=1，1^1=0。例如若a=0x31=

00110001B，b = 0x56 = 01010110B，则 a^b 的值为 01100111B，即 0x67。

⑤位左移和位右移（<<、>>）。

移位运算有两个操作数，例如 a <<2，移位时将左操作数 a 的各二进制位全部左移或右移若干位，所移位数由右操作数决定，式中右操作数为 2，表示移 2 位，移位后留出的空白位补 0，溢出的位舍弃。

例如若 a = 0x3E = 00111110B，则 a <<2 的值为 0 0 11111 000，即 0xF8。

↓　　↑

舍弃　补进

例如若 a = 0x3E = 00111110B，则 a >>2 的值为 0 000111111 0，即 0x0F。

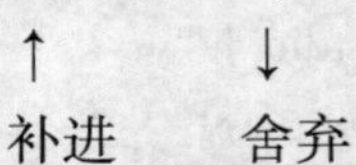

(5) 自增减运算符及其表达式

自增减运算符的作用是使变量的值增 1 或减 1，如：

++i, --i (使用之前,先使 i 值增 1(减 1));

i++ ,i-- (在使用 i 之后,使 i 值增 1(减 1))。

例如若 i = 5，

```
则 j = i ++                    (j 的值为 5,然后 i 的值变为 6);
  j = ++i                      (j 的值为 6,i 的值亦为 6);
  printf("%d",i++)             (输出 5,然后 i 值变为 6);
  printf("%d", ++i)            (输出 6)。
```

显然，自增减运算符只能用于变量，不能用于常量或表达式。

(6) 复合运算符及其表达式

C 中的两目运算符都可以和赋值运算符“=”一起组成复合赋值运算符。C 语言规定使用的复合赋值运算符有以下 10 种：

+=，-=，*=，/=，%=，<<=，>>=，&=，^=，|=。

```
例如:a +=2      等价于 a = a +2;
m *= n +1       等价于 m = m * (n+1)(注意,不是 m = m * n +1);
k <<=2          等价于 k = k <<2。
```

3. C 语言程序的格式

先来看两个简单的 C 语言程序。

[例 2.1]

```
# include"stdio.h"
main()
{
printf("Welcome to here.\n");
}
```

这个程序的功能是在计算机屏幕上输出以下一行信息：

Welcome to here.

程序中的 main() 表示“主函数”，函数体用一对大括号 {} 括起来。本例中主函数的函数体只有一个输出语句即 printf，printf 是 C 语言中的输出函数，存放在 C—51 的标准函数库名为 stdio. h 的头文件中。使用标准库中的这些函数，必须在程序开头写一行#include"stdio. h"的命令。在 printf 语句中，要用一个双引号将输出内容包括起来，双引号内的"\n"是换行符，即输出"Welcome to here."后换行。语句的最后有一分号作为结尾。

［例 2.2］

```
#include"stdio. h"
Int max(intx,inty)              /* 定义 max 函数,函数值为整型,x,y 为形式参数 */
{int z;
if(X > Y)z = x;
else z = y;
return(z);                      /* 将 z 的值返回,通过 max 带回调用处 */
}
main()                          /* 主函数 */
{int a,b,m;                     /* 定义三个整型变量 */
scanf("%d,%d",&a,&b);           /* 从键盘输入变量 a 和 b 的值 */
m = max(a,b);                   /* 调用 max 函数,将得到的值赋给 m */
print("max = %d",m);            /* 输出 m 的值 */
}
```

本程序包括两个函数：主函数 main 和自行定义的函数 max。max 函数的作用是将 x 和 y 中数值较大的赋给变量 z。return 是返回语句，返回值 z 是表示 z 将通过函数名 max 带回到 main 函数的调用处。scanf 是 C 语言提供的标准输入函数。程序中 scanf 函数的作用是输入 a 和 b 的值。&a 和 &b 中的“&”的含义是“取地址”，程序中的 scanf 函数表示输入两个数值，分别存放到变量 a 和 b 的地址所对应的单元中，也就是输入给变量 a 和 b。其中的“%d,%d”的含义与前相同，它指定输入的两个数据按十进制整数形式输入。语句 m = max(a，b) 为调用 max 函数，在调用时将实际参数 a 和 b 的值分别传送给 max 函数中的形式参数 x 和 y。通过执行 max 函数得到一个返回值（即 max 函数中变量 z 的值），把这个值赋给变量 m，然后通过 printf 函数输出 m 的值。程序运行结果如下：

```
3,5          (输入 3、5 给 a、b)
max = 8      (输出 max 的值)
```

通过上面的例子，我们可以了解 C 语言源程序的结构：

①C 程序由一个主函数和若干个其他函数组成，其中主函数的名字必须为 main。C 程序通过函数调用去执行指定的工作。函数调用类似于汇编语言中调用

子程序。被调用的函数可以是系统提供的库函数（如 printf 函数），也可以是用户自行定义的函数（如 max 函数）。

②一个函数由说明部分和函数体两部分组成。函数说明部分是对函数名、函数类型、形参名、形参类型等所做的说明。例如：

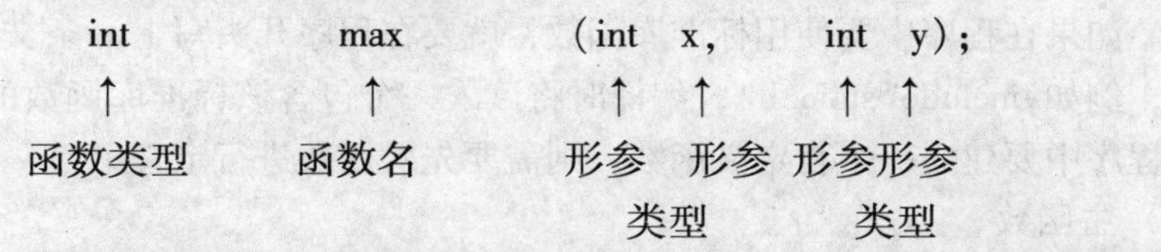

函数名后面必须跟一对圆括号，用来放参数，如 max( )。函数体是指函数说明部分之后大括号内的内容。函数体一般包括变量定义部分和执行部分，有时可能没有变量定义部分（如例 2.1），甚至两部分都不包括，只有一对大括号 {}，称之为空函数。

③C 程序的执行总是从 main 函数开始的，而对 main 函数的位置并无特殊规定，main 函数可以放在程序的开头、最后或是其他函数的前后。

④源函数文件需要包含其他源程序文件的内容时，则要在本程序文件头部用包含命令#include 进行“文件包含”处理，其一般格式为#include“文件名”。如#include" stdio. h" 是将文件 stdio. h 的全部内容包含到现文件中。一条 include 命令只能包含一个文件。

⑤C 程序语言书写格式自由，一行可以写一条语句或几条语句。一条语句也可以分写在多行上。

4. C—51 使用中应注意的几个问题

1）C—51 的数据类型扩充定义

8051 单片机有 18 个特殊功能寄存器（SFR），对它们操作只能用直接寻址方式，为此 C—51 编译器专门提供了一种定义方式，这种方式在一般 C 语言中是不存在的。它采用关键字 sfr 和 sbit，其中 sbit 可以访问可位寻址对象。sfr 之后的寄存器名称必须大写，定义之后可以直接对这些寄存器赋值。

sfr:特殊功能寄存器声明。

sfr16:sfr 的 16 位数据声明。

sbit:特殊功能位声明。

bit:位变量声明。

例如：

```
sfr TMOD = 0x89;
sfr16 T2 = 0xCC;
sbit CY = PSW^7;
```

对于在片外扩充的接口，可以根据硬件形成的地址，用#define 语句进行定义。

例如：#define PORTA XBYTE[0xffc0]

2）函数

C语言程序是由一个主函数和若干个其他函数所构成，程序中由主函数调用其他函数，其他函数也可以互相调用。其他函数又可分为标准库函数和用户自定义函数。如果在程序中要使用标准库函数，就要在程序开头写上一条文件包含处理命令，例如#include"stdio.h"，编译时将读入一个包含该标准库函数的头文件。如果在程序中要建立一个自定义函数，则需要先对函数进行定义。

（1）主函数

要定义一个主函数Main，则它的定义形式为：

Main 函数

格式：void main()；

特点：无返回值，无参。

任何一个C程序有且仅有一个main函数，它是整个程序开始执行的入口。

```
void main()
  {
    总程序从这里开始执行;
    其他语句;
  }
```

（2）中断服务程序

要定义一个中断服务函数，则它的定义形式为：

```
函数名()interrupt n using m
  {
函数内部实现...
  }
```

3）C—51的包含的头文件

C语言在调用标准库函数时，总是在程序开头用一个文件包含命令即#include将标准库函数的头文件包含进来。由于不同的编译器所用的头文件名称可能不同，用C—51编译器编译时，应注意头文件的名称，程序上的名称要与编译器规定名称相符合。

通常有：reg51.h，reg52.h，math.h，ctype.h，stdio.h，stdlib.h，absacc.h。

其中常用的reg51.h、reg52.h用于定义特殊功能寄存器和位寄存器；math.h用于定义常用数学运算。

2.5 项目实施

（1）用P1口的1位分别驱动1只LED（发光二极管），使小灯依次亮灭。

（2）用 P1 口的 8 位分别驱动 8 只 LED（发光二极管），使小灯依次亮灭。

2.5.1 硬件设计

LED（发光二极管）的工作条件是 1.8 V 的正向电压，流过的电流为 4～10 mA，显然不能直接用单片机的口驱动，因此需在电路中串联限流电阻。由于单片机 I/O 口的低电平驱动能力较强，用低电平使发光管点亮，高电平熄灭。

设计都在 ISIS 中进行。该项目的硬件电路图如图 2.5(a)(b) 所示：

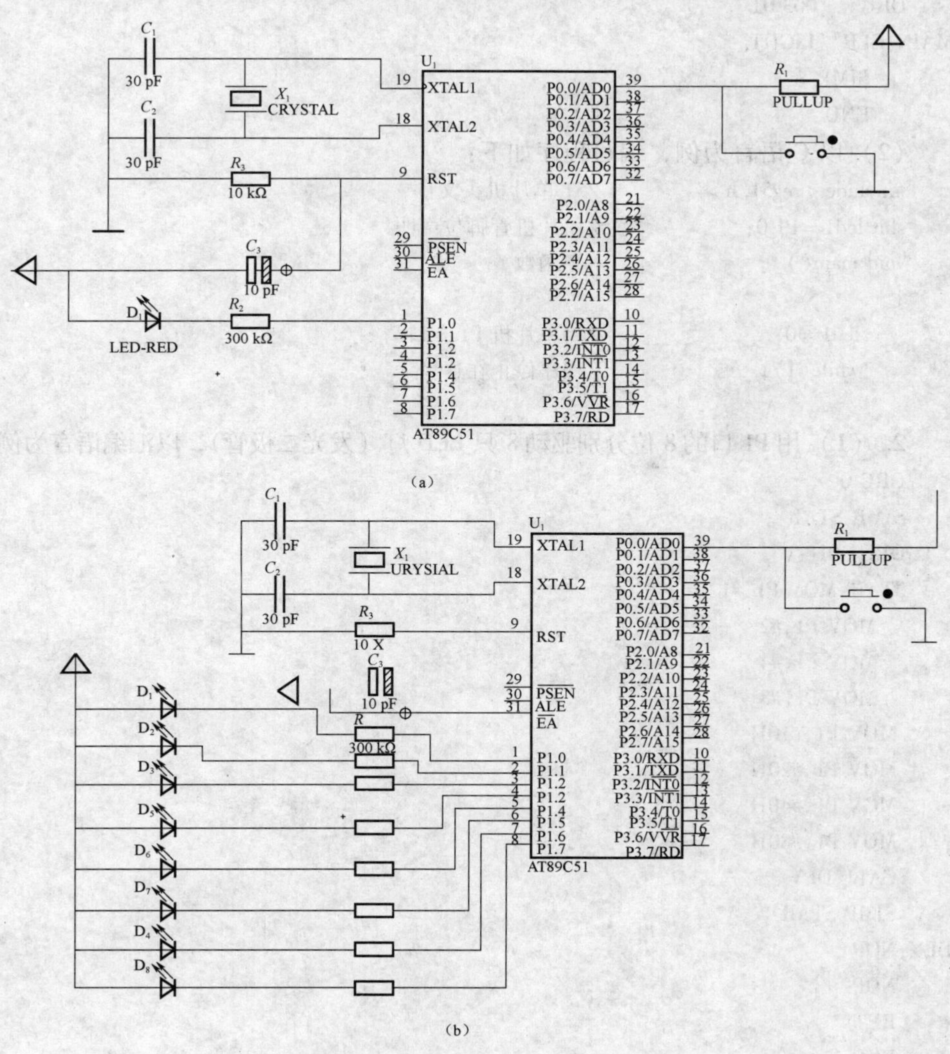

图 2.5 硬件电路原理图

（a）用按键开关控制一个 LED 灯亮灭；（b）8 个 LED 灯亮灭原理图

2.5.2 软件设计

1. （1）用P1口的1位分别驱动一只LED灯（发光二极管），以汇编语言为例：

依照学习的I/O口的操作指令，以P1口为例，显然：

```
LIGHT   BIT P1.0
ORG     0000H
LJMP    MAIN
ORG     0030H
MAIN:CLR    LIGHT
    SJMP $
    END
```

（2）以C语言为例，编写程序如下：

```
#include <reg51.h>              //51单片机头文件
sbit led1 = P1^0;               //单片机管脚位声明
void main()                     //主函数
{
    led1 = 0;                   //将单片机P1.0口清零
    while(1);                   //程序停止在这里
}
```

2. （1）用P1口的8位分别驱动8只LED灯（发光二极管），以汇编语言为例：

```
ORG 0
SJMR STAR
ORG 30H
STAR:MOV P1,#1
   MOV P1,#2
   MOV P1,#4
   MOV P1,#8
 MOV P1,#10H
 MOV P1,#20H
 MOV P1,#40H
 MOV P1,#80H
 CALL DLY
 SJMP STAR
DLY:NOP
 NOP
 RET
 END
```

（2）以C语言为例，编写程序如下：

```
#include <reg52.h>                      //52单片机头文件
```

```
void main()                         //主函数
{
    unsigned int i;                 //定义一个 int 型变量
    while(1)
    {
        i = 50000;                  //变量赋初值为 50 000
        P1 = 0xfe;                  //点亮第一个灯
        while(i --);                //延时
        i = 50000;                  //变量赋初值为 50 000
        P1 = 0xfd;                  //点亮第二个灯
        while(i --);                //延时
        i = 50000;                  //变量赋初值为 50 000
        P1 = 0xfb;                  //点亮第三个灯
        while(i --);                //延时
        i = 50000;                  //变量赋初值为 50 000
        P1 = 0xf7;                  //点亮第四个灯
        while(i --);                //延时
        i = 50000;                  //变量赋初值为 50 000
        P1 = 0xef;                  //点亮第五个灯
        while(i --);                //延时
        i = 50000;                  //变量赋初值为 50 000
        P1 = 0xdf;                  //点亮第六个灯
        while(i --);                //延时
        i = 50000;                  //变量赋初值为 50 000
        P1 = 0xbf;                  //点亮第七个灯
        while(i --);                //延时
        i = 50000;                  //变量赋初值为 50 000
        P1 = 0x7f;                  //点亮第八个灯
        while(i --);                //延时
    }
}
```

为便于学习，项目中我们分别按下列步骤来点发光二极管。①点亮第一个发光管；②点亮最后一个发光管；③点亮 1、3、5、7 四个发光管。

参考程序如下：

①点亮第一个发光管。

```
//用位操作点亮第一个发光管.
//适用 TX—1C 单片机实验板
//晶振为 11.059 2 MHz
/*****************************************/
#include <reg52.h>                  //52 单片机头文件
sbit led1 = P1^0;                   //单片机管脚位声明
```

```
void main()                    //主函数
{
 led1 = 0;                     //将单片机 P1.0 口清零
 while(1);                     //程序停止在这里
}
/**************************************************/
//用总线操作点亮第一个发光管.
//适用 TX—1C 单片机实验板
//晶振为 11.059 2 MHz
/***********************************************/
#include <reg52.h> //52 单片机头文件
void main()                    //主函数
{
 P1 = 0xfe;                    //将单片机 P1 口的 8 个口由高到低分别赋值为 11111110
 while(1);                     //程序停止在这里
}
/*************************************/
```

②点亮最后一个发光管。

```
//用位操作点亮最后一个发光管.
//适用 TX—1C 单片机实验板
//晶振为 11.059 2 MHz
/******************************/
#include <reg52.h>             //52 单片机头文件
sbit led8 = P1^7;              //单片机管脚位声明
void main()                    //主函数
{
  led8 = 0;                    //将单片机 P1.7 口清零
  while(1);                    //程序停止在这里
}
//用总线操作点亮最后一个发光管.
//适用 TX—1C 单片机实验板
//晶振为 11.059 2 MHz
/******************************/
#include <reg52.h>             //52 单片机头文件
void main()                    //主函数
{
 P1 = 0x7f;                    //将单片机 P1 口的 8 个口由高到低分别赋值为 01111111
 while(1);                     //程序停止在这里
```

③点亮 1、3、5、7 四个发光管。

```
//用位操作点亮 1、3、5、7 发光管.
//适用 TX—1C 单片机实验板
```

```
//晶振为 11.059 2 MHz
/********************************/
#include <reg52.h>              //52 单片机头文件
sbit led1 = P1^0;               //单片机管脚位声明
sbit led3 = P1^2;               //单片机管脚位声明
sbit led5 = P1^4;               //单片机管脚位声明
sbit led7 = P1^6;               //单片机管脚位声明
void main()                     //主函数
{
 led1 = 0;                      //将单片机 P1.0 口清零
 led3 = 0;                      //将单片机 P1.2 口清零
 led5 = 0;                      //将单片机 P1.4 口清零
 led7 = 0;                      //将单片机 P1.6 口清零
 while(1);                      //程序停止在这里
}
//用总线操作点亮 1、3、5、7 发光管。
//适用 TX—1C 单片机实验板
//晶振为 11.059 2 MHz
/********************************/
#include <reg52.h>              //52 单片机头文件
void main()                     //主函数
{
 P1 = 0xaa;                     //将单片机 P1 口的 8 个口由高到低分别赋值为 10101010
 while(1);                      //程序停止在这里,在后面会讲到为什么这样写。
}
```

2.5.3　演示步骤

（1）按照单片机最小应用系统连接电路。用数据线连接单片机 P1 口与 8 位逻辑电平显示模块。确保连接到位。

（2）用串行数据通信线连接计算机和仿真器，把仿真器插到模块的锁紧插座中，请注意仿真器的方向：缺口朝上。

（3）打开 Proteus 仿真软件，首先建立本实验的项目文件，画出硬件电路图，接着添加源程序，进行编译，直到编译无误。

①打开 Proteus 仿真软件，首先建立本实验的项目文件，画出硬件电路图如图 2.6 所示。

②电气检测。通过菜单操作“Tools→ Electrical Rule Check…”会出现检查结果窗口如图 2.7 所示。窗口前面是一些文本信息，接着是电气检查结果列表，若有错，会有详细的说明。当然还可以单击电气检查按钮完成电气检测。

③通过菜单“Source → Add/Remove SourceFile …”新建源程序文件：start. ASM。

通过菜单“Source→start. ASM”，打开 Proteus 提供的文本编辑器 SRCEDIT，在其中编辑源程序。如图 2. 8 所示。

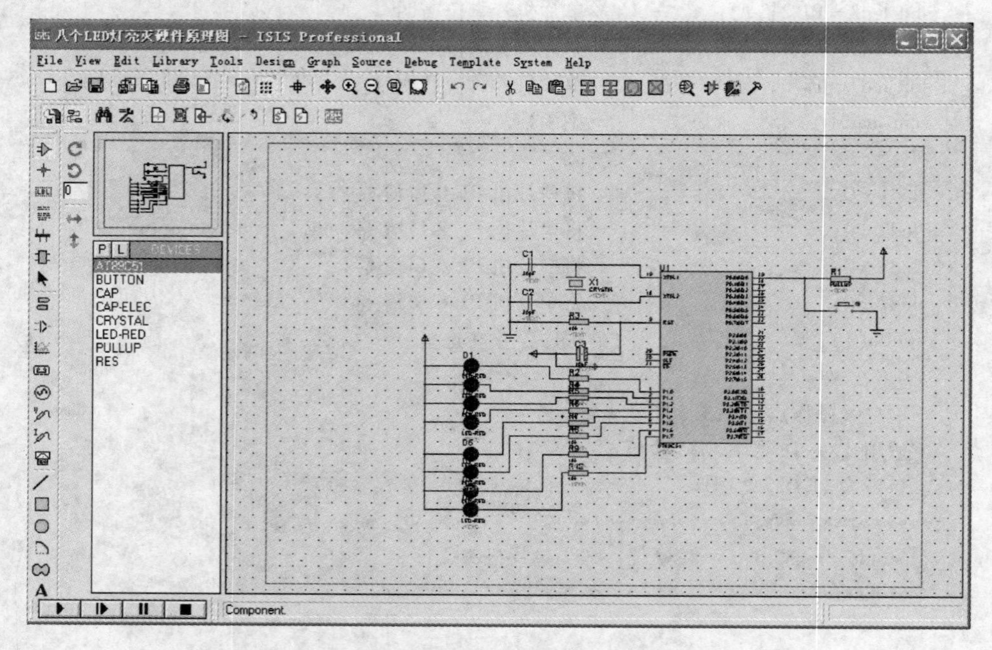

图 2. 6　Proteus 仿真软件下实现的灯亮灭原理图

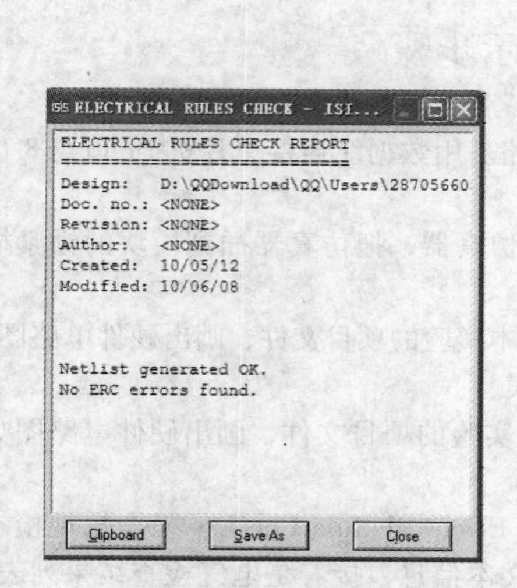

图 2. 7　电气检测窗口

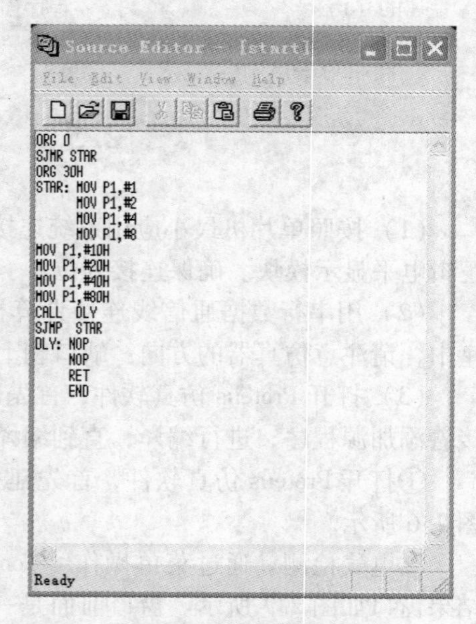

图 2. 8　源程序编辑窗口

④生成目标代码文件。

（4）选择硬件仿真，选择串行口，设置波特率为38 400 bps

（5）打开模块电源，按下调试按钮，单击Run按钮运行程序，观察LED管显示情况。

思考与练习 <<<

1. 熟练建立ISIS工程。
2. 点亮最后一个发光管。
3. 点亮2、3、5、8四个发光管。

项目三　循环控制的流水灯及汇编程序设计

3.1　项目概述

通过上一个项目的学习，我们对单片机系统的硬件躯体有了较深入的认识，要使单片机能完成更多更复杂的控制，必须进一步学习单片机的软件知识，充实单片机的大脑。

本项目是在项目二的基础上，进一步学习如何通过程序控制来实现将 8 个 LED 灯循环点亮。

3.2　项目要求

掌握程序编制的方法，了解单片机应用软件（用户程序）是由主程序、子程序、中断程序构成，学习通过子程序的调用、延时程序的设计等方法来实现流水灯控制。

3.3　项目目的

（1）了解汇编语言程序设计方法。

（2）会汇编语言常用指令的使用。

（3）初步掌握利用单片机子程序调用方法处理问题，能编写简单实用的子程序。

3.4　项目支撑知识

本项目支撑知识内容是本课程的核心内容之一，是单片机应用的前提和基础，是学习领会单片机基础知识、达到成功应用的“瓶颈”。要求了解 MCS—51 单片机的 7 种寻址方式；掌握 5 大类 111 条指令的功能；掌握 MCS—51 单片机汇编语言程序的基本格式及伪指令；了解程序的基本结构和程序设计的基本方法。

3.4.1　项目开发背景知识 1　指令格式及 7 种寻址方式

1. 指令格式

1）指令和指令系统

单片机要执行某种操作或运算时，要先向 CPU 输入以二进制数为代码（机器码）的操作命令，这种操作命令就称为指令。指令是组成程序的基本元素。MCS—51 指令系统即是指 MCS—51 提供的全部指令的集合。指令系统是与微处理器型号有关的，各类型的 CPU 都有一套适用于它本身的指令系统。MCS—51 指令系统共拥有各种指令 111 条。其特点如下：

①指令执行时间快。

②指令短，约有一半的指令为单字节指令。

③用一条指令即可实现 2 个一字节的相乘或相除。

④具有丰富的位操作指令。

⑤可直接用传送指令实现端口的输入/输出操作。

按指令机器码的长度，MCS—51 单片机指令可分为单字节指令（单字节指令格式由 8 位二进制编码表示）、双字节指令（双字节指令格式由两个字节组成，操作码和操作数）、三字节指令（三字节指令格式中，第一个字节为操作码，后两个字节为操作数）。指令的字节越少，所占用的程序存储器空间也越少，所以编程时尽可能选用字节少的指令。

按指令功能，MCS—51 指令系统又可分为数据传递与交换、算术运算、逻辑运算、位操作、控制转移 5 大类指令。

2）指令格式

我们知道，指令是以二进制代码形式表示的操作命令，这种二进制代码被称为机器码，它是计算机能够识别的唯一语言——机器语言。但机器语言难于记忆，可读性也差。为此，在编写程序时，常常用具有一定含义的助记符来表示相应的操作命令，并用英文缩写来表示指令，例如 MOV 指令表示传送。无论是用助记符或机器码表示的指令，都是一一对应的。

在 MCS—51 指令中，一条指令主要由操作码、操作数两部分组成。

①操作码在前，规定指令所完成的功能，指明执行什么性质和类型的操作。例如，数的传送、加法、减法等。

②操作数规定操作的对象，操作数可以是一个具体的数（立即数），也可以是这个数据所在的地址。

例如：MOV 40H，#30H↔75H 40H 30H；把数 30H 送给片内 RAM 的 40H 单元内。

↔前是用助记符表示的指令，↔后是其对应的机器码。MOV 是操作码，40H 是第一操作数（目的操作数），#30H 是第二操作数（源操作数）。

3）指令中常用符号

在分类介绍各类指令之前，先对描述指令的一些符号意义进行一些简单约定：

①Ri 和 Rn：R 表示当前工作寄存器区中的工作寄存器，i 表示 0 或 1，即 R0 和 R1。n 表示 0 ~ 7，即 R0 ~ R7，当前工作寄存器的选定是由 PSW 的 RS1 和 RS0 位决定的。

②#data：#表示立即数，data 为 8 位常数。#data 是指包含在指令中的 8 位立即数。

③#data16：包含在指令中的 16 位立即数。

④rel：相对地址，以补码形式表示的地址偏移量，范围为 -128 ~ +127，主要用于无条件相对短转移指令 SJMP 和所有的条件转移指令中。

⑤addr16：16 位目的地址。目的地址可在全部程序存储器的 64 KB 空间范围内，主要用于无条件长转移指令 LJMP 和子程序长调用指令 LCALL 中。

⑥addr11：11 位目的地址。目的地址应与下条指令处于相同的 2 KB 程序存储器地址空间范围内，主要用于绝对转移指令 AJMP 和子程序绝对调用指令 ACALL 指令中。

⑦direct：表示直接寻址的地址，即 8 位内部数据存储器 RAM 的单元地址，或特殊功能寄存器 SFR 的地址（0 ~ 127/255）。对于 SFR 可直接用其名称来代替其直接地址。

⑧bit：内部数据存储器 RAM 和特殊功能寄存器 SFR 中的可直接寻址位地址。

⑨@：间接寻址寄存器或基地址寄存器的前缀，如@ Ri，@ DPTR，表示寄存器间接寻址。

⑩(X)：表示 X 中的内容。

⑪((X))：表示由 X 寻址的单元中的内容，即（X）作地址，该地址的内容用((X))表示。

⑫/和→符号：/表示对该位操作数取反，但不影响该位的原值。→表示指令操作流程，将箭头一方的内容，送入箭头另一方的单元中去。

应说明的是，凡指令表上标明符号的地方，在使用时必须根据符号要求，选用具体数值，不能直接写成上述符号。例如不能有 MOV A，Rn 这种写法。

2. 寻址方式

所谓寻址方式，就是指某一个 CPU 指令系统中规定的寻找操作数所在地址的方式，或者说通过什么样的方式找到操作数。在用汇编语言编程时，数据的存放、传送、运算都要通过指令来完成。编程者必须自始至终都要十分清楚操作数的位置，以及如何将它们传送到适当的寄存器去参与运算。每一种计算机都具有多种寻址方式。寻址方式的多少是反映指令系统优劣的主要指标之一。在 MCS—51 单片机指令系统中，有 7 种寻址方式。

1）立即寻址

在这种寻址方式中，操作数以数字形式直接出现在指令中，它紧跟在操作码的后面，作为指令的一部分与操作码一起存放在程序存储器内，可以立即得到并执行，不需要另去寄存器或存储器等处寻找和取数，故称为立即寻址。该操作数称为立即数，并在其前冠以“#”号作前缀，以表示并非地址。立即数可以是 8 位或 16 位，用十六进制数表示。

例如：MOV A,#0FH;(A)←0FH

该指令的功能是将立即数 0FH 传送到累加器 A 中，对应的机器码为 74H。它隐含了寄存器寻址累加器 A 方式，长一个字节，占用一个存储单元；立即数 0FH 紧跟在操作码之后，成为指令代码的一部分，长也是一个字节，占用紧跟在后面的另一个存储单元。故该指令为双字节指令，其机器码为 74H0FH。

2）直接寻址

在指令中直接给出操作数的地址，这种寻址方式就属于直接寻址方式。在这种方式中，指令的操作数部分直接是操作数的地址。在 MCS—51 单片机指令系统中，直接寻址方式中可以访问 3 种存储器空间：

①内部数据存储器的低 128 个字节单元（00H ~ 7FH）。

②特殊功能寄存器。特殊功能寄存器只能用直接寻址方式进行访问。对特殊功能寄存器直接寻址可以用字节地址，也可用特殊功能寄存器名。

③位地址空间。

例如：MOV A,40H;(A)←(40H)

该指令的功能是把内部数据存储器 RAM 40H 单元内的内容送到累加器 A。指令直接给出了源操作数的地址 40H。该指令的机器码为 E5H 40H。

MOV B,A;(B)←(A)

该指令的机器码为 F5H F0H。

MOV 0F0H,A;(B)←(A)

该指令的机器码为 F5H F0H。

3）寄存器寻址

选定某寄存器，自该寄存器中读取或存放操作数，以完成指令规定的操作，称为寄存器寻址。在该寻址方式中，操作数中有一个是寄存器。寄存器一般指 8 个工作寄存器 R0 ~ R7、累加器 A、数据指针 DPTR 和布尔处理器的位累加器 C。实际上寄存器寻址也可以看作是一种直接寻址。

例如：MOV A,R0;(A)←(R0)

该指令的功能是把工作寄存器 R0 中的内容传送到累加器 A 中，如：R0 内容为 FFH，则执行该指令后 A 的内容也为 FFH。在该条指令中，源操作数和目的操作数是由寻址 R0 和 A 寄存器得到的，故属于寄存器寻址。该指令为单字节指令，机器代码为 E8H。

4）寄存器间接寻址

在这种寻址方式中，寄存器的内容为操作数的地址。间接寻址的存储器空间包括内部数据 RAM 和外部数据 RAM。能用于寄存器间接寻址的寄存器有 R0、R1、DPTR、SP，SP 仅用于堆栈操作。寄存器间接寻址只能使用寄存器 R0、R1 作为地址指针，寻址内部 RAM 区（00 ~ 7FH）的 128 个单元，不能访问特殊功能寄存器 SFR。当访问外部 RAM 时，可使用 R0、R1 及 DPTR 作为地址指针。这里要强调的是这种寻址方式中，寄存器的内容不是操作数本身，而是操作数地址。寄存器间接寻址符号为“@”。指令 MOV@ R0，A 的寄存器间接寻址如图 3.1 所示。

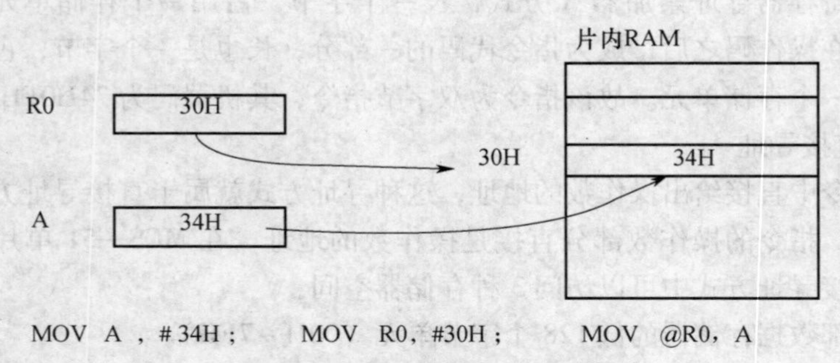

图 3.1 **MOV@R0，A** 间接寻址示意图

5）基址寄存器加变址寄存器间接寻址

这种寻址方式常用于访问程序存储器中的数据表格，它以基址寄存器 DPTR 或 PC 的内容为基本地址，加上变址寄存器 A 的内容作为操作数的地址。两者的内容相加形成 16 位程序存储器地址，该地址就是操作数所在地址。变址寻址只能对程序存储器中数据进行操作。由于程序存储器是只读的，因此变址寻址只有读操作而无写操作，在指令符号上采用 MOVC 的形式。指令 MOVC A，@ A + DPTR 的变址寻址如图 3.2 所示。

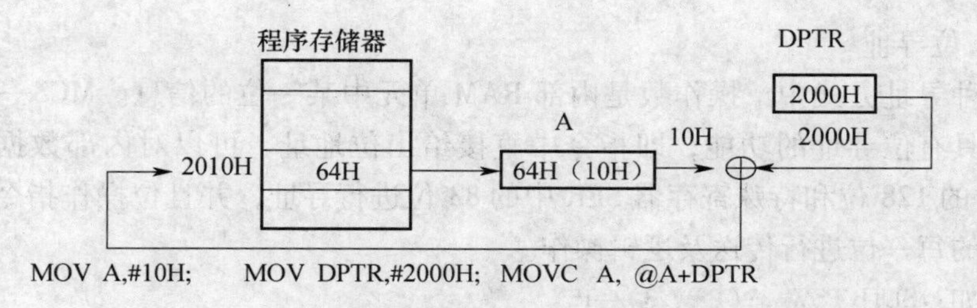

图 3.2　变址寻址示意图

6）相对寻址

相对寻址是以当前程序计数器 PC 的内容为基本地址，加上指令中给定的偏移量（rel）作为转移地址，而构成实际操作数地址的寻址方法。它用于访问程序存储器，常出现在相对转移指令中。指令中给出的偏移量 rel 是一个 8 位带符号的常数，可正可负，其范围为 -128 ~ +127。

在使用相对寻址时要注意以下两点：

①当前 PC 值是指相对转移指令所在地址（一般称为源地址）加上转移指令字节数。即：当前 PC 值 = 源地址 + 转移指令字节数。

例如：JZ rel 是一条累加器 A 为零就转移的双字节指令。若该指令地址（源地址）为 2050H，则执行该指令时的当前 PC 值即为 2052H。

②偏移量 rel 是有符号的单字节数，以补码表示，其相对值的范围是 -128 ~ +127(即 00H ~ FFH)，负数表示从当前地址向后（回）转移，正数表示从当前地址向前转移。所以，相对转移指令满足条件后，转移的地址（一般称为目的地址）应为：目的地址 = 当前 PC 值 + rel = 源地址 + 转移指令字节数 + rel。例如：指令“JZ 08H”和“JZ 0F4H”表示累加器 A 为零条件满足后，从源地址(2050H）分别向前、向后转移 10 个单元。其相对寻址示意如图 3.3（a)、(b）所示。这两条指令均为双字节指令，机器代码分别为：60H 08H 和 60H F4H。

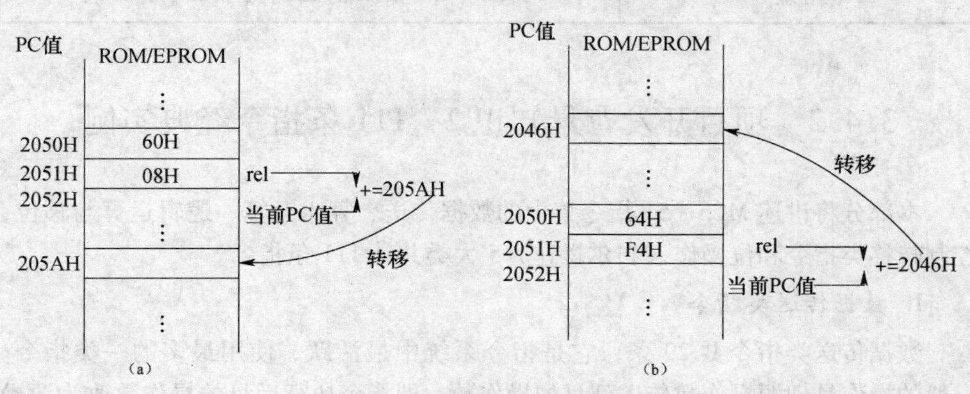

图 3.3　相对寻址示意图

（a）指令 JZ 08H 寻址示意图；（b）指令 JZ F4H 寻址示意图

7）位寻址

该种寻址方式中，操作数是内部 RAM 单元中某一位的信息。MCS—51 系列单片机具有位寻址的功能，即指令中直接给出位地址，可以对内部数据存储器 RAM 中的 128 位和特殊寄存器 SFR 中的 83 位进行寻址，并且位操作指令可对地址空间的每一位进行传送及逻辑操作。

例如：SETB PSW.3；(PSW.3)←1

该指令的功能是给程序状态字 PSW 中的 RS0 置 1。该指令为双字节指令，机器代码为 D2H D3H，指令的第二字节直接给出位地址 D3H(PSW.3 的位地址)。

综上所述，在 MCS—51 系列单片机的存储空间中，指令究竟对哪个存储器空间进行操作是由指令操作码和寻址方式确定的。7 种寻址方式及其寻址空间如表 3.1 所示。

表 3.1　7 种寻址方式及使用空间

序　号	寻址方式	使用空间
1	寄存器寻址	R0 ~ R7. A
2	立即寻址	程序存储器
3	寄存器寻址	内邻 RAM 的 00H ~ 7FH，外邻 RAM
4	直接寻址	内邻 RAM 的 00H ~ 7FH，SFR
5	变址寻址	程序存储器
6	相对寻址	程序存储器
7	位寻址	内邻 RAM 中 20 ~ 2FH 的 128 位，SFR 中的 93 位

3.4.2　项目开发背景知识 2　111 条指令经典实例

本部分将讲述 MCS—51 指令集中的数据传送、算术运算、逻辑运算与移位、控制转移类指令和位操作（布尔操作）5 大类共计 111 条指令。

1. 数据传送类指令

数据传送类指令共 29 条，它是指令系统中最活跃、使用最多的一类指令。一般的操作是把源操作数传送到目的操作数，即指令执行后目的操作数改为源操作数，而源操作数保持不变。若要求在进行数据传送时，不丢失目的操作数，则可以用交换型传送指令。

数据传送类指令不影响进位标志 CY、半进位标志 AC 和溢出标志 OV，但当传送或交换数据后影响累加器 A 的值时，奇偶标志 P 的值则按 A 的值重新设定。

按数据传送类指令的操作方式，又可把传送类指令分为 3 种类型：数据传送、数据交换和堆栈操作，并使用 8 种助记符：MOV、MOVX、MOVC、XCH、XCHD、SWAP、PUSH 及 POP。表 3.2 给出了各种数据传送指令的操作码助记符和对应的操作数。

表 3.2　数据传送类指令助记符与操作

功　能		助记符	操作数与传送方向
数据传送	内部数据存储器间传送	MOV	A，Rn，@ Ri，direct – = data DPTR – = data16 A↔Rn，@ Ri，direct direct↔direct，Rn@ Ri
	外部数据存储器传送	MOVX	A↔@ Ri，@ DPTR
	程序存储器传送	MOVC	A↔@ A + DPTR，@ A + PC
数据交换	字符交换	XCH	A↔Rn，@ Ri，direct
	半字节交换	XCHD	$A_{高四位}$↔@ $Ri_{低四位}$
	A 高低 4 位互换	SWAP	$A_{高四位}$↔$A_{低四位}$
栈操作	压入堆栈	PUSH	SP↔direct
	弹出堆栈	POP	

1）数据传送指令

（1）内部数据存储器间数据传送指令

内部数据存储器 RAM 区是数据传送最活跃的区域，可用的指令数也最多，共有 16 条指令，指令操作码助记符为 MOV。MCS—51 单片机片内数据传送途径如图 3.4 所示。

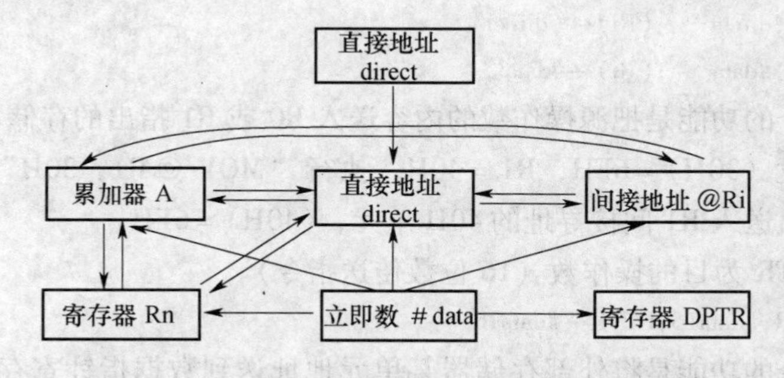

图 3.4　MCS—51 单片机片内数据传送图

①以累加器 A 为目的操作数。

```
MOV A,Rn          ;A←(Rn)          注意:n = 0 ~ 7
```

```
MOV A,@Ri       ;A←((Ri))       注意:i=0,1
MOV A,direct    ;A←(direct)     注意:direct为8位的内部RAM
                                或SFR的地址(00~FF)
MOV A,#data     ;A←#data        注意:data为8位的立即数
```

这组指令功能为把源操作数的内容送入累加器A，源操作数有寄存器寻址、直接寻址、间接寻址和立即寻址四种方式。

例如：
```
MOV A,70H;A←(70H)        直接寻址
MOV A,@R0;A←((R0))       间接寻址
MOV A,R6;A←(R6)          寄存器寻址
MOV A,#78H;A←78H         立即寻址
```

②以Rn为目的操作数。

```
MOV Rn,A         ;Rn←A
MOV Rn,direct    ;Rn←(direct)
MOV Rn,#data     ;Rn←#data
```

这组指令的功能是把源操作数的内容送入当前工作寄存器区R0~R7中的某一个寄存器。

③以直接地址为目的操作数。

```
MOV direct,A         ;(direct)←(A)
MOV direct,Rn        ;(direct)←(Rn)
MOV direct,@Ri       ;(direct)←((Ri))
MOV direct,#data     ;(direct)←#data
MOV direct,direct    ;(direct)←(direct)
```

这组指令的功能是把源操作数的内容送入直接地址指出的存储单元。

再次强调direct指的是8位的内部RAM的地址或SFR的地址（00~FF）。

④以间接地址为目的操作数。

```
MOV @Ri,A          ;(Ri)←A
MOV @Ri,direct     ;(Ri)←(direct)
MOV @Ri,#data      ;(Ri)←#data
```

这组指令的功能是把源操作数的内容送入R0或R1指出的存储单元中去。

例如：设（30H）=6FH，R1=40H，执行“MOV @R1，30H”后，30H单元中数据取出送入R1间接寻址的40H单元，（40H）=6FH。

⑤以DPTR为目的操作数（16位数传送指令）。

```
MOV DPTR,#data16;DPTR←#data16
```

这组指令的功能是将外部存储器某单元地址送到数据指针寄存器DPTR中，即把一个16位常数送入DPTR，这是整个指令系统中唯一的一条16位数据的传送指令，用来设置地址指针。地址指针DPTR由DPH和DPL组成。这条指令的执行结果是把高8位立即数送入DPH，低8位立即数送入DPL。

例如：执行“MOV DPTR，#2000H”后，（DPTR）=2000H。

需要说明的是，对于所有 MOV 类指令，A 是一个特别重要的 8 位寄存器，CPU 对它具有其他寄存器所没有的操作指令。加、减、乘、除指令都是以 A 作为操作数进行的；Rn 为 CPU 当前选择的寄存器组中的 R0 ~ R7；直接地址指出的存储单元为内部数据存储器 RAM 的 00H ~ 7FH 和特殊功能寄存器 SFR（地址单元范围为 80H ~ FFH）；在间接地址中，用 R0 或 R1 作地址指针，访问内部 RAM 的 00H ~ 7FH 128 个单元。

（2）外部数据存储器数据传送指令

MCS-51 单片机 CPU 对片外扩展的数据存储器 RAM 或 I/O 口进行数据传送，必须采用寄存器间接寻址的方法，通过累加器 A 来完成。一般数据的传送是通过 P0 口和 P2 口完成的，即片外 RAM 地址总线低 8 位由 P0 口送出，高 8 位由 P2 口送出，数据总线（8 位）也由 P0 口传送（双向），但与低 8 位地址总线是分时传送的。这类数据传送指令共有以下 4 条单字节指令，指令操作码助记符标志为 MOVX。

```
MOVX A,@DPTR          ;A←(DPTR)
MOVX A,@Ri            ;A←(P2Ri)
MOVX @DPTR,A          ;(DPTR)←A
MOVX @Ri,A            ;(P2Ri)←A
```

这组指令中，DPTR 所包含的 16 位地址信息由 P0（低 8 位）和 P2（高 8 位）输出，而数据信息由 P0 口传送，P0 口作分时复用的总线。由 Ri 作为间接寻址寄存器时，使用 Ri（8 位）作地址指针，能访问外部数据 RAM 的 00H ~ FFH 256 个单元，P0 口上分时输出 Ri 指定的 8 位地址信息及传输 8 位数据。前两条指令执行时，P3.7 引脚上输出 RD 有效信号，用作外部数据存储器的读选通信号；后两条指令执行时，P3.6 引脚上输出 WR 有效信号，用作外部数据存储器的写选通信号。

（3）程序存储器传送指令

这里所说的程序存储器既包括片内程序存储器，也包括片外程序存储器。由于对程序存储器只能读而不能写，因此其数据传送是单向的，即只能从程序存储器读数据，并送到累加器 A 中。这类指令有以下两条，指令操作码助记符标志为 MOVC。

```
MOVC A,@A+PC          ;A←(A+PC)
MOVC A,@A+DPTR        ;A←(A+DPTR)
```

这组指令以 PC（或 DPTR）作基址寄存器，累加器 A 的内容作为无符号整数和 PC（或 DPTR）的内容相加后得到一个 16 位的地址，把由该地址指出的程序存储单元的内容送到累加器 A。特别需要注意的是 PC 的内容是指该条指令执行后的下一条指令的PC值。

例如：已知（A）=30H，执行地址1000H处的指令。

```
1000H:MOVC A,@A+PC
```

该指令为单字节指令，本身占用一个单元，下一条指令的地址为1001H，（PC）=1001H再加上A中的30H，得1031H，结果为将程序存储器1031H中的内容送入A。

又如：已知（A）=30H，（DPTR）=3000H，程序存储器单元（3030H）=50H，执行“MOVC A，@ A+DPTR”后，（A）=50H。

这两条指令常用于查表操作，可用来查找存放在外部程序存储器中的常数表格。上述第一条指令的优点是不改变特殊功能寄存器和PC的状态，只要根据A的内容就可以取出表格中的常数。缺点是表格只能放在该条查表指令后面的256个单元之中（由A的内容决定），表格的大小受到限制，而且表格只能被一段程序所利用。

第二条指令的执行结果只与指针DPTR及累加器A的内容有关，与该指令存放的地址无关，因此，表格的大小和位置可以在64 KB程序存储器中任意安排（因DPTR能提供16位地址），并且一个表格可以为各个程序块所共用。

［例3.1］在外部ROM/EPROM中，从2000H单元开始依次存放0~9的平方值：0、1、4、9、…、81，要求依据累加器A中的值（0~9）来查找所对应的平方值，分析下述程序的结果。

```
MOV DPTR,#2000H          ;(DPTR)←2000H,90 20 00
MOV A,#09H               ;(A)←09H,74 09
MOVC A,@A+DPTR           ;(A)←((A)+(DPTR)),93
```

执行结果：（DPTR）=2000H，（A）=51H（81的十六进制数）。

［例3.2］仍以例3.1外部ROM 2 000 H单元开始存放0~9的平方值，以PC作为基址寄存器进行查表。

解： 设MOVC指令所在地址（PC）=1FF0H，则

偏移量=2 000H-（1FF0H+1）=0FH

相应的程序如下：

```
MOV A,#09H          ;(A)←09H,74 09
ADD A,#0FH          ;地址调整,24 0F
MOVC A,@A+PC        ;(A)←((A)+(PC)+1),83
```

执行结果为：（PC）=1FF1H，（A）=51H。

2）数据交换指令

数据交换主要是在片内RAM单元与累加器A之间进行，分整字节和半字节

两种。

(1) 字节交换

```
XCH A,Rn         ;A <=> Rn
XCH A,direct     ;A <=> (direct)
XCH A,@Ri        ;A <=> (Ri)
```

这组指令的功能是将累加器 A 的内容和源操作数的内容相互交换。

(2) 半字节交换

```
XCHD A,@Ri   ;A0~3 <=> (Ri)0~3
```

这组指令的功能是将累加器 A 的低 4 位内容和内部 RAM 的低 4 位内容相互交换。

(3) 累加器高低半字节交换指令

```
SWAP A   ;A0~3 <=> A4~7
```

例如设（R0）=30H，（30H）=4AH，（A）=28H，则：

```
执行 XCH A,@R0       ;结果为:(A)=4AH,(30H)=28H
执行 XCHD A,@R0      ;结果为:(A)=2AH,(30H)=48H
执行 SWAP A          ;结果为:(A)=82H
```

3) 堆栈操作指令

我们已经知道堆栈是在片内 RAM 中按“先进后出，后进先出”原则设置的专用存储区。MCS—51 单片机堆栈区不是固定的，原则上可设在内部 RAM 的任意区域内，但为了避开工作寄存器区和位寻址区，一般设在 30H 以后的范围内。数据的进栈出栈由指针 SP 统一管理，当数据推入栈区后，SP 的值也自动随之变化，SP 始终指向栈顶的位置。MCS—51 系统复位后，SP 初始化为 07H。在进行操作之前，先用指令给 SP 赋值，以规定栈区在 RAM 区的起始地址（栈底层）。MCS—51 提供一个向上生长的堆栈，因此 SP 设置初值时要充分考虑堆栈的深度，要留出适当的单元空间，满足堆栈的使用。

堆栈操作有进栈和出栈操作，即压入和弹出数据，常用于保存或恢复现场。堆栈的操作有如下两条专用指令：

```
PUSH direct;(SP)←(SP)+1,((SP))←(direct)
POP direct;(direct)←((SP)),(SP)←(SP)-1
```

PUSH 是进栈（或称为压入操作）指令。POP 是出栈（或称为弹出操作）指令。指令执行过程如图 3.5 所示。

[**例 3.3**] 若在外部 ROM/EPROM 中 2000H 单元开始依次存放 0~9 的平方值，数据指针（DPTR）=3A00H，用查表指令取出 2003H 单元的数据后，要求保持 DPTR 中的内容不变。完成以上功能的程序如下：

```
MOV A,#03H          ;(A)←03H,74 03
PUSH DPH            ;保护 DPTR 高 8 位入栈,C0 83
```

```
PUSH DPL                    ;保护 DPTR 低 8 位入栈,C0 82
MOV DPTR,#2000H             ;(DPTR)←2000H,902 000
MOVC A,@A+DPTR              ;(A)←(2000H+03H),93
POP DPL                     ;弹出 DPTR 低 8 位,D0 82
POP DPH                     ;弹出 DPTR 高 8 位,(先进后出),83
```

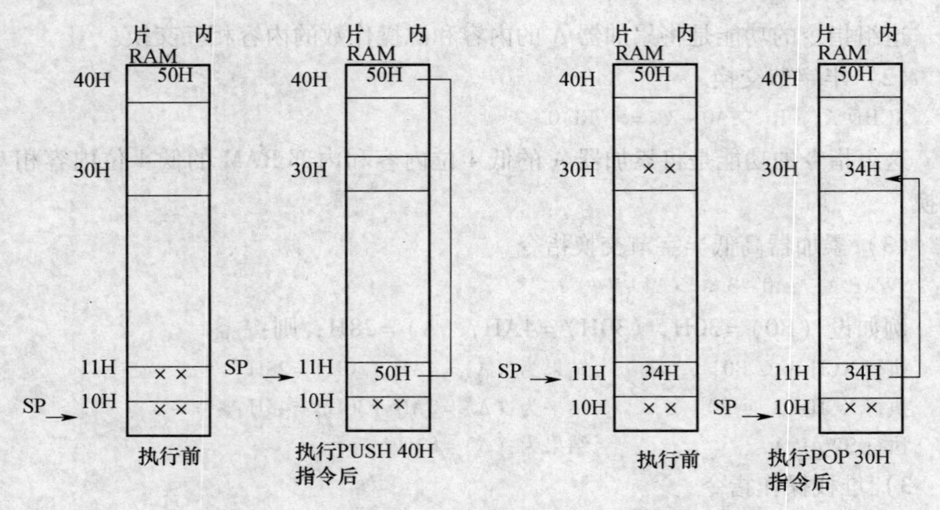

图 3.5 指令 PUSH 和指令 POP 操作示意图

[例 3.4] 将片内 RAM 30H 单元与 40H 单元中的内容互换。

(1) 方法 1 (直接地址传送法):

```
MOV 31H,30H
MOV 30H,40H
MOV 40H,31H
SJMP $
```

(2) 方法 2 (间接地址传送法):

```
MOV R0,#40H
MOV R1,#30H
MOV A,@R0
MOV B,@R1
MOV @R1,A
MOV @R0,B
SJMP
```

(3) 方法 3 (字节交换传送法):

```
MOV A,30H
XCH A,40H
MOV 30H,A
SJMP $
```

（4）方法4（堆栈传送法）：

```
PUSH 30H
PUSH 40H
POP 30H
POP 40H
SJMP $
```

2. 算术运算类指令

算术运算类指令共有24条，如下表3.3所示，可分为加法、带进位加法、带借位减法、加1减1，乘除及十进制调整指令共6组。它主要完成加、减、乘、除四则运算，以及增量、减量和二—十进制调整操作，对8位无符号数可进行直接运算；借助溢出标志，可对带符号数进行2的补码运算；借助进位标志，可进行多字节加减运算，也可以对压缩BCD码（即单字节中存放两位BCD码）进行运算。

表3.3　算术运算指令

指令助记符	功能简述	字节数	振荡器周期数
ADDA，Rn	A←(A)+(Rn)	1	12
ADDA，direct	A←(A)+(direct)	2	12
ADDA，@Ri	A←((Ri))+(A)	1	12
ADDA，#data	A←(A)+data	2	12
ADDCA Rn	A←(A)+(Rn)+CY	1	12
ADDCA direct	A←(A)　+(direct)+CY	2	12
ADDCA @Ri	A←(A)+(Ri)+CY	1	12
ADDCA，#data	A←(A)+data+CY	2	12
INC A	A←(A)+1	1	12
INC Rn	Rn←(Rn)+1	1	12
INC @Ri	(Ri)←((Ri))+1	1	12
INC direct	direct←(direct)+1	2	12
INC DPTR	DPTR←(DPTR)+1	1	24
DAA	对A进行十进制调整	1	12
SUBB A，Rn	A←(A)-(Rn)-CY	1	12
SUBB A，@Ri	A←(A)-(Ri)-CY	1	12
SUBB A，direct	A←(A)-direct-CY	2	12
SUBB A，#data	A←(A)-data-CY	2	12
DEC A	A←(A)-1	1	12

续表

指令助记符	功能简述	字节数	振荡器周期数
DEC Rn	Rn←(Rn) - 1	1	12
DEC diredct	direct←(direct) - 1	2	12
DEC @ Ri	(Ri) - ((Ri)) - 1	1	12
MUL AB	AB←(A) * (B)	1	48
DIV AB	AB←(A) /(B)	1	48

1）加法指令

（1）不带 CY 位加法指令

```
ADD A,#data      ;(A)←(A) + #data,24 data
ADD A,direct     ;(A)←(A) + (direct),25 direct
ADD A,@ Ri       ;(A)←(A) + ((Ri)),26 ~ 27
ADD A,Rn         ;(A)←(A) + (Rn),28 ~ 2F
```

（2）带进位加法指令

```
ADDC A,#data ;(A)←(A) + (CY) + #data,34 data
ADDC A,direct;(A)←(A) + (CY) + (direct),35 direct
ADDC A,@ Ri;(A)←(A) + (CY) + ((Ri)),36 ~ 37
ADDC A,Rn;(A)←(A) + (CY) + (Rn),38 ~ 3F
```

从上述两组加法指令中可看出，加法指令的一个源操作数总是 A，且运算结果也放在 A 中。两个操作数可以同时是无符号数或是有符号数。加法指令影响 PSW 中的 CY、AC、OV 及 P 位。带进位加法指令的功能与普通加法指令类似，唯一的不同之处是，在执行带进位加法时，还要将上一次进位标志 CY 的内容也一起加进去，对于标志位的影响也与普通加法指令相同。

例如：设（A）= C3H，数据指针低位（DPL）= ABH，CY = 1；

执行指令：ADDC A，DPL；（A）←（A）+（CY）+（DPL），35 82；

结果为：（A）= 6FH，CY = 1，OV = 1，AC = 0，P = 0。

（3）加 1 指令

```
INC A            ;(A)←(A) + 1               ,04
INC direct       ;(direct)←(direct) + 1     ,05 direct
INC @ Ri         ;((Ri))←((Ri)) + 1         ,06 ~ 07
INC Rn           ;(Rn)←(Rn) + 1             ,08 ~ 0F
INC DPTR         ;(DPTR)←(DPTR) + 1         ,A3
```

这组指令的功能是：将指令中所指出操作数的内容加 1。若原来的内容为 0FFH，则加 1 后将产生溢出，使操作数的内容变成 00H，但不影响任何标志。最后一条指令是对 16 位的数据指针寄存器 DPTR 执行加 1 操作，指令执行时，先对低 8 位指针 DPL 的内容加 1，当产生溢出时就对高 8 位指针 DPH 加 1，但不影响任何标志。

例如：(30H) = 22H，执行“ INC 30H”后，(30H) = 23H。

又如：设（R0）= 7EH，（7EH）= FFH，（7FH）= 38H，（DPTR）= 10FEH，逐条执行下列指令后分析各单元的内容。

```
INC @ R0        ;使 7EH 单元内容由 FFH 变为 00H
INC R0          ;使 R0 的内容由 7EH 变为 7FH
INC @ R0        ;使 7FH 单元内容由 38H 变为 39H
INC DPTR        ;使 DPL 为 FFH,DPH 不变
INC DPTR        ;使 DPL 为 00H,DPH 为 11H
INC DPTR        ;使 DPL 为 01H,DPH 不变
```

2）减法指令

（1）带借位减指令

```
SUBB A,#data        ;(A)←(A)—(CY) - #data,94 data
SUBB A,direct       ;(A)←(A) - (CY)—(direct),95 direct
SUBB A,@ Ri         ;(A)←(A) - (CY)—((Ri)),96 ~97
SUBB A,Rn           ;(A)←(A) - (CY)—(Rn),98 ~9F
```

这组指令的功能是：将累加器 A 的内容与第二操作数及进位标志相减，结果送回到累加器 A 中。在执行减法过程中，如果位 7(D7) 有借位，则进位标志 CY 置“1”，否则清“0”；如果位 3（D3）有借位，则辅助进位标志 AC 置“1”，否则清“0”；如位 6 有借位而位 7 没有借位，或位 7 有借位而位 6 没有借位，则溢出标志 OV 置“1”，否则清“0”。

由于减法指令只有带借位减法指令，因此，若要进行不带借位位的减法操作，需先清借位位，即置 CY = 0。清 CY 有专门的指令，它属于位操作类指令（详见 3.6 节）。

例如：设（A）= 52H，（R0）= B4H；

执行指令：

```
CLR C           ;(CY)←0,C3
SUBB A,R0       ;(A)←(A) - (CY) - (R0),98
```

结果为：(A) = 9EH，CY = 1，AC = 1，OV = 1，P = 1。

（2）减 1 指令

```
DEC A           ;(A)←(A) - 1,14
DEC direct      ;(direct)←(direct) - 1,15 direct
DEC @ Ri        ;((Ri))←((Ri)) - 1,16 ~17
DEC Rn          ;(Rn)←(Rn) - 1,18 ~1F
```

这组指令的功能是：将指出的操作数内容减 1。如果原来的操作数为 00H，则减 1 后将产生溢出，使操作数变成 0FFH，但不影响任何标志。

例如：R0 = 30H，(30H) = 22H，执行“DEC @R0”后，(30H) = 21H。

3）乘除法指令

乘、除法指令为单字节4周期指令，在指令执行周期中是最长的两条指令。

（1）乘法指令

完成单字节的乘法，只有一条指令：MUL AB；BA←A×B

这条指令的功能是：A和B中各存放一个8位无符号数，将累加器A的内容与寄存器B的内容相乘，16位乘积的低8位存放在累加器A中，高8位存放于寄存器B中。如果乘积超过0FFH，则溢出标志OV置“1”，否则清“0”。乘法指令执行后进位标志CY总是清零，即CY = 0。

例如：A = 30H，B = 60H，执行“MUL AB”后，A = 00H，B = 12H。

又如：若（A）= 4EH（78），（B）= 5DH（93）

执行指令：MUL AB

结果为：积为（BA）= 1C56H（7254）> FFH（255），（A）= 56H，（B）= 1CH，OV = 1，CY = 0，P = 0。

另外，乘法指令本身只能进行两个8位数的乘法运算，要进行多字节乘法还需编写相应的程序。

（2）除法指令

完成单字节的除法，只有一条指令：DIV AB

这条指令的功能是：将累加器A中的内容除以寄存器B中的8位无符号整数，所得商的整数部分存放在累加A中，余数部分存放在寄存器B中，清“0”进位标志CY和溢出标志OV。若原来B中的内容为0，则执行该指令后A与B中的内容不定，并将溢出标志OV置“1”，在任何情况下，进位标志CY总是被清“0”。

若B = 00H，则指令执行后OV = 1，A与B不变。

例如，A = 30H，B = 07H，执行“ DIV AB ”后，A = 06H，B = 06H。

4）十进制调整指令

DA A ；把A中按二进制相加的结果调整成按BCD码相加的结果

这条指令对累加器A参与的BCD码加法运算所获得的8位结果进行十进制调整，使累加器A中的内容调整为二位压缩型BCD码的数。使用时必须注意，它只能跟在加法指令之后，不能对减法指令的结果进行调整，且其结果不影响溢出标志位。执行该指令时，判断A中的低4位是否大于9和辅助进位标志AC是否为“1”，若两者有一个条件满足，则低4位加6操作；同样，A中的高4位大于9或进位标志CY为“1”两者有一个条件满足时，高4位加6操作。

例如：有两个BCD数65与58相加，结果应为BCD码123，程序编制如下：

```
MOV     A,#65H     ;(A)←65
ADD     A,#58H     ;(A)←(A)+58
DA      A          ;十进制调整
```

执行结果：(A) = $(23)_{BCD}$，(CY) = 1，即：65 + 58 = 123。

3. 逻辑运算类指令

逻辑运算及移位指令共有 24 条，如表 3.4 所示，其中逻辑指令有“与”、“或”、“异或”、累加器 A 清零和求反指令共 20 条，移位指令 4 条。

表 3.4 逻辑运算指令

指令地址符	功能简述	字节数	振荡器周期数
CLR A	累加器调零	1	12
CPL A	累加器取反	1	12
RL A	累加器循环左移 1 位	1	12
RLC A	累加器带进位标志位循环左移 1 位	1	12
RR A	累加器循环左移 1 位	1	12
RRC	累加器带进位标志位循环右移 1 位	1	2
ANL A，Rn	A←(A)^(Rn)	1	12
ANL A，direct	A←(A)^ (direct)	2	12
ANL A，@Ri	A←(A)^ (Ri)	1	12
ANL A，#data	A←(A)^data	2	12
ANL direct，A	direct←(direct)^ (A)	3	12
ANL direct，direct	direct←(direct) data	3	24
ORL A，Rn	A←(A) ∨ (Rn)	1	12
OBL A，Rn	A←(A) ∨ (Rn)	1	12
OBL A，direct	A←(A) ∨ (direct)	2	12
OBL A，@Ri	A←(A) ∨ ((Ri))	1	12
OBL A，#data	A←(A) ∨ data	2	12
OBL direct，A	direct←(direct) ∨ (A)	2	12
OBL direct，direct	direct←(direct) ∨ data	3	24
XRL A，Rn	A←(A) ⊕(Rn)	1	12
XRL A，direct	A←(A) ⊕(direct	2	12
XRL A，@Ri	A←(A) ⊕ ((Ri))	1	12
XRL A，#data	A←(A)⊕data	2	12
XRL direct，a	direct←(direct)⊕(A)	2	12
XRL direct，#data	direct←(direct)⊕data	3	24

1）逻辑与运算指令

逻辑“与”运算是按位进行的，逻辑“与”运算用符号^表示，6 条逻辑“与”指令如下：

```
ANL A,Rn;           (A)←(A)^(Rn)          ,58 ~ 5F
ANL A,direct;       (A)←(A)^(direct)      ,55 direct
ANL A,@Ri;          (A)←(A)^((Ri))        ,56 ~ 57
ANL A,#data;        (A)←(A)^#data         ,54 data
ANL direct,A;       (direct)←(direct)^(A) ,52 direct
ANL direct,#data;   (direct)←(direct)^#data, 53 direct data
```

这组指令的功能是：将两个操作数的内容按位进行逻辑与操作，并将结果送回目的操作数的单元中。

2）逻辑或运算指令

逻辑“或”运算用符号∨表示，6 条逻辑“或”指令如下：

```
ORL A,Rn;           (A)←(A)∨(Rn),48 ~ 4F
ORL A,direct;       (A)←(A)∨(direct),45 direct
ORL A,@Ri;          (A)←(A)∨((Ri)),46 ~ 47
ORL A,#data;        (A)←(A)∨#data,44 data
ORL direct,A;       (direct)←(direct)∨(A),42 direct
ORL direct,#data;   (direct)←(direct)∨#data,43 direct data
```

这组指令的功能是：将两个操作数的内容按位进行逻辑或操作，并将结果送回目的操作数的单元中。

注意：逻辑“与”指令常用于屏蔽（置 0）字节中某些位。若清除某位，则用“0”和该位相与；若保留某位，则用“1”和该位相与。

逻辑“或”指令将两个指定的操作数按位进行逻辑“或”操作。它常用来使字节中某些位置“1”，欲保留（不变）的位用“0”与该位相或，而欲置位的位则用“1”与该位相或。

例如：（A）= FAH = 11111010B，（R1）= 7FH = 01111111B

执行指令：ANL A，R1；（A）←11111010^01111111

结果为：（A）= 01111010B = 7AH。

又如：根据累加器 A 中 4 ~ 0 位的状态，用逻辑与、或指令控制 P1 口 4 ~ 0 位的状态，P1 口的高 3 位保持不变。

```
ANL A,#00011111B        ;屏蔽 A 的高 3 位
ANL P1,#11100000B       ;保留 P1 的高 3 位
ORL P1,A                ;使 P1 口 4 ~ 0 位按 A 中 4 ~ 0 位置位
```

若上述程序执行前：（A）= B5H = 10110101B，（P1）= 6AH = 01101010B，则执行程序后：（A）= 15H = 00010101B，（P1）= 75H = 01110101B。

3）逻辑异或运算指令

逻辑“异或”运算用符号⊕表示，其运算规则为

$0 \oplus 0=0, 1 \oplus 1=0, 0 \oplus 1=1, 1 \oplus 0=1$

6条逻辑“或”指令如下：

```
XRL A,Rn;           (A)←(A)⊕(Rn),68←6F
XRL A,direct;       (A)←(A)⊕(direct),65 direct
XRL A,@Ri;          (A)←(A)⊕((Ri)),66←67
XRL A,#data;        (A)←(A)⊕#data,64 data
XRL direct,A;       (direct)←(direct)⊕(A),62 direct
XRL direct,#data;   (direct)←(direct)⊕#data,63 data
```

这组指令的功能是：将两个操作数的内容按位进行逻辑异或操作，并将结果送回到目的操作数的单元中。

注意：逻辑“异或”指令常用来对字节中某些位进行取反操作，欲某位取反则该位与“1”相异或；欲某位保留则该位与“0”相异或。还可利用异或指令对某单元自身异或，以实现清零操作。

例如：若（A）= B5H = 10110101B，执行下列指令：

```
XRL A,#0F0H         ;A的高4位取反,低4位保留
MOV 30H,A           ;(30H)←(A)=45H
XRL A,30H           ;自身异或使A清零
```

结果:(A)=00H。

以上逻辑“与”、“或”、“异或”各6条指令有如下共同的特点：

①逻辑“与”ANL、“或”ORL、“异或”XRL运算指令除逻辑操作功能不同外，三者的寻址方式相同，指令字节数相同，机器周期数相同。

②ANL、ORL、XRL的后两条指令的目的操作数均为直接地址方式，可很方便地对内部RAM的00H ~ FFH任一单元或特殊功能寄存器的指定位进行清零、置位、取反、保持等逻辑操作。

③ANL、ORL、XRL的前四条指令，其逻辑运算的目的操作数均在累加器A中，且逻辑运算结果保存在A中。

4）累加器清0和取反指令

CLR A；(A)←00H，E4 对累加器A清“0”

CPL A；(A)←$\overline{(A)}$，F4 对累加器A按位取反

第1条是对累加器A清零指令，第2条是把累加器A的内容取反后再送入A中保存的对A求反指令，它们均为单字节指令。若用其他方法达到清零或取反的目的，则至少需用双字节指令。比如，用异或指令使累加器清零，需要两条双字节指令。

例如：MOV 30H，　A和XRL　A，30H共占用四字节存储空间；若用MOV A，#00H实现累加器清零，也需一条双字节指令，而用CLR A一条单字节指令

就可完成 A 清零的操作，大大节约了程序的存储空间和程序的执行时间。

5）移位指令

MCS—51 只能对累加器 A 移位，共有循环左移、带进位位循环左移、循环右移和带进位位循环右移 4 条指令。

RL A ;(An+1)←(An),(A0)←(A7),23 累加器 A 的内容向左环移 1 位

RLC A ;(An+1)←(An),(CY)←(A7),(A0)←(CY),33 累加器 A 的内容带进位标志位向左环移 1 位

RR A ;(An)←(A n+1),(A7)←(A0),03 A 的内容向右环移 1 位

RRC A ;(An)←(An+1),(CY)←(A0),(A7)←(CY),13 累加器 A 的内容带进位标志位向右环移 1 位

以上移位指令操作，如图 3.6 所示。这组指令的功能是：对累加器 A 的内容进行简单的逻辑操作。除了带进位标志位的移位指令外，其他都不影响 CY，AC，OV 等标志。

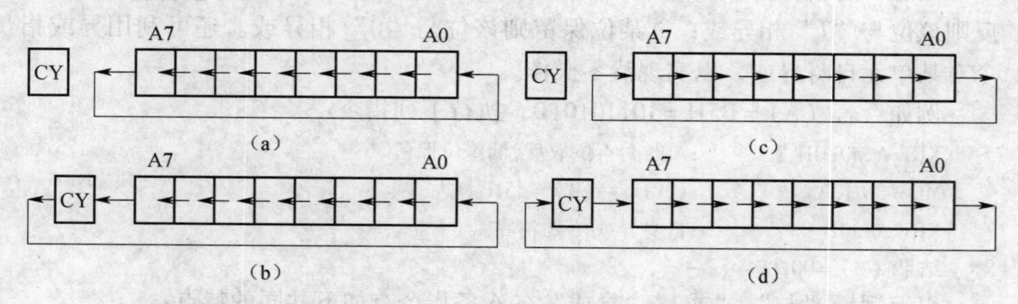

图 3.6 移位指令操作示意图

(a) 循环左移；(b) 带进位位循环左移；(c) 循环右移；(d) 带进位位循环右移

在前述数据传送类指令中有一条累加器 A 的内容半字节交换指令：SWAP A。它实际上相当于执行循环左移指令 4 次。该指令在 BCD 码的变换中是很有用的。

例如：设 (A) =43H，(CY) =0，则

执行指令：RL A ;
RLC A ;
RR A ;
RRC A ;

结果为：(A)=86H,(CY)=0
(A)=0CH,(CY)=1
(A)=06H,(CY)=1
(A)=83H,(CY)=0

4. 控制转移类指令

控制转移指令共有 17 条，不包括按布尔变量控制程序转移指令，见表 3.5。

其中有 64 KB 范围内的长调用、长转移指令；有 2 KB 范围内的绝对调用和绝对转移指令；有全空间的长相对转移及一页范围内的短相对转移指令；还有多种条件转移指令。由于 MCS—51 提供了较丰富的控制转移指令，因此在编程上相当灵活方便。这类指令用到的助记符共有 10 种：AJMP、LJMP、SJMP、JMP、ACALL、LCALL、JZ、JNZ、CJNE、DJNZ。

表 3.5　控制转指令

指令助记符	功能简述	字节数	振荡器周期数
AJMP　addrll	2 KB 内绝对转移	2	24
LJMP　addrll	64 KB 内绝对转移零	3	24
SJMP　rel	相对长转移	2	24
JMP　@A + DPTR	相对长转移	1	24
JZ　rel	累加器为零转移	2	24
JNZ　rel	累加器不为零转移	2	24
CJNE　A，direct，rel	A 的内容与直接寻扯字节的内容不等转移	3	24
CJNE　A，#data，rel	A 的内容与立即数不等转移	3	24
CJNE　Rn，#data，rel	Rn 的内容与立即数不等转移	3	24
CJNE　@Rn，#data，rel	内部 RAM 单元的内容与立即数不等转移	3	24
DJNZ　Rn，rel	寄存器内容减 1 不为零转移	2	24
DJNZ　diect，rel	直接寻址字节内容减 1 不为零转移	3	24
ACALL　addrll	2 KB 内绝对调用	2	24
LCALL　addrll	64 KB 内绝对调用	3	24
RET	子程序返回	1	24
RETI	中断返回	1	24

1）无条件转移指令

无条件转移指令共 4 条：

（1）绝对转移指令

其格式为：AJMP　addr11　;$PC_{10\sim0}$←addr11

这是一条二字节指令，其机器码是：

a_{10} a_9 a_8 0	0 0 0 1

a_7 a_6 a_5 a_4	a_3 a_2 a_1 a_0

指令提供的 11 位地址中，$a_7 \sim a_0$ 在第二字节，$a_{10} \sim a_8$ 则占据第一字节的高 3 位，指令操作码只占第一字节的低 5 位。

本条指令执行时，先将 PC + 2，然后将 addr11 送入 $PC_{10} \sim PC_0$，而 $PC_{15} \sim$

PC_{11}保持不变，这样得到跳转的目的地址。也就是说，AJMP 指令提供程序转移的目的地址，以指令操作数 addr11 提供的 11 位地址去替换本条指令所在地址加 2 形成的 PC 值的低 11 位地址，得到新的 PC 值，此即转移后的目的地址。需要注意的是，目的地址与 AJMP 后面一条指令的第一个字节必须在同一个 2 KB 区域的存储器区内，这是由于 AJMP 指令执行时，所在地址高 5 位保持不变这一特点决定的。表 3.6 给出了程序存储器空间 32 个 2 K 地址范围。

表 3.6　程序存储器空间 32 个 2K 地址范围

0000H ~ 07FFH	0800H ~ 0FFFH	1000H ~ 17FFH	1800H ~ 1FFFH
2000H ~ 27FFH	2800H ~ 2FFFH	3000H ~ 37FFH	3800H ~ 3FFFH
4000H ~ 47FFH	4800H ~ 4FFFH	5000H ~ 57FFH	5800H ~ 5FFFH
6000H ~ 67FFH	6800H ~ 6FFFH	7000H ~ 77FFH	7800H ~ 7FFFH
8000H ~ 87FFH	8800H ~ 8FFFH	9000H ~ 97FFH	9800H ~ 9FFFH
A000H ~ MFFH	A800H ~ AFFFH	B000H ~ BUFH	B800H ~ BFFFH
C000H ~ C7FFH	C800H ~ CFFFH	D000H ~ D7FFH	D800H ~ DFFFH
F000H ~ E7FFH	F800H ~ EFFFH	F000H ~ F7FFH	F800H ~ FFFFH

（2）相对转移指令

其格式为：SJMP　rel　；PC←PC + 2 + rel

SJMP 指令也叫短跳转指令，它是相对寻址方式转移指令，其中 rel 为相对偏移量。该指令功能是计算目的地址，并按计算得到的目的地址实现程序的相对转移。计算公式为：

目的地址 =（PC）+ 2 + rel

式中偏移量 rel 是一个带符号的 8 位二进制补码。具体说明参见本项目第一节。例如，在 835AH 地址有 SJMP 指令。

835AH：　SJMP　35H

源地址为 835AH，rel = 35H 是正数，因此程序向前转移。目的地址 = 835AH + 02H + 35H = 8391H。即此条指令执行完毕，程序转到 8391H 地址去执行。

又如，在 835AH 地址上的 SJMP 指令是：

835AH：　SJMP　E7H

rel = E7H 是负数 19H 的补码，因此程序向后转移。目的地址 = 835AH + 02H - 19H = 8343H。即此条指令执行完毕，程序向后转移到 8343H 地址去执行。

当然，rel 的计算公式相应为：

向前转移：rel = 目的地址 -（源地址 + 2）= 地址差 - 2

向后转移：rel =（目的地址 -（源地址 + 2））$_{补}$

= FF -（源地址 + 2 - 目的地址）+ 1 = FE - 地址差

此外，在等待中断或程序结束，常采用使“程序原地踏步”的办法：

```
HERE： SJMP  HERE
或 HERE： SJMP  $
```

指令的机器码是 80H，FE。以 MYM 代表 PC 当前的值。

(3) 长跳转指令　其格式为

```
LJMP  addr16  ;PC←addr16
```

执行该指令时，将 16 位目标地址 addr16 装入 PC，程序无条件转向指定的目标地址。转移的目标地址可以在 64 KB 程序存储器地址空间的任何地方，不影响任何标志。该指令是三字节指令，机器码为 02H，高 8 位地址，低 8 位地址。

(4) 散转指令　其格式为

```
JMP  @A+DPTR  ;PC←A+DPTR
```

该指令也叫变址寻址转移指令，是一条单字节指令。执行该指令时，把累加器 A 中的 8 位无符号数与数据指针 DPTR 中的 16 位数相加，结果作为下条指令的地址送入 PC。利用这条指令能实现程序的散转，即只要把 DPTR 的值固定，而给 A 赋以不同的值，从而可实现根据 A 的不同实现程序的多分支转移。

2) 条件转移指令

所谓条件转移就是程序转移是有条件的。执行条件转移指令时，如指令中规定的条件满足，则进行程序转移，否则程序顺序执行。汇编语言中一般靠 PSW 中的标志位或其他简单的方法来进行条件转移。

(1) 累加器为零（非零）转移指令

有 2 条：

```
JZ  rel   ;若(A)=0,则(PC)←(PC)+2+rel,若(A)≠0,则(PC)←(PC)+2。
JNZrel    ;若(A)≠0,则(PC)←(PC)+2+rel,若(A)=0,则(PC)←(PC)+2。
```

这类指令是依据累加器 A 的内容是否为 0 的条件转移指令。条件满足时转移（相当于一条相对转移指令），条件不满足时则顺序执行下面一条指令。转移的目标地址在以下一条指令的起始地址为中心的 256 个字节范围之内（-128 ~ +127）。当条件满足时，PC←(PC)+2+rel，其中（PC）为该条件转移指令的第一个字节的地址。

[例 3.5] 将外部数据 RAM 的一个数据块传送到内部数据 RAM，两者的首址分别为 DATA1 和 DATA2，遇到传送的数据为零时停止。

解：外部 RAM 向内部 RAM 的数据传送一定要以累加器 A 作为过渡，利用判零条件转移正好可以判别是否要继续传送或者终止。完成数据传送的参考程序如下：

```
      MOV   R0,#DATA1   ;外部数据块首址送 R0
      MOV   R1,#DATA2   ;内部数据块首址送 R1
LOOP: MOVX   A,@R0      ;取外部 RAM 数据送入 A
HERE: JZ   HERE         ;数据为零则终止传送
```

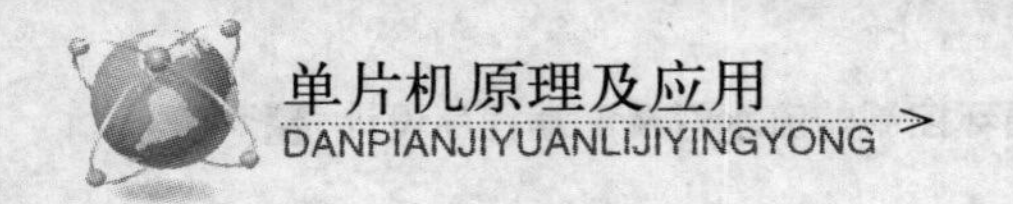


```
MOV   @R1,A       ；数据传送至内部 RAM 单元
INC   R0          ；修改地址指针，指向下一数据地址
INC   R1
SJMP  LOOP        ；循环取数
```

（2）比较转移指令

比较转移指令共有 4 条，其一般格式为：CJNE 目的操作数，源操作数，rel

这组指令是三字节指令。其功能是：比较前面两个操作数的大小，如果它们的值不相等则转移。如果第一个操作数（无符号整数）小于第二个操作数，则进位标志 CY 置"1"，否则清"0"，但不影响任何操作数的内容。

这组指令是先对两个规定的操作数进行比较，根据比较的结果来决定是否转移到目的地址。4 条比较转移指令和含义分别如下：

```
CJNE   A,#data,rel      ;累加器内容与立即数比较,不等则转移。
CJNE   A,direct,rel     ;累加器内容与内部 RAM(包括特殊功能寄存器)内容比较,不等
                         则转移。
CJNE   @Ri,#data,rel    ;内部 RAM 内容与立即数比较,不等则转移。
CJNE   Rn,#data,rel     ;工作寄存器内容与立即数比较,不等则转移。
```

以上 4 条指令的差别仅在于操作数的寻址方式不同，均完成以下操作：

若目的操作数 = 源操作数，则(PC) ←(PC) +3 ；

若目的操作数 > 源操作数，则(PC) ←(PC) +3 + rel，CY = 0；

若目的操作数 < 源操作数，则(PC) ←(PC) +3 + rel，CY = 1。

偏移量 rel 的计算公式为：

向前转移：rel = FD －（源地址与目的地址差的绝对值）

向后转移：rel =（源地址与目的地址差的绝对值）－ 3

例如：当 P1 口输入为 3AH 时，程序继续进行，否则等待，直至 P1 口出现 3AH。

参考程序如下：

```
MOV   A,#3AH ; 立即数 3A 送 A, 74 3A
WAIT: CJNE   A,P1,WAIT ;(P1)≠3AH,则等待,B5   90   FD
```

（3）减 1 非零转移指令

这是一组把减 1 与条件转移两种功能结合在一起的指令，共有两条：

```
DJNZ   direct,rel;   (direct)←(direct) -1
                     若(direct) =0,则(PC) ←(PC) +3
否则,(PC) ←(PC) +3 + rel
DJNZ   Rn,rel ;          (Rn) ←(Rn) -1
若(Rn) =0,则(PC) ←(PC) +2
否则,(PC) ←(PC) +2 + rel
```

程序每执行一次该指令，就把第一操作数减 1，并且结果保存在第一操作数

中，然后判断操作数是否为零。若不为零，则转移到规定的地址单元，否则顺序执行。转移的目标地址是在以 PC 当前值为中心的 -128 ~ +127 的范围内。如果第一操作数原为 00H，则执行该组指令后，结果为 FFH，但不影响任何状态标志。

这两条指令主要用于控制程序循环。如果预先把寄存器 Rn 或内部 RAM 单元 direct 赋值循环次数，则利用减 1 条件转移指令，以减 1 后是否为 0 作为转移条件，即可实现按次数控制循环。

例如：软件延时程序：

```
MOV     R1,#0AH;给 R1 赋循环初值
DELAY:  DJNZ   R1,DELAY;(R1)←(R1)-1,若(R1)≠0 则循环
```

由于“DJNZ R1，DELAY”为双字节双周期指令，当单片机主频为 12 MHz 时，执行一次该指令需 24 个振荡周期约 2 μs。因此，R1 中置入循环次数为 10 时，执行该循环指令可产生 20 μs 的延时时间。

3）调用及返回指令

在程序设计中，通常把具有一定功能的公用程序段编制成子程序，当主程序需要使用子程序时用调用指令，而在子程序的最后安排一条子程序返回指令，以便执行完子程序后能返回主程序继续执行。

（1）子程序调用指令

子程序调用有长调用指令 LCALL 和绝对调用指令 ACALL 两条。

①绝对调用指令。

ACALL addr11 ; $PC \leftarrow PC+2$, $SP \leftarrow SP+1, (SP) \leftarrow PC_{7\sim0}$

; $SP \leftarrow SP+1, (SP) \leftarrow PC_{15\sim8}, PC_{10\sim0} \leftarrow addr11$

这是一条 2 KB 范围内的子程序调用指令。该指令为两字节指令，执行该指令时，先将 PC+2 以获得下一条指令的地址，然后将 16 位地址压入堆栈（PCL 内容先进栈，PCH 内容后进栈），SP 内容加 2，最后把 PC 的高 5 位 $PC_{15} \sim PC_{11}$ 与指令中提供的 11 位地址 addr11 相连接（$PC_{15} \sim PC_{11}$，$A_{10} \sim A_0$），形成子程序的入口地址送入 PC，使程序转向子程序执行。所用的子程序的入口地址必须与 ACALL 下面一条指令的第一个字节在同一个 2 KB 区域的存储器区域内。

②长调用指令。

LCALL addr16 ; $PC \leftarrow PC+3$, $SP \leftarrow SP+1, (SP) \leftarrow PC_{7\sim0}$

; $SP \leftarrow SP+1, (SP) \leftarrow PC_{15\sim8}$, $PC \leftarrow addr16$

这条指令无条件调用位于 16 位地址 addr16 的子程序。该指令为三字节指令，执行该指令时，先将 PC 加 3 以获得下一条指令的首地址，并把它压入堆栈（先低字节后高字节），SP 内容加 2，然后将 16 位地址放入 PC 中，转去执行以该地址为入口的程序。LCALL 指令可以调用 64 KB 范围内任何地方的子程序。指令执行后不影响任何标志。

LCALL 和 ACALL 指令类似于转移指令 LJMP 和 AJMP，不同之处在于它们在转移前要把执行完该指令的 PC 内容自动压入堆栈后，才将 addr16（或 addr11）送往 PC，即把子程序的入口地址装入 PC。

例如：设（SP）=30H，标号为 SUB1 的子程序首址在2500H，（PC）=3000H。

执行指令：3000H：LCALL　SUB1；12　25　00
　　　　　3003H…

结果为：(SP)=32H，(31H)=03H，(32H)=30H，(PC)=2500H。

（2）返回指令

返回指令共有两条：一条是对应两条调用指令的子程序返回指令 RET；另一条是对应从中断服务程序的返回指令 RETI。

①子程序返回指令。

RET　　;$PC_{15\sim8}$←（SP），SP←SP－1
　　　　;$PC_{7\sim0}$←（SP），SP←SP－1

这条指令的功能是：恢复断点，将调用子程序时压入堆栈的下一条指令的首地址取出送入 PC，使程序返回主程序继续执行。

②中断返回指令。

RETI　;$PC_{15\sim8}$←(SP)，SP←SP-1
　　　;$PC_{7\sim0}$←(SP)，SP←SP-1

这条指令的功能与 RET 指令相似，除具有上述子程序返回指令所具有的全部功能外，还要清除中断响应时被置位的优先级状态、开放较低级中断和恢复中断逻辑等功能。

5. 位操作指令

单片机也称作微控制器，处于控制的要求，MCS—51 具有较强的位操作能力，即具有布尔变量处理能力，所谓布尔变量，是以位（bit）为单位进行运算、传送等操作的开关量。布尔处理（即位处理）是 MCS—51 单片机 ALU 所具有的一种功能。单片机指令系统中的布尔指令集（17 条位操作指令），如表 3. 7 所示。存储器中的位地址空间，以及借用程序状态标志寄存器 PSW 中的进位标志 CY 作为位操作“累加器”，构成了单片机内的布尔处理机。硬件方面的位寻址区上章已介绍，下面对位操作指令作一说明。

表 3. 7　位操作指令

指令助记符	功能简述	字节数	振荡器周期数
MOV C，bit	CY←(bit)	2	12
MOV bit，C	bit←CY	2	12
CLR C	CY←0	1	12
CLR bit	bit←0	2	12

续表

指令助记符	功能简述	字节数	振荡器周期数
CPL C	CY←$(\overline{CY})$	1	12
CPL bit	bit←$(\overline{bit})$	2	12
SETB C	CY←1	1	12
SETB bit	bit←1	2	12
ANL C，bit	CY←(CY)∧(bit)	2	12
ANL C，/bit	CY←(CY)∧$\overline{(bit)}$	2	24
ORL C，bit	CY←(CY)∨(bit)	2	24
ORL C，/bit	CY←(CY)∨$\overline{(bit)}$	2	24
JC rel	若（CY）=1，则转移，PC←(PC)+2+rel	2	24
JNC rel	若（CY）=0，则转移，PC←(PC)+2+rel	2	24
JB bit，rel	若（bit）=1，则转移，PC←(PC)+3+rel	3	24
JNB bit，rel	若（bit）=0，则转移，PC←(PC)+3+rel	3	24
JBC bit，rel	若（bit）=1，则转移，PC←(PC)+3+rel，并 bit←0	3	24

1）位传送指令

```
MOV     C,bit     ;C←(bit)
MOV     bit,C     ;bit←C
```

指令中的 C 就是 CY。这组指令的功能是：把源操作数指出的布尔变量送到目的操作数指定的位地址单元中。其中一个操作数必须为进位标志 CY，另一个操作数可以是任何可直接寻址位。

由于没有两个可寻址位之间的传送指令，如要完成这种传送，必须使用 CY。例如，将 50H 位的内容传送 20H 位。

```
MOV   10H,  C   ;暂存 CY 内容
MOV   C,  50H   ;50H 位送 CY
MOV   20H,  C   ;CY 送 20H
MOV   C,  10H   ;恢复 CY 内容
```

2）位赋值指令

```
CLR   C   ;C←0
CLR   bit   ;(bit)←0
SETB   C   ;C←1
SETB   bit   ;(bit)←1
```

这组指令对操作数所指出的位进行清“0”，取反，置“1”的操作，不影响其他标志。

3）位运算指令

（1）位变量逻辑与指令

ANL　C,bit　;C←C∧(bit)

ANL　C,/bit　;C←C∧(bit)

这组指令的功能是：如果源位的布尔值是逻辑0，则将进位标志清“0”；否则，进位标志保持不变，不影响其他标志。bit前的斜杠表示对（bit）取反，直接寻址位取反后用作源操作数，但不改变直接寻址位原来的值。

例如指令：ANL　C，/ACC.0 执行前ACC.0为0，C为1，则指令执行后C为1，而ACC.0仍为0。

（2）位变量逻辑或指令

ORL　C,bit　;C←C∨(bit)

ORL　C,/bit　;C←C∨(bit)

这组指令的功能是：如果源位的布尔值是逻辑1，则将进位标志置“1”；否则，进位标志保持不变，不影响其他标志。

（3）位变量逻辑非指令

这组指令的功能是将源位的布尔值取反后，再回送给源位。

CPL C　;CY←$\overline{CY}$

CPL bit　;(bit)←$(\overline{bit})$

［例3.6］利用位逻辑指令，模拟图3.7所示硬件逻辑电路功能。

参考子程序如下：

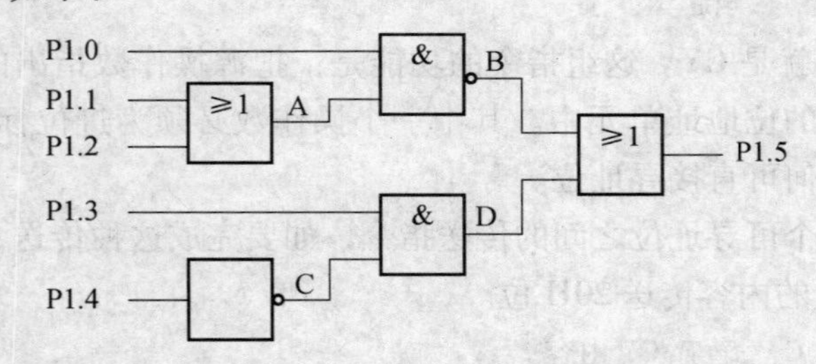

图3.7　例1硬件逻辑电路

PR2:　MOV　C,P1.1　　;(CY)←(P1.1)

　　ORL　C,P1.2　　;(CY)←(P1.1)∨(P1.2) = A

　　ANL　C,P1.0　　;(CY)←(P1.0)∧A

　　CPL　C　　;$(CY)\leftarrow\overline{(P1.0)\cap A}=B$

　　MOV　F0,C　　; F0内暂存B

　　MOV　C,P1.3　　;(CY)←(P1.3)

　　ANL　C,/P1.4　　;$(CY)\leftarrow(P1.3)\cap\overline{(P1.4)}=D$

　　ORL　C,F0　　;(CY)←B∨D

　　MOV　P1.5,C　　; 运算结果送入P1.5

4）位转移指令

位条件转移指令是以进位标志 CY 或者位地址 bit 的内容作为是否转移的条件，共有 5 条指令。分别检测指定位是 1 还是 0，若条件符合，则 CPU 转向指定的目标地址去执行程序；否则，顺序执行下条指令。

（1）以 CY 内容为条件的双字节双周期转换指令。

```
JC   rel     ；若(CY)=1,则(PC)←(PC)+2+rel 转移,否则,(PC)←(PC)+2 顺序
              执行
JNC rel      ；若(CY)=0,则(PC)←(PC)+2+rel 转移,否则,(PC)←(PC)+2 顺序
              执行
```

这两条指令常和比较条件转移指令 CJNE 一起使用，先由 CJNE 指令判别两个操作数是否相等，若相等就顺序执行；若不相等则依据两个操作数的大小置位或清零 CY，再由 JC 或 JNC 指令根据 CY 的值决定如何进一步分支，从而形成三分支的控制模式。

[例 3.7] 有一数据块 20H，21H，22H，23H，求其最大值，并将其放入 24H。

程序可参见第 8 章实验一

[例 3.8] 比较内部 RAM I、J 单元中 A、B 两数的大小。若 A = B，则使内部 RAM 的位 K 置 1；若 A≠B，则大数存 M 单元，小数存 N 单元。设 A、B 数均为带符号数，以补码数存入 I、J 中，该带符号数比较过程示意图如图 3.8 所示。

参考子程序如下：

```
        MOV    A,I              ；A 数送累加器 A
        ANL    A,#80H           ；判 A 数的正负
        JNZ    NEG              ；A<0 则转至 NEG
        MOV    A,J              ；B 数送累加器 A
        ANL    A,#80H           ；判 B 数的正负
        JNZ    BIG1             ；A≥0,B<0,转 BIG1
        SJMP   COMP             ；A≥0,B≥0,转 COMP
NEG:    MOV    A,J              ；B 数送累加器 A
        ANL    A,#80H           ；判 B 数的正负
        JZ     SMALL            ；A<0,B≥0,转 SMALL
COMP:   MOV    A,I              ；A 数送累加器 A
        CJNE   A,J,BIG          ；A≠B 则转 BIG
        SETB   K                ；A=B,位 K 置 1
        RET
BIG:    JC     SMALL            ；A<B 转 SMALL
BIG1:   MOV    M,I              ；大数 A 存入 M 单元
        MOV    N,J              ；小数 B 存入 N 单元
```

```
        RET
SMALL: MOV   M,J            ;大数 B 存入 M 单元
       MOV   N,I            ;小数 A 存入 N 单元
       RET
```

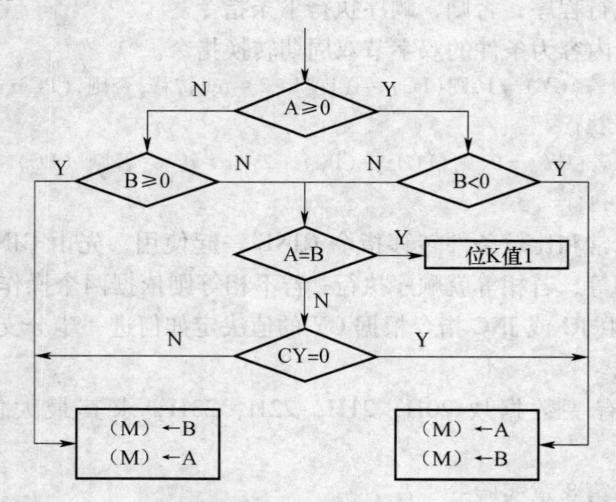

图 3.8　带符号数比较过程示意图

(2) 以位地址内容为条件的三字节双周期转移指令。

JB bit,rel　　;若(bit) =1,则(PC) ←(PC) +3 + rel 转移,否则,(PC) = (PC) +3 顺序执行

JNB bit,rel　　;若(bit) =0,则(PC) ←(PC) +3 + rel 转移,否则,(PC)←(PC) +3 顺序执行

JBC bit,rel　　;若(bit) =1,则(PC) ←(PC) +3 + rel,(bit)←0,否则,(PC)←(PC) +3 顺序执行

上述指令测试直接寻址位，若位变量为 1(第 1、第 3 条指令) 或位变量为 0 (第 2 条指令)，则程序转向目的地址去执行，否则顺序执行下条指令。该类指令测试位变量时，不影响任何标志。前两条指令执行后也不影响原位变量值，而第 3 条指令虽和第 1 条指令的转移功能相同，但无论测试位变量原为何值，检测后即对该位变量清零。

5) 空操作指令

指令格式　NOP　　;PC　←PC +1

这是一条单字节指令。执行时，不作任何操作（即空操作），仅将程序计数器 PC 的内容加 1，使 CPU 指向下一条指令继续执行程序。这条指令常用来产生一个机器周期的时间延迟。

应该注意的是，指令中位地址的表达形式有以下几种：

(1) 直接地址方式：如 0A8H。

(2) 点操作符方式：如 IE. 0。

（3）位名称方式：如 EX0。

（4）用户定义名方式：如用伪指令 BIT 定义：

WBZD0　BIT　EX0

经定义后，允许指令中使用 WBZD0 代替 EX0。

以上介绍了 MCS—51 系列单片机的指令系统。有关 111 条指令助记符、操作数、机器代码以及字节数和指令周期一览表详见附录。

3.4.3　项目开发背景知识 3　汇编程序中三大结构设计举例

1. 汇编语言概述

1）汇编语言与汇编的概念

用户要使计算机能完成各式各样的任务，就要设计各种相应的应用程序，而设计程序就要用到程序设计语言。按照语言的结构及其功能，程序设计语言有机器语言、汇编语言和高级语言三种。

机器语言就是用二进制代码指令来编写的程序语言。机器语言编的程序也称为目的（目标）程序，装入内存中，执行时最直接、速度最快。机器语言是面向计算机系统的，不同的计算机系统都有它自己的机器语言，即使执行同一操作，指令也不尽相同，因此机器语言难记、难懂，不便于交流。为了容易理解和记忆计算机的指令，人们用一些英语的单词和字符以及数字作为助记符来描述每一条指令的功能。用助记符描述的指令系统，称为机器的汇编语言系统，简称汇编语言。汇编语言也是面向机器的，每种计算机系统也都有它自己的汇编语言，用汇编语言编写的程序，称为汇编语言源程序或汇编源程序。但用汇编语言编写的程序不能够被计算机识别和执行，必须翻译成机器语言。把汇编语言源程序变为二进制代码程序的过程叫做汇编。汇编有两种方法，即手工汇编和机器汇编。手工汇编是通过人工查表的方法，将汇编语言源程序的每一条语句分别找出其相应的机器码。机器汇编是用计算机配置的软件将汇编语言源程序翻译成相应的机器码程序，而把这种软件称为汇编程序。实际上，汇编就是把用汇编语言格式写的源程序翻译成计算机能够识别和执行的目标程序。

2）汇编语言的语句结构

汇编语言源程序是由汇编语句（即指令）组成的。也就是说，汇编语言程序由若干条指令组成。汇编语言语句格式一般由 4 部分组成。

典型的汇编语句格式如下：

[标号：]　操作码　[目的操作数] [，源操作数] [；注释]

例如：LOOP：ADD A，#10H；（A）←（A）+10H

①方括号 [ ] 表示该项是可选项，可有可无。

②标号是用户设定的符号，它实际代表该指令所在的地址。标号必须以字母开头，其后跟 1 ~8 个字母或数字，并以“：”结尾。

③操作码是用英文缩写的指令功能助记符。它确定了本条指令完成什么样的操作功能。如：ADD 表示加法操作。任何一条指令都必须有该助记符项，不得省略。

④目的操作数提供操作的对象，并指出一个目标地址，表示操作结果存放单元的地址，它与操作码之间必须以一个或几个空格分隔。如上例中 A 表示操作对象是累加器 A 的内容，并指出操作结果又回送 A 存放。

⑤源操作数指出的是一个源地址（或立即数），表示操作的对象或操作数来自何处。它与目的操作数之间要用“，”号隔开。

⑥注释部分是在编写程序时，为了增加程序的可读性，由用户拟写对该条指令或该段程序功能的说明。它以分号“；”开头，可以用中文、英文或某些符号来表示，显然它不存入计算机，只出现在源程序中。

3）伪指令

汇编语言包含两类不同性质的指令，即基本指令（也就是指令系统中的指令，它们都是机器能够执行的指令，每一条指令都有对应的机器码）和伪指令。

伪指令是汇编时用于控制汇编的指令。在汇编源程序的过程中，伪指令不要求计算机进行任何操作，也没有对应的机器码，不产生目标程序，不影响程序的执行，也就是说伪指令是机器不执行的指令，仅仅是能够帮助汇编进行。它主要用来指定程序或数据的起始位置，给出一些连续存放数据的确定地址，或为中间运算结果保留一部分存储空间以及表示源程序结束等。不同版本的汇编语言，伪指令的符号和含义可能有所不同，但是基本用法是相似的。下面介绍八种常用的基本伪指令。

（1）汇编起始指令　ORG

格式：[标号:]ORG　16 位地址

该伪指令的功能是规定其后面目标程序的起始地址。它放在一段源程序（主程序、子程序）或数据块的前面，说明紧跟在其后的程序段或数据块的起始地址就是指令中的 16 位地址（4 位十六进制数）。此后的源程序或数据块就依次连续存放在以后的地址内，直到遇到另一个 ORG 指令为止。

例如：

```
ORG   2000H
MOV   SP,#60H
MOV   R0,#2FH
MOV   R2,#0FFH
```

ORG 伪指令说明其后面程序的目标代码在存储器中存放的起始地址是 2000H，即

存储器地址　目标程序
2000H　　75　81　60
2003H　　78　2F
2005H　　7A　FF

(2) 结束汇编伪指令 END

格式：[标号:]　END

END 是汇编语言源程序的结束标志，表示汇编结束。在 END 后所写的指令，汇编程序都不予以处理。一个源程序只能有一个 END 命令。在同时包含有主程序和子程序的源程序中，也只能有一个 END 命令，并放到所有指令的最后，否则，就有一部分指令不能被汇编。

(3) 定义字节伪指令 DB

格式：[标号:]DB 项或项表

其中项或项表指一个字节，或用逗号分开的字符串，或以引号括起来的字符串（一个字符用 ASCII 码表示，就相当于一个字节）。该伪指令的功能是把项或项表的数值（字符则用 ASCII 码）存入从标号开始的连续存储单元中。

例如：
```
        ORG     2000H
TAB1:   DB      30H,8AH,7FH,73
        DB      '5','A','BCD'
```

由于 ORG　2000H，所以 TAB1 的地址为 2000H，因此以上伪指令经汇编以后，将对 2000H 开始的若干内存单元赋值：

(2 000H) = 30H
(2001H) = 8AH
(2002H) = 7FH
(2003H) = 49H　　;十进制数 73 以十六进制数存放
(2004H) = 35H　　;数字 5 的 ASCII 码
(2005H) = 41H　　;字母 A 的 ASCII 码
(2006H) = 42H　　;'BCD'中 B 的 ASCII 码
(2007H) = 43H　　;'BCD'中 C 的 ASCII 码
(2008H) = 44H　　;'BCD'中 D 的 ASCII 码

(4) 定义字伪指令 DW

格式：　[标号:]DW　项或项表

DW 伪指令与 DB 的功能类似，所不同的是 DB 用于定义一个字节（8 位二进制数），而 DW 则用于定义一个字（即两个字节，16 位二进制数）。在执行汇编程序时，机器会自动按高 8 位先存入，低 8 位后存入的格式排列，这和 MCS—51 指令中 16 位数据存放的方式一致。

例如：
```
        ORG     1500H
TAB2:   DW      1234H,  80H
```

汇编以后：(1500H)=12H,(1501H)=34H,(1502H)=00H,(1503H)=80H。

(5) 预留存储空间伪指令 DS

格式：　[标号:]DS　表达式

该伪指令的功能是从标号指定的单元开始，保留若干字节的内存空间以备源程序使用。存储空间内预留的存储单元数由表达式的值决定。

例如：

```
ORG     1000H
DS      20H
DB      30H,    8FH
```

汇编后：从 1000H 开始，预留 32(20H) 个字节的内存单元，然后从 1020H 开始，按照下一条 DB 指令赋值，即 (1020H)=30H，(1021H)=8FH。保留的存储空间将由程序的其他部分决定它们的用处。

(6) 等值伪指令 EQU

格式：　字符名　EQU　项

该伪指令的功能是将指令中项的值赋予本语句的字符名。项可以是常数、地址标号或表达式。

例如：

```
TAB     EQU     1000H
TAB1    EQU     TAB
```

前一条伪指令表示 TAB 地址的值为 1000H，后一条表示符号地址 TAB1 与 TAB 等值（可以互换），需要注意的是，在同一程序中，用 EQU 伪指令对某字符名赋值后，该字符名的值在整个程序中不能再改变。

(7) 位地址赋值伪指令 BIT

格式：　字符名　BIT 位地址

该伪指令的功能是将位地址赋予字符名，经赋值后就可用指令中 BIT 左面的字符名来代替 BIT 右边所指出的位。

例如：

```
FLG   BIT   F0
AI    BIT   P1.0
```

经以上伪指令定义后，在编程中就可以把 FLG 和 AI 作为位地址来使用。

(8) 数据地址赋值伪指令 DATA

格式：　字符名　DATA　数据或表达式

此指令的功能与 EQU 的功能类似，该伪指令的功能是把右边的“表达式”的值赋予左边的“字符名”。这里的表达式既允许是一个数据或地址，也可以是包含被定义的“字符名”在内的表达式，但不可以是汇编符号，如 R0。

例如：

```
        ORG    2000H
INDAT   DATA   8000H
        LCALL  INDAT      ;调用 8000H 子程序
        END
```

汇编后 INDAT 的值为 8000H。

4）汇编的实现

汇编语言源程序必须经过机器汇编或人工汇编才能得到相应的机器程序，即目标程序，以供机器识别和执行。下面介绍实现汇编的具体方法。

（1）人工汇编

人工汇编时，一般先根据伪指令“ORG”确定各程序段首地址，然后查阅指令表，得到各条指令的机器码，并把每条指令对应的助记符、地址（指令第一个字节所在的地址）和机器码列成表。对转移指令中有关地址的参数，只留出位置，暂时不作处理。然后，再根据已确定了的各条指令的地址，用具体的目标地址或算出的地址偏移量来填充预留的转移指令中有关地址参数。

（2）机器汇编

机器汇编一般在微机系统上进行，目前普遍采用PC机，但PC机的指令系统与单片机不同，所以叫交叉汇编。首先需将汇编语言源程序以文件形式输入，然后由汇编程序将其汇编成机器码。在汇编时若发现源程序有语法错误或跳转超出范围等情况，系统会把错误提示给用户。用户在改正错误后，需再对源程序进行汇编，直至源程序完全没有语法错误，此时汇编程序就会给出其对应的目标程序。然后，程序还需做进一步的调试、修改、运行，再次排错后程序才算最终完成。此时，才可把最后得到的目标程序固化到EPROM中去，完成机器汇编。

2. 汇编语言程序设计的基本方法

1）汇编语言程序设计步骤

（1）分析问题。

（2）确定算法。

（3）设计程序流程图。

（4）分配内存单元。

（5）编写汇编语言源程序。

（6）调试程序。

2）汇编语言程序设计的基本方法

用汇编语言进行程序设计的过程和用高级语言进行程序设计相类似。对于比较复杂的问题，首先要掌握解决它的方法和步骤——算法，有了合适的算法常常可以起到事半功倍的效果；其次，就是用操作框、带箭头流程线、框内外必要的文字说明所组成的流程图来描述算法；最后是根据流程图用程序设计语言来编制程序。

程序的基本算法结构有3种：顺序结构、分支（选择）结构和循环结构。

顺序结构如图3.9所示，虚框内A框和B框分别代表不同的操作，而且是A、B顺序执行。

分支结构如图3.10所示，它又称为选择结构。该结构中包含一个判断框，根据给定条件 P 是否成立而选择执行 A 框操作或 B 框操作。条件 P 可以是累加器是否为零、两数是否相等，以及测试状态标志或位状态等。

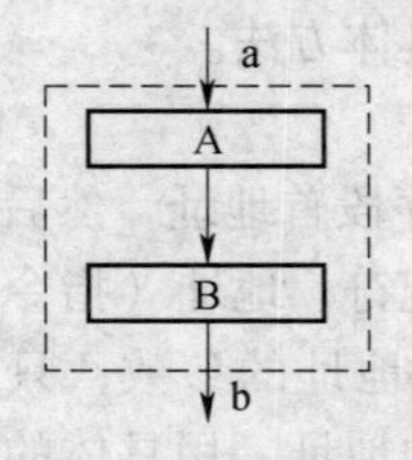

图 3.9 顺序结构

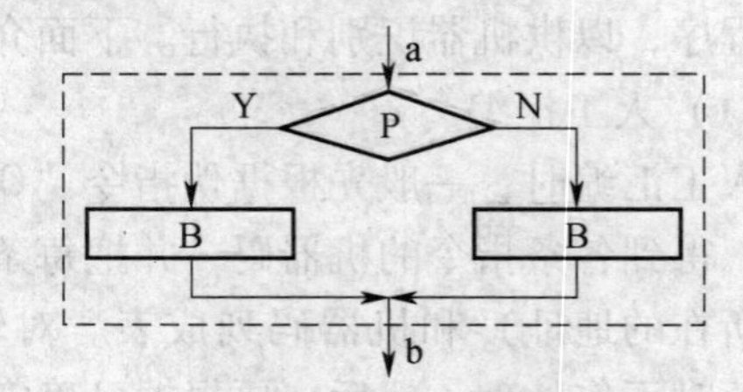

图 3.10 分支结构

循环结构如图 3.11 所示，它在一定的条件下，反复执行某一部分的操作。循环结构又分为当型（While）循环结构和直到型（Until）循环结构两种方式，见图 3.11 的（a）、（b）。当型循环是先判断条件，条件成立则执行循环体 A；而直到型循环则是先执行循环体 A 一次，再判断条件，条件不成立再执行循环体 A。循环结构的两种形式可以互相转换。

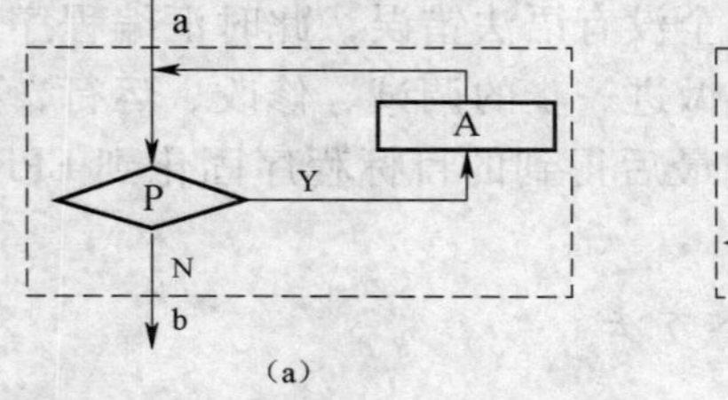

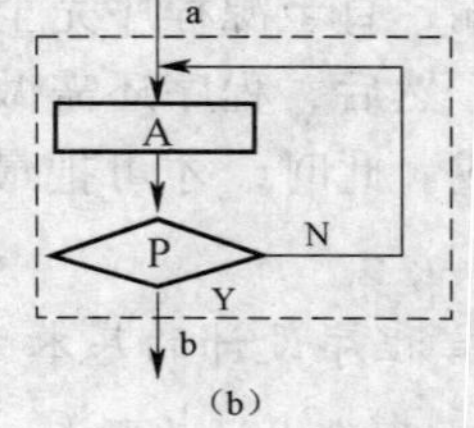

图 3.11 循环结构

（a）当型循环；（b）直到型循环

由以上 3 种基本结构顺序组成的算法结构，可以解决任何复杂的问题。由基本结构所构成的算法属于结构化的算法。虽然在 3 种基本结构的操作框 A 或 B 中，可能是一些简单操作，也可能还嵌套着另一个基本结构，但是不存在无规律的转移，只在该基本结构内才存在分支和向前或向后的跳转。

本项目例题中分别给出了上述结构的样例。

3.5 项目实施

3.5.1 硬件设计

该项目的硬件电路图见项目二中图 2.5（b）所示。

3.5.2　软件设计

通过延时子程序定时 100 ms，控制 8 个发光二极管每间隔 1 s 循环点亮。

（1）以汇编语言为例：

参考程序一：

```
      ORG   0000H
LOOP:MOV   A,#0FEH
      MOV   R2,#8
OUTPUT:MOV   P1,A
         RL      A
         ACALL   DELAY
         DJNZ   R2,OUTPUT
         LJMP   LOOP
DELAY:  MOV   R6,#0
          MOV   R7,#0
DELAYLOOP:               延时程序
        MOV R2,#80H
DEL1:  MOV R3,#0FFH
DEL2:  DJNZ R3,DEL2
        DJNZ R2,DEL1
        RET
        END
```

参考程序二：

```
        ORG   0000H
        LJMP   SETUP
        ORG   0030H
        SETUP:CLR   P1.0                    ;第 1 个灯亮
        LCALL DELAY                         ;调延时子程序
        SETB P1.0                           ;第 1 个灯亮
        CLR P1.1                            ;第 2 个灯亮
        LCALL   DELAY                       ;调延时子程序
        SETB P1.1
        …  …
        SETB P1.7                           ;第 8 个灯亮
        LJMP SETUP                          ;转移到第 1 个灯
DELAY:MOV R6,#80H                           ;延时子程序
DEL1: MOV R7,#0
DEL:DJNZ   R7,DEL
```

```
    DJNZ   R6,DEL1
    RET                                   ;子程序返回
    END
```

(2) 以C语言为例，编写程序如下：

```
 #include <reg52.h>                      //52单片机头文件
void main ()                             //主函数
{
    unsigned int i;                      //定义一个int型变量
    while(1)
    {
        i = 50000;                       //变量赋初值为50 000
        P1 = 0xfe;                       //点亮第1个灯
        while(i--);                      //延时
        i = 50000;                       //变量赋初值为50 000
        P1 = 0xfd;                       //点亮第2个灯
        while(i--);                      //延时
        i = 50000;                       //变量赋初值为50 000
        P1 = 0xfb;                       //点亮第3个灯
        while(i--);                      //延时
        i = 50000;                       //变量赋初值为50 000
        P1 = 0xf7;                       //点亮第4个灯
        while(i--);                      //延时
        i = 50000;                       //变量赋初值为50 000
        P1 = 0xef;                       //点亮第5个灯
        while(i--);                      //延时
        i = 50000;                       //变量赋初值为50 000
        P1 = 0xdf;                       //点亮第6个灯
        while(i--);                      //延时
        i = 50000;                       //变量赋初值为50 000
        P1 = 0xbf;                       //点亮第7个灯
        while(i--);                      //延时
        i = 50000;                       //变量赋初值为50 000
        P1 = 0x7f;                       //点亮第8个灯
        while(i--);                      //延时
    }
}
```

3.5.3 演示步骤

(1) 按照单片机最小应用系统连接电路。用数据线连接单片机P1口与八位逻辑电平显示模块。确保连接到位。

(2) 用串行数据通信线连接计算机和仿真器，把仿真器插到马快的锁紧插座中，请注意仿真器的方向：缺口朝上。

(3) 打开 Proteus 仿真软件，首先建立本实验的项目文件，画出硬件电路图，接着添加源程序，进行编译，直到编译无误。步骤和项目二一样。

(4) 选择硬件仿真，选择串行口，设置波特率为 3 8400 bps

(5) 打开模块电源，按下调试按钮，单击 Run 按钮运行程序，观察 LED 管显示情况。

思考与练习 <<<

1. 通过延时子程序定时 200 ms，控制 1、3、5、7 四个发光二极管每间隔 1 s 循环点亮。

2. 间隔 300 ms 第 1 次 1 个管亮流动 1 次，第 2 次 2 个管亮流动，依次到 8 个管亮，然后重复整个过程。

参考程序：

```
/************************************************************/
#include <reg51.h>                    //51 单片机头文件
#include <intrins.h>                  //包含有左右循环移位子函数的库
#define uint unsigned int             //宏定义
#define uchar unsigned char           //宏定义
void delay(uint z)                    //延时函数,z 的取值为这个函数的延时 ms
                                        数,如 delay(200);大约延时 200 ms.
{                                     //delay(500);大约延时 500 ms.
 uint x,y;
 for(x = z;x > 0;x - -)
      for(y = 110;y > 0;y - -);
}
void main()                           //主函数
{
 uchar a,i,j;
 while(1)                             //大循环
 {
          a = 0xfe;                   //赋初值
          for(j = 0;j < 8;j + +)
          {
```

```
            for(i =0;i <8 - j;i + + )          //左移
            {
                P1 = a;                        //点亮小灯
                delay(200);                    //延时 200 ms
                a = _crol_(a,1);               //将 a 变量循环左移一位
            }
            a = _crol_(a,j);                   //补齐,方便下面的左移一位
            P1 = 0xff;                         //全部关闭
            a = a < <1;                        //左移一位让多一个灯点亮
        }
    }
}
```

项目四　单片机控制的外部中断项目设计

4.1　项目概述

通过上一个项目的学习，我们对单片机系统的软硬件有了较深入的认识，为了更好地利用单片机处理问题，有必要开始中断的学习。中断是计算机的一项重要技术，是 CPU 暂停现行操作，去为提出服务要求的外设服务，当服务完成后回到原有操作继续执行的这样一个过程。

在项目三的基础上，本项目学习如何通过外部中断来实现对七段绿色数码管不同操作控制。本项目用 AT89C51 单片机外中断功能改变数码管的显示状态。当无中断 0 的时候，主程序运行状态为七段数码管的 a ~g 段依次的亮，不断循环；当有外中断 0（单片机 P3.2 脚上有下降沿电压）输入时，立即产生中断，转而执行中断服务程序，数码管显示状态改为“8”亮灭闪烁显示，亮灭闪烁显示 8 次后，返回主程序原断点处继续执行，数码管继续段电量的循环显示。

4.2　项目要求

掌握中断服务子程序编制的方法，学会通过中断服务子程序的调用来实现流水灯控制。

4.3　项目目的

（1）了解中断的概念及中断源。

（2）理解中断工作方式，懂使用中断控制器及中断入口地址处理中断响应。

（3）掌握单片机外部中断的设置方法及使用步骤，能编写简单实用的中断服务子程序。

4.4 项目支撑知识

本项目支撑知识内容要求了解中断源、中断的功能、中断系统的组成与功能、中断优先权管理、中断响应条件、中断响应过程、中断嵌套等概念；掌握MCS—51单片机的5个中断源；掌握外部中断的触发方式；掌握中断请求标志的清除方式；掌握TCON、SCON、IE、IP、TMOD等特殊功能寄存器的功能与应用；掌握MCS—51单片机对各中断源的响应条件与过程。

4.4.1 项目开发背景知识1 89C51单片机的中断系统

1. 中断的概念

1）中断

“中断”是CPU与外部设备交换信息的一种方式。计算机引入外部中断技术以后，解决了CPU与外部设备之间的速度匹配问题，提高了CPU的效率；还可使计算机能够对控制系统中出现的随机信息及时采集和处理，实现实时控制；另外，还使计算机可以监视运行程序的错误和系统故障，实现故障诊断和故障的自行处理，提高自身的可靠性。中断系统在计算机中有着非常重要的作用，一个功能强大的中断系统，能大大提高计算机处理外界事件的能力。

那么什么是中断，我们从一个生活中的例子引入。你正在家中看书，突然电话铃响了，你首先在书上做一个记号，然后放下书本，去接电话，和来电话的人交谈，通完电话，你回来在原来做记号处继续看你的书。这就是生活中的“中断”的现象，就是正常的工作过程被外部的事件打断了。在这里，从看书到听到电话铃声，这是中断请求；当你决定去接电话而中止看书并在书上做了记号，就是保留断点；从听到电话声、保留断点到电话机前的过程就是中断响应；当去通话，直到通话结束，这个过程就是中断处理；最后返回原来做记号处，就是中断返回（恢复断点）；在做记号处接着看书，就是继续执行原来被中断了的程序，而和来电话的人通话这一插曲则可认为是在看书这一主程序中执行了一个中断服务子程序。

可以看出，中断实质上就是CPU在执行某一（主）程序的过程中，由于计算机系统之外的某种原因，需要停止执行当前（主）程序的运行而转去执行相应的（子）程序的过程。可以看到，中断类似于程序设计中的调用子程序，但调用子程序这一事件是编程者事先安排好的，而造成中断的这些外部原因的发生则是随机出现的。

2）中断源

我们将能够打断当前程序的外部事件称为中断源。生活中很多事件可以引起中断，如有人按了门铃了，电话铃响了，你的闹钟响了，你烧的水开了等等诸如此类的事件，我们都可以将其称之为中断源。中断属于一种对事件的实时处理过程，中断源可以随时迫使 CPU 停止当前正在执行的程序，转而去处理中断源指示的另一个程序，待后者完成后，再返回原来程序的“断点”处，继续原来的程序。

中断源实质上就是指向 CPU 申请中断的事件来源，也就是引起中断的事件。由中断源向 CPU 所发出的请求中断的信号称为中断请求信号。通常，计算机的中断源主要有以下几种：

①输入/输出设备。例如键盘、打印机、外部传感器等外设准备就绪时可向 CPU 发出中断申请，从而实现外设与 CPU 的通信。

②实时时钟或计数信号。例如定时时间或计数次数一到，则向 CPU 发出申请，要求 CPU 进行处理。

③故障源。当出现故障时，可以通过报警、掉电等信号向 CPU 发出中断请求，要求处理。

3）中断优先权和中断嵌套

存在多个中断源时就存在中断优先权和中断嵌套的问题。设想一下假如你正在看书，电话铃响了，同时又有人按门铃。如果你正在等一个很重要的电话，你一般不会去理会门铃的，而反之，你正在等一个重要的客人，则可能就不会去理会电话了。如果不是这两者（即不等电话，也不是等人上门），你可能会按你通常的习惯去处理。总之这里存在一个优先权的问题。中断优先权也叫中断排序，它是在多个中断源的情况下，根据中断源的性质和重要性排列的先后次序。优先权的问题不仅仅发生在两个或多个中断同时产生的情况，也发生在一个中断已产生，又有一个中断产生的情况，也就是所谓的中断嵌套问题。比如你正在看书，电话铃响了，你接了电话并且正在通话时，又有人按了门铃，如果规定按门铃的优先权更高，你去响应按门铃这一中断申请，暂停通话，去处理有关按门铃的事情，处理完毕，会接着继续通电话，直到通话完毕，再返回去看书。这里，按门铃这一中断源就比电话这一中断源的优先权高，因此，出现了中断嵌套，即高优先权的中断源可以打断低级中断优先权的中断服务程序，而去执行高级中断源的中断处理，直至该处理程序完毕，再返回接着执行低级中断源的中断服务程序，直到这个处理程序完毕，最后返回主程序。

4）中断响应过程

当有事件产生，进入中断之前我们必须先记住现在看书的第几页了，或拿一个书签放在当前页的位置，然后去处理不同的事情（因为处理完了，我们还要回来继续看书)：电话铃响我们要到放电话的地方去，门铃响我们要到门那边去，也说是不同的中断，我们要在不同的地点处理，而这个地点通常还是固定的。计算机中也是采用的这种方法，对于不同的中断源，每个中断产生后都到相应的地方去找处理这个中断的程序，当然在去之前首先要保存下面将执行的指令的地址，以便处理完中断后回到原来的地方继续往下执行程序。具体地说，中断响应可以分为以下几个步骤：

①保护断点，即保存下一将要执行的指令的地址，就是把这个地址送入堆栈。

②寻找中断入口，根据不同的中断源所产生的中断，查找不同的入口地址。以上工作是由计算机自动完成的，与编程者无关。在入口地址处存放有关中断处理程序。

③执行中断处理程序。

④中断返回：执行完中断指令后，就从中断处返回到主程序，继续执行。

2. 中断系统

中断系统是指实现中断的硬件逻辑和实现中断功能的指令统称。为了满足系统中各种中断的要求，中断系统应具备如下的基本功能：

①识别中断源。

②能实现中断响应及中断返回。

③能实现中断优先权排队。

④能实现中断嵌套。

MCS—51 单片机基于结构和功能所限，它的中断系统仅提供了 5 个中断请求源，具有两个中断优先级，可实现两级中断服务程序嵌套。MCS—51 单片机的中断系统结构如图 4.1 所示，由与中断有关的特殊功能寄存器、中断向量入口、顺序查询逻辑电路等组成。5 个中断源中的每一个中断源可以编程为高优先权级别或低优先权级别中断，允许或禁止向 CPU 请求中断。每一个中断源的请求信号需经过中断允许寄存器 IE 和中断优先级寄存器 IP 的控制才能够得到单片机的响应。

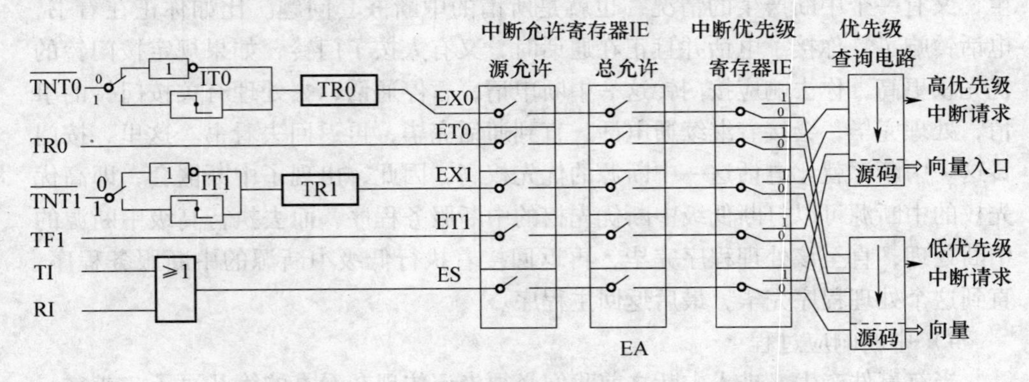

图 4.1　MCS—51 单片机的中断系统结构图

1）中断源与中断请求

8051 单片机提供了 5 个中断源：2 个外部中断源和 3 个内部中断源。每 1 个中断源都有 1 个中断申请标志位，但是串行口占用 2 个中断标志位。一共有 6 个中断标志位，表 4.1 给出了它们各自的名称。

表 4.1　中断源和中断申请标志位

分　类	中断源	SFR 中的中断申请标志位	中断原因	中断入口地址
外部中断	$\overline{INT_0}$，外部中断 0	IE0（TCON.1）	$P_{3.2}$ $\sqrt{\overline{INT_0}}$引脚上的信号可引起中断	0003H
外部中断	$\overline{INT_1}$，外部中断 1	IE1（TCON.3）	$P_{3.3}$ $\sqrt{\overline{INT_1}}$引脚上的信号可引起中断	0013H
内部中断	T_0，定时/计数器 0 中断	IF0（TCON.5）	T_0 计数器溢出后会引起中断	000BH
内部中断	T_1，定时/计数器 1 中断	IF1（TCON.7）	T_1 计数器溢出后会引起中断	001BH
内部中断	串口中断	RI(SCON.0) TI(SCON.1)	串行口接收完或发送完一帧数据后会引起中断	0023H

外部中断源是指可以向单片机提出中断申请的外部原因，共有外部中断 0 和外部中断 1 两个，它们的请求信号分别由引脚$\overline{INT_0}$($P_{3.2}$)、$\overline{INT1}$($P_{3.3}$) 接入。外部中断的中断触发方式有低电平有效和下降沿有效两种方式，可以由软件设定，称之为“外部中断触发方式选择”。

内部中断源有定时/计数器中断和串行口中断两种。定时/计数器中断是为满足定时或计数的需要而设置的，在 8051 单片机内有两个定时/计数器 T_0 和 T_1。当其内部计数器溢出时，即表明定时时间已到或计数值已满，这时就以计数溢出作为中断请求去置位一个标志位，作为单片机接收中断请求的标志。这个中断请求是在单片机内部发生的，因此，无须在单片机芯片的外部引入输入端。而串行中断则是为串行数据传送的需要而设计的，每当串行口接收和发送完一帧串行数据时，就产生一个中断请求。串行口的发送/接受中断申请标志 TI 或 RI 合用一个中断源，占用一个中断服务入口地址。

所有的中断源所产生的相应中断请求标志，都分别放在特殊功能寄存器 TCON 和 SCON 的相关位。当其中某位为 0 时，表明相应的中断源没有发出中断申请，当其中某位置为 1 时，表示相应的中断源已发出中断申请。

（1）定时/计数器控制寄存器 TCON

TCON 为定时/计数器控制寄存器，同时也是中断请求寄存器，其字节地址为88H，位地址为88H~8FH，也可以用TCON.0~TCON.7表示。它有6位与中断有关，除了控制定时/计数器T0、T1的溢出中断外，还控制着两个外部中断源触发方式和锁存2个外部中断源的中断请求标志。寄存器内容如下所示。

TF1	TR1	TF0	TR0	IF1	IT1	TE0	IT1

IE0：外部中断0（$\overline{INT0}$）请求标志位。当CPU采样到$\overline{INT_0}$引脚出现中断请求后，此位由硬件置1。在中断响应完成后转向中断服务程序时，再由硬件自动清0。这样，就可以接收下一次外部中断源的请求。

IE1：外部中断1（$\overline{INT1}$）请求标志位。功能同IE0。

IT0：外部中断0请求信号方式控制位。当IT0=1，为脉冲方式，后沿负跳变有效；当IT0=0，低电平有效。此位，可由软件置1或清0。

IT1：外部中断1请求信号方式控制位。当IT1=1，为脉冲方式，后沿负跳变有效；当IT1=0，低电平有效。此位，可由软件置1或清0。

TF0：定时/计数器0溢出标志位。当定时/计数器0产生计数溢出时，该位由硬件置1。当转到中断服务程序时，再由硬件自动清0。这个标志位的使用有两种情况。当采用中断方式时，把它作为中断请求标志位用，计数溢出产生中断时该位置1；当CPU开中断时，则CPU响应中断。而采用查询方式时，该位作查询状态位使用。

TF1：定时/计数器1溢出标志位。功能同TF0。

注意：当CPU响应了外部中断和定时/计数器中断这4个中断源中任一个中断请求后，会马上自动将对应的中断请求标志位清0。但是对外部中断而言，这种情况仅适用于后沿下降有效的脉冲中断触发方式，当外部中断的触发方式为低电平有效时，CPU无法自动清除其相应的中断请求标志位（因为如图4.1所示中断系统中电平信号经“非”门直接连至中断请求标志位），此时必须要人为在中断服务程序结束前将低电平触发信号变高，才能清0标志位，否则低电平信号会再次产生中断。另外，在采用低电平触发方式时，必须始终保持低电平有效，直至该中断被响应，否则中断请求标志会丢失。

（2）串行口控制寄存器SCON

SCON是串行口控制寄存器，字节地址为98H，位地址为98H~9FH，也可以用SCON.0~SCON.7表示。它有2位与中断有关，即SCON的低2位锁存串行的接收中断标志RI和发送中断标志TI，所以也称作串口中断请求寄存器。寄存器内容如下所示。

SM0	SM1	SM2	REN	TB0	RB0	TI	RI

TI：串行口发送中断请求标志位。当发送完一帧串行数据后，由硬件中断置位 TI；当 CPU 响应该中断后，转向中断服务程序时并不自动复位 TI，TI 必须由用户在中断服务程序中用软件清 0（可用 CLR TI 或其他指令）。

RI：串行口接收中断请求标志位。当接收完一帧串行数据后，由硬件中断置位 RI；在转向中断服务程序后，用软件清 0。

串行中断请求由 TI 和 RI 的逻辑或得到，即无论是发送标志位还是接收标志位置 1，都会产生串行中断请求。

2）中断允许控制

MCS—51 单片机的 5 个中断源都是可屏蔽中断，也就是说用户可以通过软件方法来控制是否允许 CPU 去响应中断。由图 4.1 可知，CPU 对中断源的中断开放（也称中断允许）或中断屏蔽（也称中断禁止）的控制是通过中断允许控制寄存器 IE 来实现的。

中断允许控制寄存器 IE 的字节地址为 A8H，其位地址为 A8H ~ AFH，也可以用 IE.0 ~ IE.7 表示。该寄存器中各位的内容如下所示。

EA	X	ET2	ES	ET1	EX1	ET0	EX0

EA：中断允许的总控制位，相当于是总开关。

当 EA =0 时，中断总禁止，相当于关中断，即禁止所有中断。

当 EA =1 时，中断总允许，相当于开中断。总的中断允许后，各个中断源是否可以申请中断，则由其余各中断源的中断允许位进行控制。

EX0：外部中断 0 允许控制位。当 EX0 =0 时，禁止外中断 0；当 EX0 =1 时，允许外部中断 0。

EX1：外部中断 1 允许控制位。当 EX1 =0 时，禁止外中断 1；当 EX1 =1 时，允许外部中断 1。

ET0：定时/计数器0 中断允许控制位。当 ET0 =0 时，禁止该中断；当 ET0 =1 时，允许定时器 0 中断。

ET1：定时/计数器1 中断允许控制位。当 ET1 =0 时，禁止该中断；当 ET1 =1 时，允许定时器 1 中断。

ES：串行口中断允许控制位。当 ES =0 时，禁止串行中断；当 ES =1 时，允许串行口中断。

对于 MCS—51 单片机只有上述 6 位被定义。ET2 位是 MCS—52 系列单片机中定时器 2 的中断允许控制位，其含义同上。

可见，MCS—51 单片机通过中断允许控制寄存器进行两级中断控制。以 EA 位作为总控制位，以各中断源的中断允许控制位作为分控制位。总控制位为禁止时（EA =1），无论其他位是 1 或是 0，整个中断系统是关闭的。只有总控制位为 1 时，才允许由各分控制位设定禁止或允许中断状态。当单片机复位时（IE =

00H），中断系统处于禁止状态，即关闭中断。

注意单片机在响应中断后不会自动关中断，因此，如果在转入中断服务处理程序后，如果想禁止更高级的中断源的中断申请，可以用软件方式关闭中断。

对中断允许寄存器状态的设置，可以使用字节操作指令，也可以使用位操作指令。

例如，假定要开放外中断1和T1的溢出中断，屏蔽其他中断，则对应的中断允许控制寄存器内容应为10001100B，即中断允许控制字为8CH。

使用字节操作，可用一条指令MOV IE，#8CH完成，使用位操作指令，则需三条指令SETB EX1；SETB ET1；SETB EA实现。

3. 中断优先权管理

MCS—51单片机的中断系统对优先级的控制比较简单，只规定了两个中断优先级，对于每一个中断源均可编程为高优先级中断或低优先级中断，各中断源的优先级由中断优先级控制寄存器IP设定。

IP寄存器的字节地址为B8H，位地址为B8～BFH，或用IP.0～IP.7表示。IP寄存器中各位的内容如下所示。

X	X	PT2	PS	PT1	PX1	PT0	PX0

PX0：外部中断0优先级控制位。该位为0，优先级为低；该位为1，优先级为高。

PT0：定时/计数器0中断优先级控制位。该位为0，优先级为低；该位为1，优先级为高。

PX1：外部中断1优先级控制位。该位为0，优先级为低；该位为1，优先级为高。

PT1：定时/计数器1中断优先级控制位。该位为0，优先级为低；该位为1，优先级为高。

PS：串行口中断优先级控制位。该位为0，优先级为低；该位为1，优先级为高。

对于MCS—51单片机只有上述5位被定义。PT2位是MCS—52系列单片机中定时/计数器2的中断优先级控制位，其含义同上。

MCS—51单片机的硬件使5个中断源在同一个优先级的情况下$\overline{INT0}$优先权最高，串行口优先权最低。在同一个优先级中，对5个中断源的优先次序安排如下：

$\overline{INT0}$、T0、$\overline{INT1}$、T1、串口

（最高）←————（最低）

通过对IP寄存器的编程，可以把5个中断源分别定义在两个优先级中，软

件可以随时对 IP 的各位清 0 或置 1。

例如，某软件中对寄存器 IE、IP 设置如下：

```
MOV IE,#10001111B
MOV IP,#00000110B
```

则此时该系统中：CPU 中断允许；允许外部中断 0、外部中断 1、定时/计数器 0、定时/计数器 1 发出的中断申请。

允许中断源的中断优先次序为：

定时/计数器 0 > 外部中断 1 > 外部中断 0 > 定时/计数器 1。

按中断优先权设置后，响应中断的基本原则是：

①不同级的中断源同时申请中断时——先高后低。

②同级的中断源同时申请中断时——事先规定。

③处理低级中断又收到高级中断请求时——停低转高。

④处理高级中断又收到低级中断请求时——高不理低。

MCS—51 单片机复位时，IE = 00H，IP = 00H，因此用户在初始化程序中要对 IE、IP 寄存器进行初始化编程，开放或屏蔽某些中断并设置它们的优先权。

4.4.2　项目开发背景知识 2　89C51 单片机的中断处理过程

1. 中断响应

1）中断响应的条件

单片机响应中断的条件为中断源有请求（中断允许寄存器 IE 相应位置 1），且 CPU 开中断（即 EA = 1）。这样，在每个机器周期内，单片机对所有中断源都进行顺序检测，并可在任 1 个周期的 S_6 期间，找到所有有效的中断请求，并对其优先级进行排队。但是，必须满足下列条件：

①无同级或高级中断正在服务。

②现行指令执行到最后 1 个机器周期且已结束。

③若现行指令为 RETI、RET 或需访问特殊功能寄存器 IE 或 IP 的指令时，执行完该指令且紧随其后的另 1 条指令也已执行完。

满足上述所有条件，单片机便在紧接着的下 1 个机器周期的 S_1 期间响应中断。否则，将丢弃中断查询的结果。

2）中断响应过程

单片机一旦响应中断，首先对相应的优先级有效触发器置位。然后执行 1 条由硬件产生的子程序调用指令，把断点地址压入堆栈，再把与各中断源对应的中断服务程序的入口地址送入程序计数器 PC，同时清除中断请求标志（串行口中断和外部电平触发中断除外），从而程序便转移到中断服务程序。以上过程均由中断系统自动完成。

各中断源所对应的中断服务程序的入口地址如下：

中断源	入口地址
外部中断 0	0003H
定时器 T0 中断	000BH
外部中断 1	0013H
定时器 T1 中断	001BH
串行口中断	0023H

以上入口地址相隔空间只有 8 个单元，一般容纳不下中断服务程序，所以中断服务程序通常放在另外一个地方，而在入口地址处仅仅安放一条跳转指令，通过跳转指令再转到中断服务程序所在地址。

2. 中断处理

CPU 响应中断结束后即转至中断服务程序的入口。从中断服务程序的第一条指令开始到返回指令为止，这个过程称为中断处理或中断服务。中断处理包括保护现场、中断源服务（针对中断源的具体要求进行不同处理，不同的中断源其中断处理内容可能不同）、恢复现场等几项内容。要不要保护现场，取决于中断服务程序中是否使用了主程序中曾经使用过的寄存器，如果主程序使用过这些寄存器，而且中断返回后还需要使用其中保存的数据，就需要在中断服务程序开始时把这些寄存器的状态保护起来。同时在中断结束，执行 RETI 指令之前应恢复现场。

3. 中断返回

在中断服务（子）程序中安放的最后一条指令是中断返回指令 RETI，RETI 指令表示中断服务程序的结束，使程序返回被中断的（主）程序继续执行。CPU 执行该指令，一方面清除中断响应时所置位的优先级有效触发器；另一方面从堆栈栈顶弹出断点地址送入程序计数器 PC，从而返回主程序。

4. 中断请求的撤销

CPU 响应中断请求后，在中断返回（执行 RETI 指令）前，必须撤除请求，否则会错误地再一次引起中断过程。因此，一旦中断响应，中断请求标志位就应该及时撤销。下面按中断类型说明中断请求如何撤销。

1）定时器中断请求硬件自动撤除

定时器中断被响应后，硬件会自动把对应的中断请求标志位（TF0 或 TF1）清 0。

2）外部中断请求自动与强制撤除

对于边沿触发方式的中断请求，一旦响应后通过硬件会自动把中断请求标志位（IE0 或 IE1）清 0。

但对于电平触发方式，仅靠清。中断标志位并不能解决中断请求的撤除，必须在中断响应后强制地把中断请求输入引脚从低电平改为高电平，使中断请求的有效低电平消失，才能撤除相应的中断请求。

3）串行口中断请求的软件撤除

串行口中断的标志位是 TI 和 RI，但这两个标志位不会自动清 0。因为串行口中断响应后还要通过识别 RI 和 TI 的状态来判定是执行接收操作还是发送操作，然后才能清。相应的标志位。所以串行口中断请求的撤除采用软件撤除方法，在中断服务程序中进行。

5. 中断响应时间

中断响应时间是指从查询中断请求标志位到转入中断服务程序入口地址所需的机器周期数。MCS—51 单片机的外部中断请求信号在每一个机器周期的第 5 个状态周期的第 2 个脉冲（S_5P_2）被采样并锁存到相应的中断标志位中，这个状态等到下一个机器周期才被查询。如果中断被开放，并符合响应条件，CPU 接着执行一个硬件子程序调用指令以转到相应的中断服务程序入口需要 2 个机器周期，所以从外部产生中断请求到 CPU 开始执行中断服务程序最短需要 3 个机器周期。在中断查询时，如果正在执行 RET、RETI 或对 IE、IP 的写操作指令，执行 RET、RETI 等指令需要 2 个机器周期，若其后跟着的是指令执行时间最长的需 4 个机器周期才能完成的乘、除法指令，则响应时间最多需要 8 个机器周期。因此，对单一中断系统而言，从中断源发出中断请求信号，到 CPU 转至执行中断服务程序为止，这一中断响应时间总是在 3 ~ 8 个机器周期。这个时间在精确定时的应用场合应该加以考虑。

如果中断请求被阻止，则需要更长的时间。如果已经在处理同级或更高级中断，额外的等待取决于中断服务程序的处理过程。

6. 中断应用举例

［例 **4.1**］在 8051 单片机的 $\overline{\text{INT1}}$ 引脚外接脉冲信号，要求每送来一个脉冲，把片内 30H 单元内的数值加 1，若 30H 单元计满则进位 31H 单元。试利用中断结构，编制一个脉冲计数程序。

程序编制如下：

```
      ORG   0000H
      AJMP  MAIN              ;设置主程序入口
      ORG   0013H             ;外部中断 1 入口
      AJMP  INT1              ;设置中断服务程序入口
      ORG   1000H
MAIN: SETB  IT1               ;设外部中断 1 为边沿触发
      SETB  EA                ;开总中断
```

```
        SETB   EX1               ;允许外部中断 1 中断
        MOV    A,,#00H
        MOV    30H,A
        MOV    31H,A
        MOV    SP,#50H           ;设置堆栈指针
        SJMP   MYM               ;等待中断
        ORG    2000H             ;中断服务程序
INT1:PUSH   ACC               ;保护现场
        INC    30H
        MOV    A,30H
        JNZ    EXIT              ;A≠0,执行 EXIT,中断返回
        INC    31H
EXIT:POP    A                 ;恢复现场
        RETI                     ;中断返回
```

编程中应注意：

①在 0000H 放一条跳转到主程序的跳转指令，这是因为 MCS—51 单片机复位后，PC 的内容变为 0000H，程序从 0000H 开始执行，紧接着从 0003H 开始是中断程序入口地址，故在此中间只能插入一条转移指令。

②响应外部中断 1 时，硬件先自动执行一条隐指令“LCALL 0013H”，而 0013H（外部中断 1 中断入口地址）至 001BH（定时器 1 中断入口地址）之间可利用的存储单元不够用（仅 8 个），故该处放一条无条件转移指令。

③在中断服务程序的末尾，必须安排一条中断返回指令 RETI，使程序自动返回主程序。

④采用中断方法编制的程序，主程序中必须有一个初始化部分，用于设置堆栈位置、定义触发方式及通过对中断允许寄存器 IE 和中断优先级寄存器 IP 的赋值来进行中断控制。

［例 4.2］ 利用单片机的外部中断 0（P3.2），要求每中断一次，P1 口所接 8 个发光二极管循环点亮。试设计相关电路并编制程序实现该功能。

根据题意，所设计的硬件电路如下图 4.2 所示，通过一个开关连接外部中断 0 引脚，以此作为外部输入信号来控制 P1 口 8 个发光二极管的明灭。

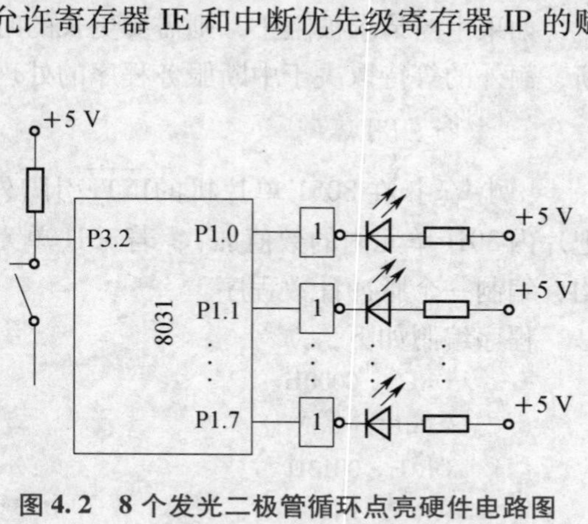

图 4.2　8 个发光二极管循环点亮硬件电路图

程序编制如下：

```
        ORG    0000H
        AJMP   MAIN              ;设置主程序入口
```

```
        ORG   1000H
MAIN:SETB   EA
        SETB  EX0
        SETB  IT0
        MOV   A,#01H
        MOV   P1,#00H
        SJMP  ORG   0003H              ;外部中断0入口
        MOV   P1,A
        RL    A
        RETI
```

注意：①本例编程时要结合硬件电路的设计，通过软硬件的结合，加深读者理解中断工作方式，进一步掌握对中断的设置及编程方法。

②系统复位后，P1 口自动置 1，（P1）= FFH，因此开始时，8 个灯全灭。

③由于编程中所需的中断服务程序占用的存储单元不超过 8 个单元，因此本例中将其直接安放在中断入口地址处，未安排跳转指令。

4.5　项目实施

4.5.1　硬件设计

该项目的硬件电路图如图 4.3 所示。

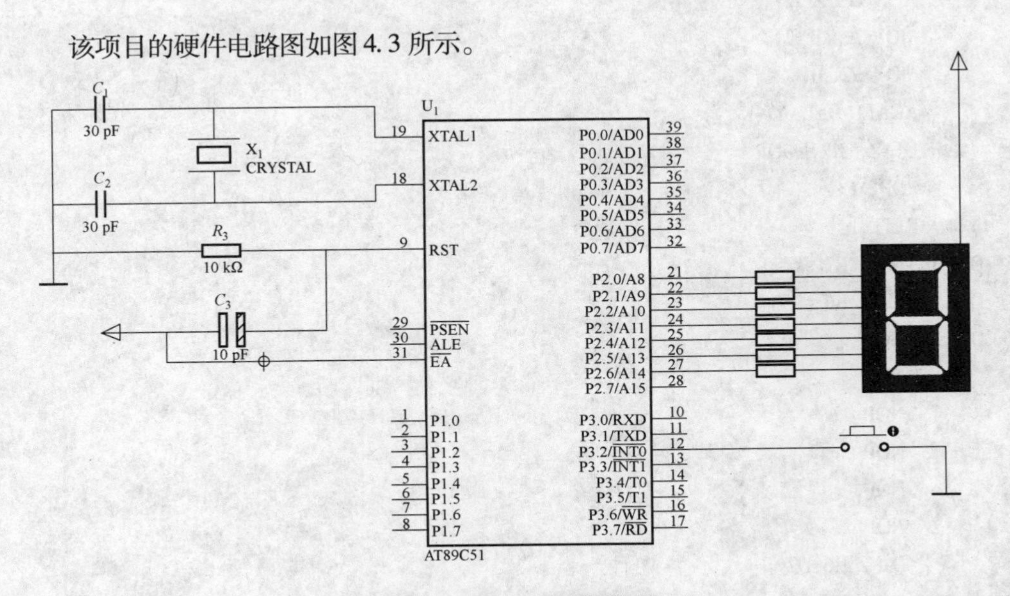

图 4.3　外部中断实验硬件电路图

4.5.2 软件设计

外部中断0(P3.2)接入单脉冲发生器(输入开关信号),P2 口接入7段绿色数码管,通过单脉冲发生器来控制 P2 口7段绿色数码管任意点亮或循环点亮。

程序编写如下:

```
    ORG 0
    SJMP STAR
    ORG 3
    SJMP INT0S
STAR:MOV IE,#81H
    MOV TCON.#1
    MOV A,#0FEH
    MOV P3,#0FFH
ST1:MOV P2,A
    ACALL DELAY
    RL A
    SJMP ST1
INT0S:PUSH ACC
    MOV R2,#8
LOOP:CLR A
    MOV P2,A
    ACALL DELAY
    MOV A,#0FFH
    MOV P2,A
    ACALL DELAY
    DJNZ   R2,LOOP
    POP ACC
    REIT
DELAY:MOV R7 ,#250
D1:    MOV R6,#250
D2:    NOP
       NOP
       NOP
       NOP
       NOP
       NOP
       DJNZ R6,D2
       DJNZ R7,D1
```

```
RET
END
```

为便于学习，项目中我们分别使用外部中断0引入信号，按下列步骤来点发光二极管。

（1）点亮第一个发光管。

（2）点亮最后一个发光管。

（3）循环点亮八个发光管。

4.5.3 演示步骤

（1）按照单片机最小应用系统连接电路。用数据线连接单片机 P1 口与八位逻辑电平显示模块。确保连接到位。

（2）用串行数据通信线连接计算机和仿真器，把仿真器插到马快的锁紧插座中，请注意仿真器的方向：缺口朝上。

（3）打开 Proteus 仿真软件，首先建立本实验的项目文件，画出硬件电路图，接着添加源程序，进行编译，直到编译无误。步骤和项目二一样。

（4）选择硬件仿真，选择串行口，设置波特率为 38 400 bps

（5）打开模块电源，按下调试按钮，单击 Run 按钮运行程序，观察 LED 管显示情况。

思考与练习 <<<

1. 通过外部中断1，控制2、4、6、8四个发光二极管每间隔1 s循环点亮。

项目五　定时/计数器项目设计

5.1　项目概述

MCS—51 单片机内部设有两个 16 位的可编程定时/计数器。其功能（如工作方式、定时时间、量程、启动方式等）均可由指令来确定和改变。在定时/计数器中除了有两个 16 位的计数器之外，还有两个特殊功能寄存器（控制寄存器和方式寄存器）。

本项目的任务是利用三色发光二极管实现节日彩灯的控制，将 8 个发光二极管连接到 P1 口，每间隔 1 s 改变 P1 口的输出以控制发光二极管的亮灭。由于受到定时器位数的限制，仅靠单个定时器无法完成 1 s 的定时，项目中还需要结合循环程序才能实现项目的要求。

5.2　项目要求

本项目的要求如下：

（1）利用定时器 T0 在晶振 6 MHz 的条件下实现 100 ms 的定时。

（2）单片机的 P1 口与 8 个三色发光二极管相连，三种颜色灯的排列顺序为：绿—红—黄—绿—红—黄—绿—红。

（3）编写循环 10 次的程序，每 100 ms 循环 1 次。

（4）实现 P1 口的三个状态值的轮流变换。

5.3　项目目的

本项目的目的是令读者了解单片机的定时/计数器的工作原理，在项目设计过程中掌握定时常数的计算方法，利用中断的工作过程，完成单片机的内部结构，MCS—51CPU 芯片的引脚，加深对地址总线、数据总线和控制总线的认识，熟悉伟福 6 000 和 Protues 软件的使用方法。

5.4 项目支撑知识

5.4.1 项目开发背景知识 1　定时/计数器原理及工作模式

1. 定时/计数器的结构及工作原理

在单片机控制的电力拖动系统中，控制的对象为电动机，为了实现闭环控制，就需要定时地对转速进行采样。若采用光电脉冲发生器作为检测元件，则先应对每个采样周期中光电脉冲发生器发出的脉冲进行计数，然后再通过实时计算求得对应的转速。定时/计数器可以完成上述定时、产品计数等各种任务，因此它是单片机中非常重要的部件。

MCS—51 单片机中微处理器、特殊功能寄存器 TCON 和 TMOD 与定时/计数器 T0、T1 之间的关系如图 5.1 所示，它反映了定时/计数器在单片机中的位置和总体结构。

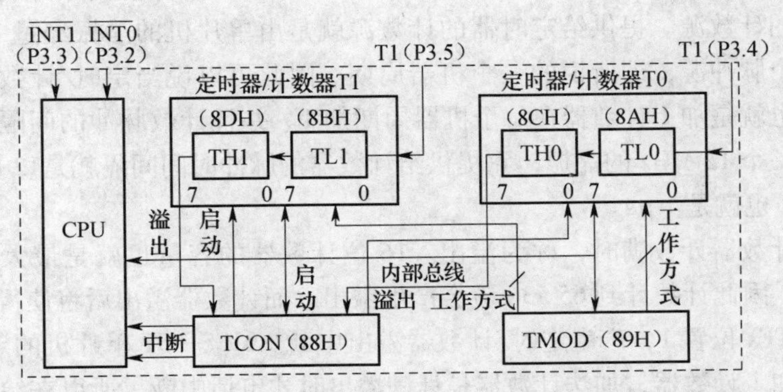

图 5.1　定时/计数器与 TMOD、TCON 的结构框图

MCS—51 单片机内部有两个 16 位的定时/计数器 T0 和 T1。每个定时/计数器占用两个特殊功能寄存器：T0 由 TH0 和 TL0 两个 8 位计数器组成，字节地址分别是 8CH 和 8AH。T1 由 TH1 和 TL1 两个 8 位计数器组成，字节地址分别是 8DH 和 8BH，用于设置定时或计数的初值。

在两个特殊功能寄存器 TMOD 和 TCON 的控制下，T0 和 T1 可分别被确定为定时器工作或计数工作状态；而 T0 有 4 种工作模式，T1 有 3 种工作模式。它们都有中断申请的功能，成为单片机的两个内部中断源。

MCS—51 单片机的定时/计数器的逻辑结构如图 5.2 所示。

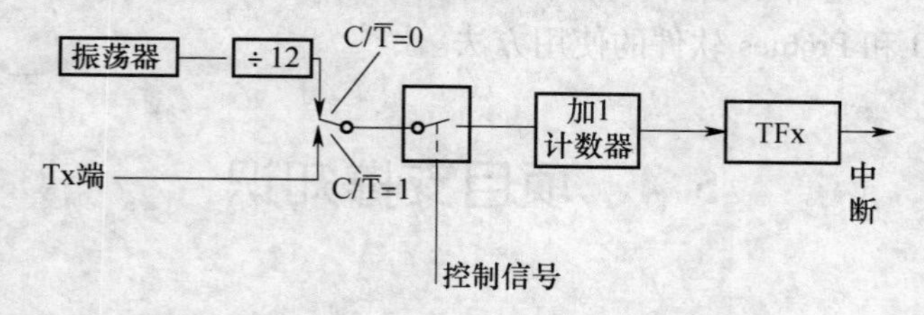

图 5.2　定时/计数器的逻辑结构框图

对任一个定时/计数器而言，它的核心是 1 个加 1 计数器，它的输入脉冲有两个来源：一个是外部脉冲源（Tx 端），另一个是系统机器周期（时钟振荡器经 12 分频以后的脉冲信号正好是一个机器周期）。它的工作状态的选择由特殊功能寄存器 TMOD 的 C/T 位来决定，当 C/$\overline{T}$ = 0 为定时状态，当 $\overline{T}$ = 1 为计数状态。16 位的加 1 计数器由两个 8 位的特殊功能寄存器 THx 或 TLx 组成（x = 0、1），它们可通过编程组合为不同的方式（13 位、16 位、两个分开的 8 位等），从而形成定时/计数器不同的 4 种工作模式，而这要由工作模式控制寄存器 TMOD 的相应位决定。

就像说 1 个小时后闹铃响也可以说是秒针走了 3 600 次后闹铃响一样，只要计数脉冲的间隔相等，则计数值就代表了时间。单片机中定时器和计数器实质是一回事，只不过计数器是记录外界发生的事情，而定时器则是由单片机提供一个非常稳定的计数源。提供给定时器的计数源就是由单片机的晶振经过 12 分频后获得的一个脉冲源，即所说的一个机器周期。因此可以说当定时/计数器处于定时状态时也就是加 1 计数器在每个机器周期加 1。并且计数脉冲的间隔与晶振有关。例如一个 12 MHz 的晶振，它提供给计数器的脉冲时间间隔就是12 MHz/12等于 1 MHz，也就是 1 μs。

每当计数器计数满时，称为溢出。16 位计数器的容量也就是最大的计数值是 65 536，因此计数计到 65 536 就会产生溢出。而计数器溢出后将使得计数器溢出标志位 TFx 位置 1，产生定时/计数器溢出中断。MCS—51 单片机的定时/计数器用的是加 1 计数器，加法计数器是计满溢出时才申请中断，所以在给计数器赋计数脉冲初值时，不能直接输入所需的计数值，而应输入的是计数器计数的最大值与这一计数值的差值。

设计数器计数的最大值（满计数值）为 M，计数值为 N，计数初值为 X，则 X 的计算方法如下式所示：

计数状态：　　$X = M - N$

定时状态：　　$X = M - \text{定时时间}/T$

式中，$T = 12/f_{osc}$，f_{osc} 为单片机晶振频率；$M = 2^n$，n 为计数器的位数，因此，上

式也可写为 $X = 2^n -$ 定时时间/$(12/f_{osc})$

2. 定时/计数器的模式寄存器和控制寄存器

MCS—51 单片机中 TMOD 用于设置定时器的工作模式；TCON 用于控制定时器 T0、T1 的启动与停止，并包含了定时器的状态。

1）定时/计数器工作模式寄存器 TMOD

定时/计数器工作模式寄存器 TMOD 是一个 8 位特殊功能寄存器，地址为 89H，不可位寻址。TMOD 用于选择定时/计数器的工作模式，它的高 4 位控制定时/计数器 T1，低 4 位控制定时/计数器 T0。TMOD 中各位的定义如下：

	T1				T0				
TMOD	GATE	$C/\overline{T}$	M1	M0	GATE	$C/\overline{T}$	M1	M0	89H

其中：

$C/\overline{T}$：定时/计数器功能选择位。

当 $C/\overline{T}=1$ 时为外部计数方式，即对外部引脚的外部输入脉冲计数。外部引脚上外部输入的每一个脉冲的负跳变使计数值加 1，由于外输入脉冲的每个高、低电平持续时间都应大于一个机器周期，因此最小的计数周期为两个机器周期。例如，若单片机晶振频率为 12 MHz，则外部计数脉冲的最高频率只能为 500 kHz。

当 $C/\overline{T}=0$ 时为内部定时方式，每一个机器周期使定时/计数器的计数值加 1。

M1 M0：定时/计数器工作模式定义位，其具体定义方式如表 5.1 所示。

表 5.1 定时/计数器工作模式

M1 M0	模式	说 明
0 0	0	13 位定时/计数器（TH 高 8 位加上 TL 中的低 5 位）
0 1	1	16 位定时/计数器
1 0	2	自动重装初值的 8 位定时/计数器
1 1	3	模式 3 只针对 T0，T0 分成两个独立的 8 位定时/计数器；T1 无模式 3

GATE：门控制位，用于控制定时/计数器的启动是否受外部中断源信号的影响。GATE = 0 时，与外部中断无关，由 TCON 寄存器中的 TRx（x = 0 或 1）位控制启动。GATE = 1 时，由控制位 TRx 和引脚 $\overline{INTx}$ 共同控制启动，也即外部引脚参与启动或停止定时/计数器，只有该引脚和 TRx 都是高电平（即外部中断引脚 $\overline{INTx}=1$ 和 TRx = 1）时才能启动定时/计数器，允许计数。利用这一点可以用来测量外部中断的输入脉冲宽度。

2）定时/计数器控制寄存器 TCON

定时/计数器控制寄存器 TCON 是一个 8 位特殊功能寄存器，地址为 88H，

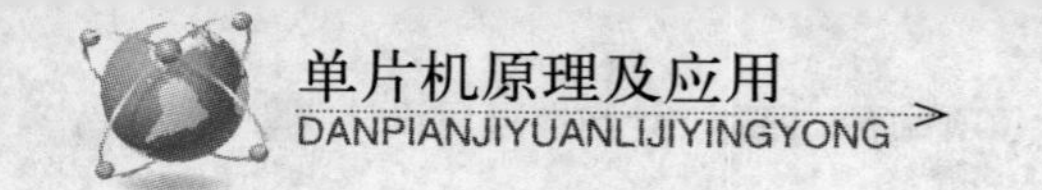

可以位寻址。TCON 控制寄存器各位的定义如下：

	D7	D6	D5	D4	D3	D2	D1	D0	
TCON	TF1	TR1	TF0	TR0	IE1	IT1	IE0	IT0	88H

其中：

TF0(TF1)：为 T0(T1) 定时器溢出中断标志位。当 T0(T1) 计数溢出时，由硬件置位，并在允许中断的情况下，发出中断请求信号。当 CPU 响应中断转向中断服务程序时，由硬件自动将该位清 0。该标志位可由软件查询，也可用软件清 0 或置 1。

TR0(TR1)：为 T0(T1) 运行控制位。当 TR0(TR1) = 1 时，启动 T0(T1)；TR0(TR1) = 0 时，关闭 T0(T1)。该位由软件进行设置。

TCON 的低 4 位与外部中断有关，可参阅中断系统一节的有关内容。

TMOD 和 TCON 寄存器在复位时都被清 0。

3. 定时/计数器的工作模式

MCS—51 单片机的定时/计数器有 4 种工作模式，分别由 TMOD 寄存器中的 M1、M0 两位的二进制编码所决定。

1）模式 0

令 TMOD 的两位模式控制位 M1 和 M2 都写入 0，也即当 M1 M0 = 00 时，定时/计数器设定为工作模式 0。定时/计数器 T0 和 T1 的模式 0 都是相同的，以下仅以 T0 为例，其逻辑结构如图 5.3 所示。在此工作模式下，T0 构成一个 13 位的计数器，由 TH0 的 8 位和 TL0 的低 5 位组成，TL0 的高 3 位未用，满计数值为 2^{13}。T0 启动后立即加 1 计数，当 TL0 的低 5 位计数溢出时向 TH0 进位，TH0 计数溢出则对相应的溢出标志位 TF0 置位，以此作为定时器溢出中断标志。当单片机进入中断服务程序时，由内部硬件自动清除该标志。

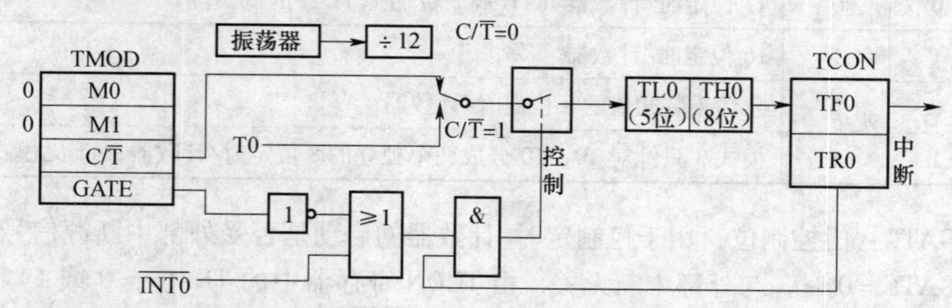

图 5.3　定时/计数器模式 0 的逻辑结构图

由图 5.3 知，当选择了定时或计数工作方式后，定时/计数脉冲却不一定能到达计数器端，中间还有一个控制开关，显然这个开关不合上，计数脉冲就没法过去。GATE = 0 时，分析一下逻辑，GATE 非后是 1，进入或门，或门总是输出 1，和或门的另一个输入端 $\overline{INT0}$ 无关，在这种情况下，开关的打开、合上只取决于 TR0，只要 TR0 是 1，开关就合上，计数脉冲得以畅通无阻，而如果 TR0 等于 0 则开关打开，计数脉冲无法通过，因此定时/计数是否工作，只取决于 TR0。GATE =1，在此种情况下，计数脉冲通路上的开关不仅要由 TR0 来控制，而且还要受到 $\overline{INT0}$ 引脚的控制，只有 TR0 为 1，且 INT0 引脚也是高电平，开关才合上，计数脉冲才得以通过。

2）模式 1

当 M1 M0 =01 时，定时/计数器设定为工作模式 1。定时/计数器 T0 和 T1 的模式 1 都是相同的，以下仅以 T0 为例。在此工作模式下，T0 构成 16 位定时/计数器，其中 TH0 作为高 8 位，TL0 作为低 8 位，满计数值为 2^{16}，其余同模式 0 类似。其逻辑结构如图 5.4 所示。

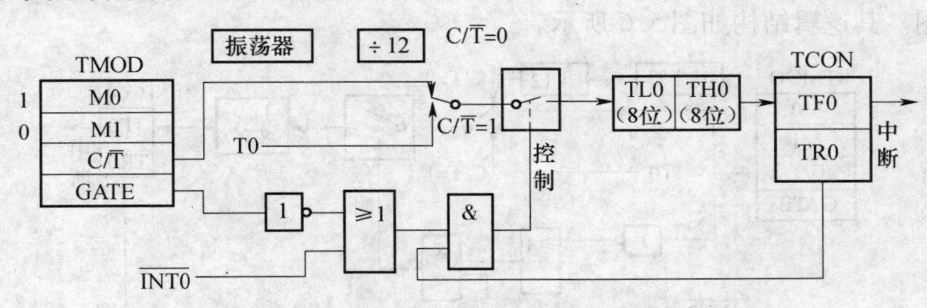

图 5.4　定时/计数器模式 1 的逻辑结构图

3）模式 2

当 M1 M0 =10 时，定时/计数器工作在模式 2，构成 1 个自动重装载的定时/计数器，满计数值为 2^8。定时/计数器 T0 和 T1 的模式 1 都是相同的，仍以 T0 为例，在模式 0 和模式 1 中，当计数满后，若要进行下一次定时/计数，需用软件向 TH0 和 TL0 重新预置计数初值。在模式 2 中 TH0 和 TL0 被当作两个 8 位计数器，计数过程中，TH0 寄存 8 位初值并保持不变，由 TL0 进行 8 位计数。计数溢出时，除产生溢出中断请求外，还自动将 TH0 中的初值重新装到 TL0 中去，即重装载。

除此之外，模式 2 也同方式 0 类似。其逻辑结构如图 5.5 所示。

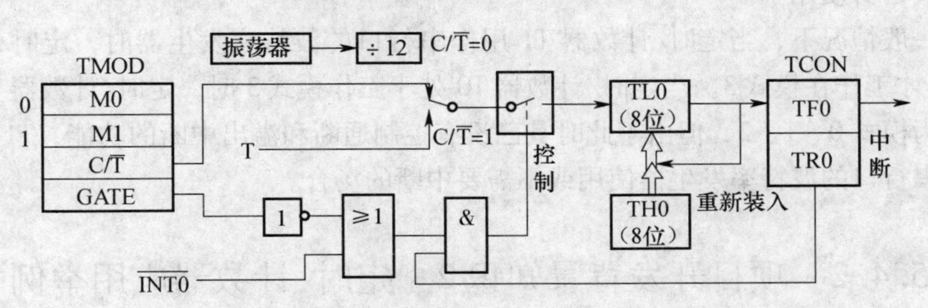

图 5.5　定时/计数器模式 2 的逻辑结构图

如图 5.5 所示，每当计数溢出，就会打开 T0 的高、低 8 位之间的开关，预置数进入低 8 位。这个动作由硬件自动完成的，不需要由人工干预。通常这种工作模式用于波特率发生器（将在串行接口中讲解），用于这种用途时，定时器就是为了提供一个时间基准。计数溢出后不需要做事情，要做的仅仅只有一件，就是重新装入预置数，再开始计数，而且中间不要任何延迟。

4）模式 3

模式 3 只适用于定时/计数器 T0。当定时/计数器 T1 处于模式 3 时相当于 TR1 = 0，停止计数。

这种工作模式之下，定时/计数器 T0 被拆成 2 个独立的定时/计数器来用。其中，TL0 可以构成 8 位的定时器或计数器的工作方式，而 TH0 则只能作为定时器来用。其逻辑结构如图 5.6 所示。

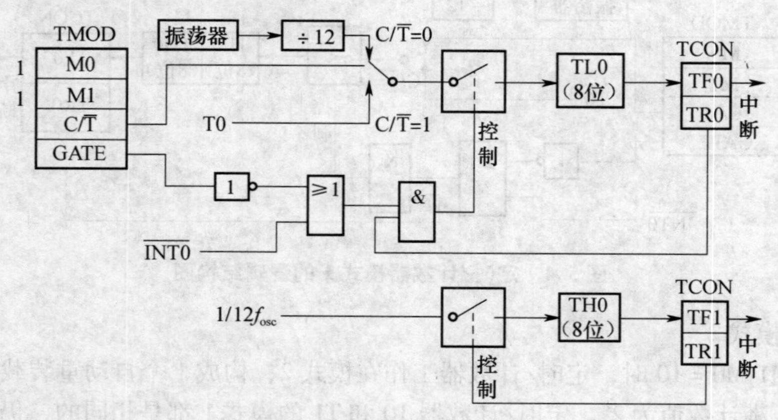

图 5.6　定时/计数器模式 3 的逻辑结构图

TL0 占用了定时/计数器 T0 所使用的控制位（C/T̄、GATE、TR0、TF0），其功能和操作与模式 0 或模式 1 完全相同；TH0 作定时器使用时，借用了定时/计数器 T1 的两个控制信号 TR1 和 TF1 作为通断控制和溢出标志，并同时占用定时/计数器 1 的中断入口。而定时/计数器 T1 此种情况下，就没有标志和控制信号供其自身使用了。

一般情况下，当定时/计数器 T1 用作串行口的波特率发生器时，定时/计数器 T0 才工作在模式3。当定时/计数器 T0 处于工作模式 3 时，定时/计数器 T1 可工作为模式 0、1、2，但由于此时其已没有控制通断和溢出中断的功能，T1 只能作为串行口的波特率发生器使用或不需要中断的场合。

5.4.2　项目开发背景知识 2　定时/计数器应用举例

由于 MCS—51 单片机的定时/计数器是可编程的，因此在使用之前需要进行初始化。在编程时主要注意两点：第一要能正确写入控制字；第二能进行计数初值的计算。一般情况下，包括以下几个步骤：

①确定工作模式，即对 TMOD 寄存器进行赋值。

②计算计数初值，并写入寄存器 TH0、TL0 或 TH1、TL1 中。

③根据需要，置位 ETx 允许定时器中断。

④根据需要，置位 EA 使 CPU 开中断。

⑤置位 TRx 启动计数。

[例 5.1] 利用定时/计数器 T0 通过 P1.0 引脚输出周期为 2 ms 的方波，设单片机晶振频率为 6 MHz。试确定计数初值、TMOD 内容及编制相应程序。

若要产生周期为 2 ms 的方波，只要每 1 ms 将信号的幅值由 0 变到 1 或由 1 变到 0 即可，可采用取反指令 CPL 来实现。为了提高 CPU 的效率，可采用定时中断的方式，每 1 ms 产生一次中断，在中断服务程序中将输出信号取反即可。定时器 T0 的中断入口地址为 000BH。对于定时 1 ms 来说，用定时器模式 0（13 位定时器）就可实现。

①计算定时/计数初值：

定时 1 ms 的初值：

因为机器周期 = 12 ÷ 6 MHz = 2 μs

所以 1 ms 内 T0 需要计数 N 次：

$N = 1\ \text{ms} \div 2\ \mu\text{s} = 500$

由此可知：使用模式 0 的 13 位计数器即可，T0 的初值 X 为

$X = M - N = 2^{13} - 500 = 8\,192 - 500 = 7\,692 = 1E0CH = 0001111000001100B$

但是，因为是 13 位计数器中，故最高 3 位未用为 0，13 位二进制数中低 5 位送 TL0，剩余的高 8 位送 TH0，则 T0 的初值调整为 TH0 = 0F0H，TL0 = 0CH

②确定 TMOD 方式字：

对于定时器 T0 来说，M1 M0 = 00H、C/T = 0、GATE = 0。定时器 T1 不用，取为全 0。于是 TMOD = 00000000B = 00H

③TCON 初始化：启动 TR0 = 1；IE 初始化：开放中断 EA = 1，定时器 T0 中断允许 ET0 = 1

程序清单如下：

```
ORG     0000H
AJMP    START                   ;复位入口
ORG     000BH
AJMP    T0INT                   ;T0 中断入口
ORG     0030H
START:MOV      SP,#60H          ;初始化程序
MOV     TH0,#0F0H               ;T0 赋初值
MOV     TL0,#0CH
```

```
MOV     TMOD,#00H           ;置 T0 为模式 0
SETB    TR0                 ;启动 T0
SETB    ET0                 ;开 T0 中断
SETB    EA                  ;开总允许中断
MAIN: AJMP    MAIN          ;主程序
T0INT:CPL     P1.0
MOV     TL0,#0CH
MOV     TH0,#0F0H
RETI
```

若用查询方式产生所要求的方波。则所编程序和上面的很相似，不同之处为不需要中断和中断服务程序。查询的对象是定时器 T0 的溢出标志 TF0，在计数过程中，TF0 为 0；当定时时间到，计数器溢出使 TF0 置 1。由于未采用中断，TF0 置 1 后不会自动复位为 0，故需用指令使 TF0 复位为 0。程序清单如下：

```
MOV     TMOD,#00H           ;置定时器 T0 为模式 0
MOV     TH0,#0F0H           ;设置计数初值
MOV     TL0,#0CH
MOV     IE,#00H             ;禁止中断
SETB    TR0                 ;启动 T0 定时
LOOP: JBC     TF0,LOOP1     ;查询计数溢出
SJMP    LOOP                ;TF0 = 0,则反复查询
LOOP1:CPL     P1.0          ;输出方波
CLR     TF0                 ;清溢出标志 TF0 为 0
MOV     TH0,#0F0H           ;重新装入计数初值
MOV     TL0,#0CH
SJMP    LOOP                ;重复循环
```

[例 5.2] 已知某生产线的传送带上不断地有产品单向传送，产品之间有较大间隔。使用光电开关统计一定时间内的产品个数。假定红灯灭时停止统计，红灯亮时才在上次统计结果的基础上继续统计，试用单片机定时/计数器 T1 的模式 1 完成该项产品的计数任务。

图 5.7 给出了完成产品计数任务的硬件简化电路图，为了消除单片机 P3.5 和 P3.3 两个引脚上外加信号前后沿抖动的现象，在两脚外部分别加了硬件消抖滤波电路，以提高计数可靠性。

①初始化：TMOD = 11010000B = 0D0H(GATE = 1，C/T = 1，M1M0 = 01)；TCON = 00H(初始化时应暂时关闭 T1，并且清除中断标志位 TF1)。

②T1 在模式 1 时，溢出产生中断，且计数器回零，故在中断服务程序中，需用 R0 计数中断次数，以保护累积计数结果。

③只有在初始化程序结束时才能启动 T1 计数，开 T1 中断。

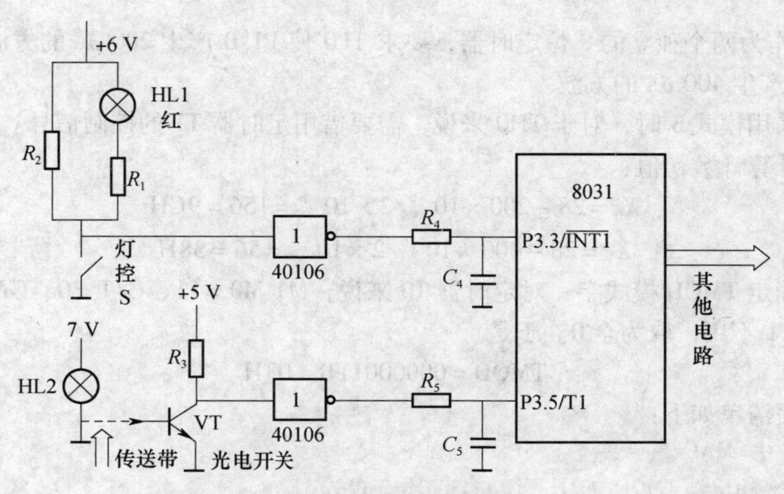

图 5.7　硬件原理图

程序清单如下：

```
ORG      0000H
AJMP    START                    ;复位入口
ORG      001BH
AJMP    T1INT                    ;T1 中断入口
ORG      0100H
START:MOV   SP,#30H              ;初始化程序
MOV   TCON,#00H
MOV   TMOD,#0D0H
MOV   TH1,#00H
MOV   TL1,#00H
MOV   R0, #00H                   ;清中断次数计数单元
MOV   P3,#28H                    ;设置 P3 口相应位为输入输出口
SETB   TR1                       ;启动 T1
SETB   ET1                       ;开 T1 中断
SETB   EA                        ;开总中断
MAIN:ACALL   DISP                ;主程序,调显示子程序
...
ORG   1000H
T1INT:INC   R0                   ;中断服务子程序
RETI
DISP:    ...                     ;显示子程序
RET
```

注意：模式 1 与模式 0 基本相同，只是模式 1 改用了 16 位计数器。要求定时周期较长时，13 位计数器不够用，可改用 16 位计数器。

[例 5.3] 设单片机晶振频率为 6 MHz，定时/计数器 T0 工作于模式 3，TL0

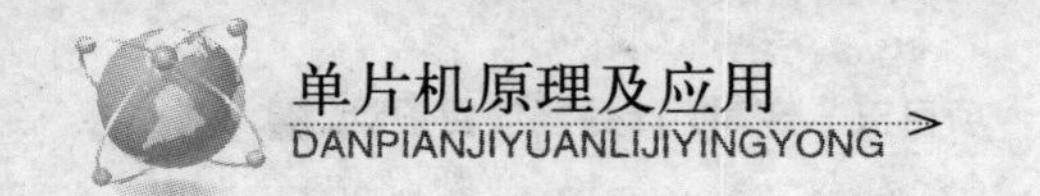

和 TH0 作为两个独立的 8 位定时器，要求 TL0 使 P1.0 产生 200 μs 的方波，TH0 使 P1.1 产生 400 μs 的方波。

当采用模式 3 时，对于 TH0 来说，需要借用定时器 T1 的控制信号。

①计算计数初值：

$$X_0 = 28 - 200 \times 10^{-6}/2 \times 10^{-6} = 156 = 9CH$$

$$X_1 = 28 - 400 \times 10^{-6}/2 \times 10^{-6} = 56 = 38H$$

②确定 TMOD 模式字：对定时器 T0 来说，M1 M0 = 11、C/T = 0、GATE = 0，定时器 T1 不用，取为全 0。于是

$$TMOD = 00000011B = 03H$$

程序清单如下：

```
ORG     MAIN                    ;主程序
MAIN:MOV    TMOD,#03H           ;T1 工作于模式 3
MOV     TL0,#9CH                ;置计数初值
MOV     TH0,#38H
SETB    EA                      ;CPU 开中断
SETB    ET0                     ;允许 T0 中断(用于 TL0)
SETB    ET1                     ;允许 T1 中断(用于 TH0)
SETB    TR0                     ;启动 TL0
SETB    TR1                     ;启动 TH0
HALT:SJMP   HALT                ;暂停,等待中断
ORG     000BH                   ;TL0 中断服务程序
CPL     P1.0                    ;P1.0 取反
MOV     TL0,#9CH                ;重新装入计数初值
RETI                            ;中断返回
ORG     001BH                   ;TH0 中断服务程序
CPL     P1.1                    ;P1.1 取反
MOV     TH0,#38H                ;重新装入计数初值
RETI                            ;中断返回
```

注意：当采用模式 0、1、3 时，只要不关闭定时/计数器，那么每当计数器回 0 溢出时，都需要重新装入计数初值，以保证计数值不变。而模式 2 是定时器自动重装载的操作方式，在模式 2 下，定时/计数器的工作过程与模式 0、模式 1 基本相同，只不过在溢出的同时，将 8 位二进制初值自动重装载，即在中断服务子程序中，不需要编程送初值，这里不再举例。

[例 5.4] 利用 T1 门控位测试 $\overline{INT0}$ 引脚上出现的正脉冲的宽度，并以机器周期数的形式显示在显示器上。

根据要求可这样设计程序：将 T1 设定为模式 1，GATE1 设为 1，置 TR1 为 1。一旦 $\overline{INT0}$(P3.2) 引脚上出现高电平即开始计数，直至出现低电平，停止计数，然后读取 T1 的计数值并显示。

测试过程如图 5.8 所示。

图 5.8　外部正脉冲宽度测量

程序清单如下：

```
ORG      0100H
BEGIN:MOV      SP,#30H            ;初始化程序
MOV      TMOD,#90H                ;T1 工作于模式 1,GATE 置 1
MOV      TL1,#00H
MOV      TH1,#00H
WAIT1:JB         P3.2,WAIT1       ;等待 INT0 变低
SETB     TR1                      ;启动 T1
WAIT2:JNB        P3.2,WAIT2       ;等待正脉冲到
WAIT3:JB         P3.2,WAIT3       ;等待 INT0 变低
CLR      TR1                      ;停止 T1 计数
MOV      R0,#DISBUF               ;显示缓冲区首地址送 R0
MOV      A,TL1                    ;T1 值送显示
XCHD     A,@R0
INC      R0
SWAP     A
XCHD     A,@R0
INC      R0
MOV      A,TH1
XCHD     A,@R0
INC      R0
SWAP     A
XCHD     A,@R0
DIS:LCALL      DISUP              ;长调用显示子程序
AJMP     DIS                      ;重复显示机器周期数,无显示器可检查缓冲器的内容
```

5.5　项目实施

5.5.1　硬件设计

在硬件设计之前，读者需要按照表 5.2 准备好本项目所需要的器件清单。

表 5.2　器件清单表

序号	名称	器件	类别
1	C_1，C_2	30 pF 电容	电容
2	U_1	AT89C51	集成电路
3	D_1，D_4，D_6	LED-YELLOW	LED 发光二极管
4	D_2，D_5，D_7	LED-GREEN 码管	LED 发光二极管
5	D_3，D_8	LED-RED	LED 发光二极管
6	X_1	6 MHz CRYSTAL	晶振

本项目的硬件连线如图 5.9 所示。

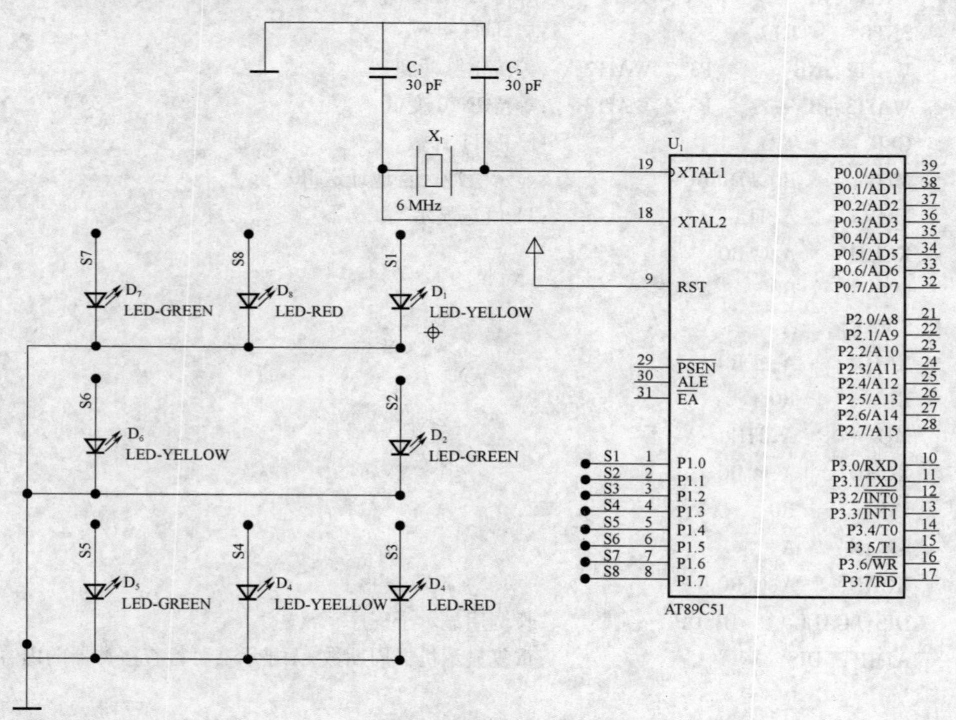

图 5.9　项目的硬件原理图

5.5.2　软件设计

软件程序设计前，读者必须先计算出定时器的基本参数：定时常数和工作模式寄存器 TMOD 的值。

1）时间常数的计算

设时间常数为 X，利用公式

$$(2^N - X) \times 机器周期 = 定时时间$$

要计算时间常数 X，读者必须已知单片机晶振的工作频率、定时器工作方式（可以决定 N 的值）和欲定时的时间。

在此项目中，利用定时器 T0 在晶振 6 MHz 的条件下实现 100 ms 的定时，只能使用工作方式 1 才能实现 100 ms 的定时，工作方式 1 的计数器位数为 16，即 $N=16$。

$$(2^{16} - X) \times 2\ \mu s = 100\ ms$$

$$(65\,536 - X) \times 2\ \mu s = 100\,000\ \mu s$$

$$65\,536 - X = 50\,000$$

$$X = 15\,536$$

$$X = 3CB0H$$

即得到 TH0 =3CH，TL0 =0B0H。

2）TMOD 的初值

在该项目中仅用到了 T0 的工作方式 1，因此

T1				T0			
GATE	C/T	M1	M0	GATE	C/T	M1	M0
0	0	0	0	0	0	0	1

TMOD 的值为 0000 0001B，即 01H

3）汇编源程序代码

```
    ORG 0000H                      ;程序起始地址
    SJMP MAIN                      ;跳转主程序
    ORG 000BH                      ;定时器 0 的中断入口地址
    SJMP TIME0                     ;每 100 ms 执行定时器中断服务程序 TIME0

MAIN:                              ;主程序
    MOV A,#0AAH                    ;灯的初始状态 1010 1010B
    MOV R2,#10                     ;计数器的初始值为 10
    MOV TMOD,#01H                  ;定时器 T0 的工作方式 1
    MOV TH0,#3CH
    MOV TL0,#0B0H                  ;定时常数为 15536
    SETB EA                        ;启动中断总允许
    SETB ET0                       ;设置 T0 中断允许
    SETB TR0                       ;启动 T0 中断,开始计时
LOOP:CJNE R2,#00H,LOOP             ;判断计数器是否为 0
```

```
    MOV R2,#10            ;计数器为0,10次定时中断,达到1秒
    MOV P1,A              ;将A的状态传送到P1口
    RL  A                 ;对寄存器A的值循环左移
    SJMP LOOP             ;程序循环
TIME0:                    ;定时器T0的终端服务程序
    DEC R2                ;每100 ms对计数器R2减1
    MOV TH0,#3CH          ;重新初始化TH0
    MOV TL0,#0B0H         ;重新初始化TL0
    RETI                  ;中断返回
    END                   ;程序结束
```

5.5.3 演示步骤

1）建立项目

打开Proteus仿真软件，首先建立本实验的项目文件。

2）硬件及软件设计

按照单片机最小应用系统连接电路。选取三种颜色8个LED发光二极管，按照图5.9摆放好位置，本项目的连线中使用了网络标记，读者需注意P1口的网络标记与D_1 ~ D_8相对应，设置网络标记S1、S2、S3、S4、S5、S6、S7、S8，并在单片机P1口的8位P1.0 ~ P1.7设置S1、S2、S3、S4、S5、S6、S7、S8网络标记。设置完器件连线后，接着添加源程序，进行编译，直到编译无误。

3）调试

单击【调试|开始/重新启动调试】菜单项，单击执行按钮后，每1秒钟8个彩灯的图形发生一次变化，如图5.10所示。

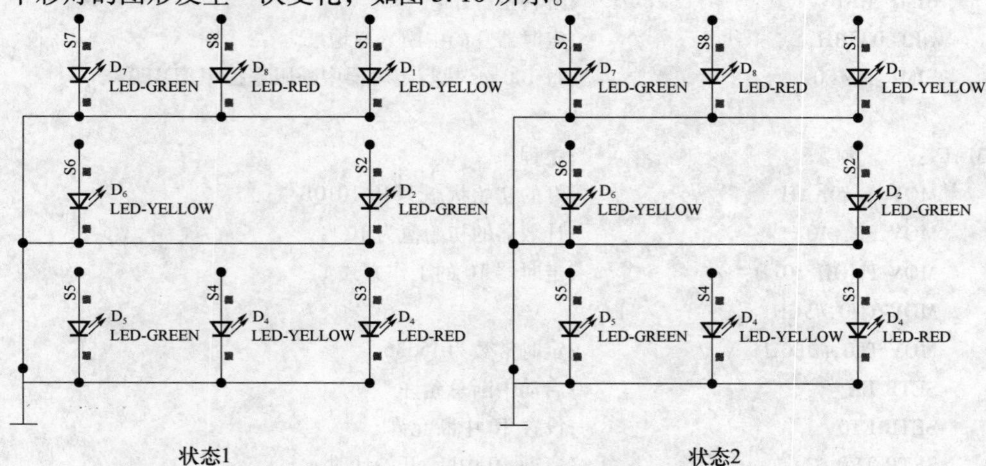

图5.10　项目五的运行状态

思考与练习 <<<

1. 写出定时/计数器在4种不同工作模式下，每一种工作模式对应的最大计数值，如果单片机主振频率为12 MHz，试分析其各自的最大定时间隔时间（计数器一次装载最大定时时间）。

2. 编写8051单片机定时器的初始化程序。要求如下：(1) T0作为计数，计满100溢出；(2) T1作为定时，定时时间为10 ms。

3. 利用定时器输出1 kHz的方波。设单片机主振频率为6 MHz。

4. 8051单片机主振频率为12 MHz，在P1.0引脚上接有一个发光二极管，如用T0定时，每1 s控制该灯亮一次，一直循环下去。试编制相关程序。

5. 假设有一个用户系统中已使用了两个外部中断源，并置定时器T1于模式2，作为串行口波特率发生器用，现要求再增加一个外部中断源，并由P1.0口输出一个5 kHz的方波（假设晶振频率为6 MHz）。试编制相关程序。

提示：在不增加其他硬件开销时，可把定时计数器T0置于工作模式3，利用外部引脚T0端作附加的外部中断输入端，把TL0预置为0FFH，这样在T0端出现由1至0的负跳变时，TL0立即溢出，申请中断，相当于边沿激活的外部中断源。在模式3下，TH0总是作8位定时器用，可以靠它来控制由P1.0输出的5 kHz方波。

项目六　RS—232 串口通信项目设计

6.1　项目概述

MCS—51 单片机内部有 1 个功能很强的全双工串行口，可同时发送和接收数据。它有 4 种工作方式，可供不同场合使用。波特率由软件设置，通过片内的定时/计数器产生，接收、发送均可工作在查询方式或中断方式，使用十分灵活。MCS—51 的串行口除了用于数据通信外，还可以非常方便地构成 1 个或多个并行输入/输出口，或作串并转换，用来驱动键盘与显示器。

本项目的任务是将相距很近的甲乙两个 8051 单片机应用系统的串行口直接连接起来，以实现全双工的双机通信实现两台单片机之间的串行通信功能。项目中的甲单片机实现计数功能，并能将计数结果通过串行口发送给乙单片机；乙单片机将所获取的数字显示到七段数码管。

6.2　项目要求

（1）甲单片机能够获取外部中断，实现计数功能，计数器的取值范围为0 ~ 15。

（2）甲单片机完成发送方的任务，利用 TXD 将计数结果发送给乙单片机。

（3）乙单片机为接收方，利用 RXD 将接收到的数字传送给 A，以便于输出到本机的 P0 口。

（4）乙单片机的 P0 口通过 74HC573 与一个七段数码管相连接，将接收到的数字以 16 进制的形式显示到七段数码管。

6.3 项目目的

本项目的目的是令读者了解单片机通信项目的开发流程，在项目设计过程中了解串行通信协议，熟悉单片机的串行通信的工作方式，熟练掌握利用中断实现通信程序的设计方法，能够利用伟福6000和Protues工具软件实现串行通信仿真。

6.4 项目支撑知识

6.4.1 项目开发背景知识1 计算机串行通信概念及接口标准

MCS—51单片机串行口的结构如图6.1所示。它主要由两个串行数据缓冲器(SBUF)、发送控制器、发送端口、接收控制器和接收端口等组成。串行口的工作方式和波特率由专用寄存器SCON和PCON控制。

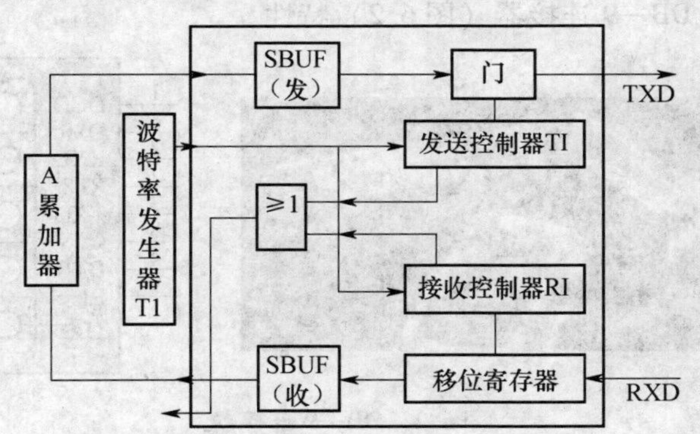

图6.1 MCS—51单片机串行口的结构图

1. RS—232—C标准

RS—232是IBM—PC及其兼容机上的串行接口标准协议。RS—232C标准(协议)的全称是EIA—RS—232C标准，其中EIA代表美国电子工业协会，RS代表推荐标准，232是标识号。它规定连接电缆和机械、电气特性、信号功能及传送过程。常用物理标准还有RS—422—A、RS—423A、RS—485。这里只介绍RS—232—C(简称232，RS232)。目前在IBM PC机上的COM1、COM2接口，就是RS—232—C接口。

RS—232—C接口可用于许多用途，比如连接鼠标、打印机或者Modem，时也可以接工业仪器仪表，通常单片机与PC通信采用串口。

EIA—RS—232C 对电器特性、逻辑电平和各种信号线功能都作了规定。RS—232—C 采用负逻辑规定逻辑电平。

在数据线上：逻辑 1 = -15 ~ -3 V；逻辑 0 = +3 ~ +15 V；

在控制线上：信号有效（接通，ON 状态，正电压） = +3 ~ +15 V；信号无效（断开，OFF 状态，负电压） = -15 ~ -3 V。

EIA—RS—232C 是用正负电压来表示逻辑状态，与 TTL 以高低电平表示逻辑状态的规定不同。因此，为了能够实现计算机接口或终端的 TTL 器件连接，或单片机遇 PC 机通信，必须在 EIA—RS—232C 与 TTL 电路之间进行电平和逻辑关系的变换。实现这种变换的方法可用分立元件，也可用集成电路芯片。目前较为广泛地使用集成电路转换器件，如 MC1488、SN75150 芯片可完成 TTL 电平到 EIA 电平的转换，而 MC1489、SN75154 可实现 EIA 电平到 TTL 电平的转换。MAX232 芯片可完成 TTL 与 EIA 的双向电平转换。因此，在单片机与 PC 机通信的连接电路设计中通常采用 MAX232 芯片。

2. 接口特性

串行通信接口协议 RS—232C 并未定义连接器的物理特性，因此，出现了 DB—25、DB—15 和 DB—9 各种类型的连接器，其引脚的定义也各不相同。这里只介绍最常用的 DB—9 连接器（图 6.2）特性。

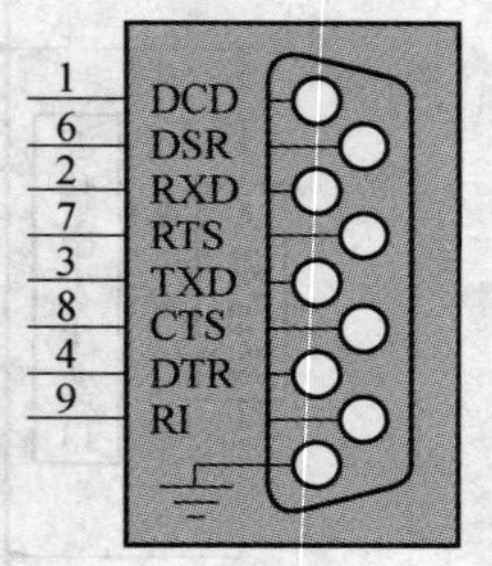

图 6.2 DB—9 连接器

在 AT 机及以后，使用 DB—9 连接器，作为提供多功能 I/O 卡或主板上 COM_1 和 COM_2 两个串行接口的连接器。它只提供异步通信的 9 个信号。在通信速率低于 20 KB/s 时，RS—232—C 所直接连接的最大物理距离为 15 m（50 英尺）。驱动器的负载电容应小于 2 500 pF。

DB—9 接口的功能特性如表 6.1 所示。

表 6.1 DB—9 接口的功能特性

总线类型	引脚序号及名称	功能
数据	TXD(pin 3)	串口数据输出
	RXD(pin 2)	串口数据输入

续表

总线类型	引脚序号及名称	功能
握手	RTS(pin 7)	发送数据请求
	CTS(pin 8)	清除发送
	DSR(pin 6)	数据发送就绪
	DCD(pin 1)	数据载波检测
	DTR(pin 4)	数据终端就绪
地线	GND(pin 5)	地线
其他	RI(pin 9)	铃声指示

当通信距离较近时，通信双方可以直接连接，这种情况下，只需使用少数几根信号线。最简单的情况，在通信中根本不需要 RS—232—C 的控制联络信号，只需 3 根线（发送线、接收线、信号地线）便可实现全双工异步串行通信，即这里要讨论的第一种情况。实际应用中，当使用 9 600 bit/s，普通双绞屏蔽线时，距离可达 30 ~ 35 m。

3. 最简连线（三线制）

图 6.3 是零 MODEM 最简单连接方式（即三线连接），图中的 2 号线与 3 号线交叉连接是因为在直连方式时，把通信双方都当作数据终端设备看待，双方都可发也可收。在这种方式下，通信双方的任何一方，只要请求发送 RTS 有效和数据终端准备好 DTR 有效就能开始发送和接收。

（1）RTS 与 CTS 互连：只要请求发送，立即得到允许。

（2）DTR 与 DSR 互连：只要本端准备好，认为本端立即可以接收（DSR、数传机准备好）。

4. 标准连接

如果想在直接连接时，考虑到 RS—232—C 的联络控制信号，则采用零 MODEM 方式的标准连接方法，零 MODEM 的标准连接（7 线制）如图 6.4 所示。从图中可以看出，RS—232C 接口标准定义的所有信号线都用到了，并且是按照 DTE（数据终端设备）和 DCE（数据端接设备）之间信息交换协议的要求进行连接的，只不过是把 DTE 自己发出的信号线送过来，当作对方 DCE 发来的信号，因此，又把这种连接称为双叉环回接口。双方的握手信号关系如下。

（1）当甲方的 DTE 准备好，发出 DTR 信号，该信号直接联至乙方的 RI（振铃信号）和 DSR（数传机准备好）。即只要甲方准备好，乙方立即产生呼叫（RI）有效，并同时准备好（DSR）。尽管此时乙方并不存在 DCE。

（2）甲方的 RTS 和 CTS 相连，并与乙方的 DCD 互连。即一旦甲方请求发送（RTS），便立即得到允许（CTS），同时，使乙方的 DCD 有效，即检测到载波信号。

（3）甲方的 TXD 与乙方的 RXD 相连，一发一收。

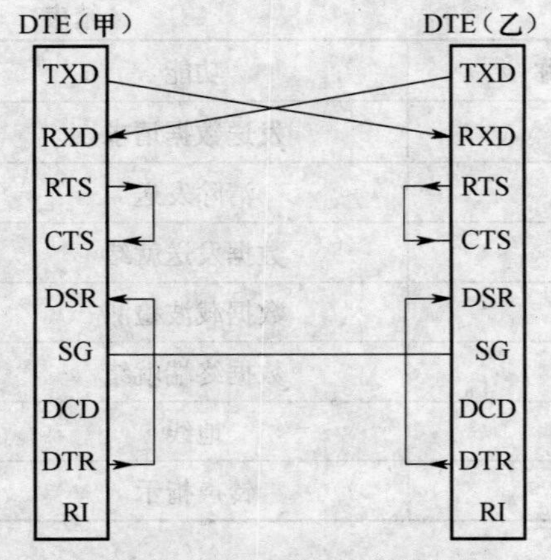

图 6.3　零 MODEM 三线连接方式

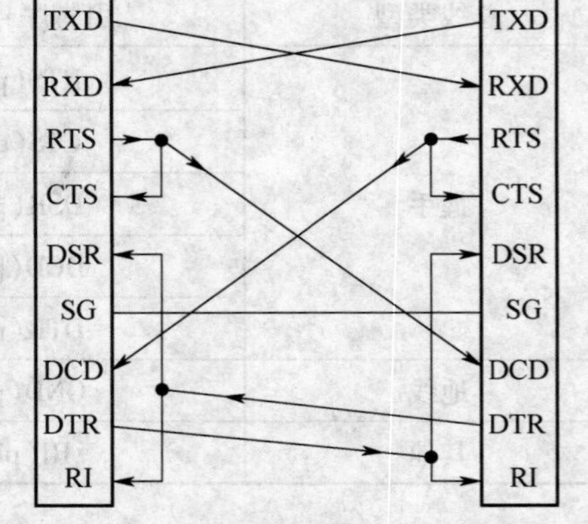

图 6.4　零 MODEM 标准连接方式

5. 电平转换

在单片机与 PC 机通信中常采用集成电路 MAX232 芯片进行信号电平转换。单片机与 MAX232 的连接接口如图 6.5 所示。

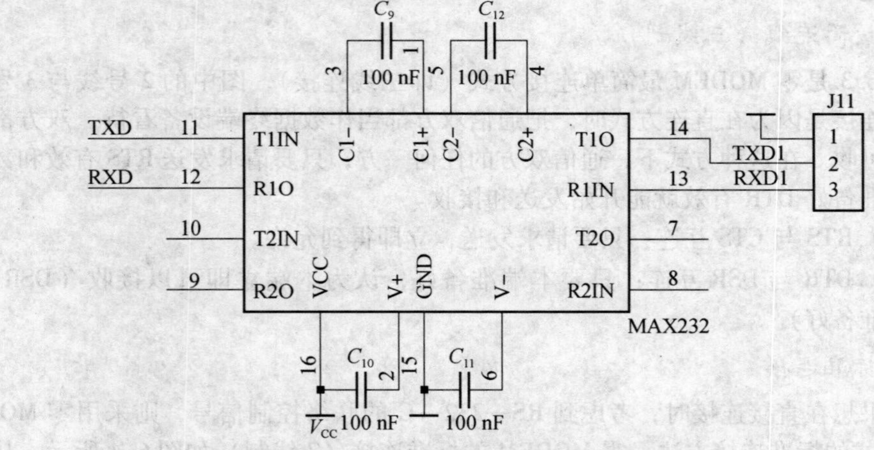

图 6.5　单片机与 MAX232 的连接接口

通常在使用要求不高时，一般采用“三线制”连接，即直接连接两条信号线和地线，其连接方式如图 6.6 所示。

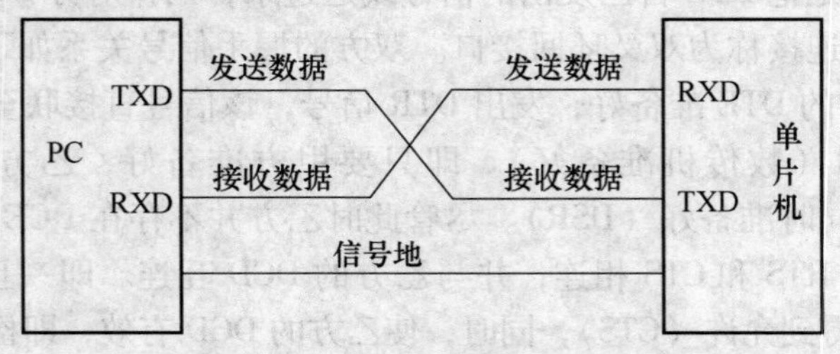

图 6.6　“三线制”连接方式

6. 传输方式

常用于数据通信的传输方式有单工、半双工、全双工方式。

单工方式：数据仅按一个固定方向传送。因而这种传输方式的用途有限，常用于串行口的打印数据传输与简单系统间的数据采集。

半双工方式：数据可实现双向传送，但不能同时进行，实际的应用采用某种协议实现收/发开关转换。

全双工方式：允许双方同时进行数据双向传送，但一般全双工传输方式的线路和设备较复杂。

单片机由于具有两个独立的端口 RXD(P3.0) 和 TXD(P3.1)，因此可以实现双工异步串行通信。

6.4.2 项目开发背景知识2 89C51单片机串行接口

1. 串行口的工作方式

串行口的工作方式由特殊功能寄存器 SCON 中的 SM0、SM1 位定义，编码和功能如下表所示。

表 6.2 串行口的工作方式设置

SM0	SM1	方式	功能说明
0	0	0	移位寄存器方式（用于扩展 I/O 口）
0	1	1	8 位 UART，波特率可变，T1 溢出率/n
1	0	2	9 位 UART，波特率为 fosc/64 或 fosc/32
1	1	3	9 位 UART，波特率可变，T1 溢出率/n

1）方式0

串行口的工作方式0为移位寄存器输入输出方式，可外接移位寄存器，以扩展 I/O 口，也可外接同步输入输出的设备。在这种工作方式下，RXD 引脚专门负责发送或接收串行数据，TXD 引脚输出移位脉冲，移位脉冲的频率是石英晶体振荡频率（f_{osc}）的 12 分频，时序波形如图 6.7 所示。

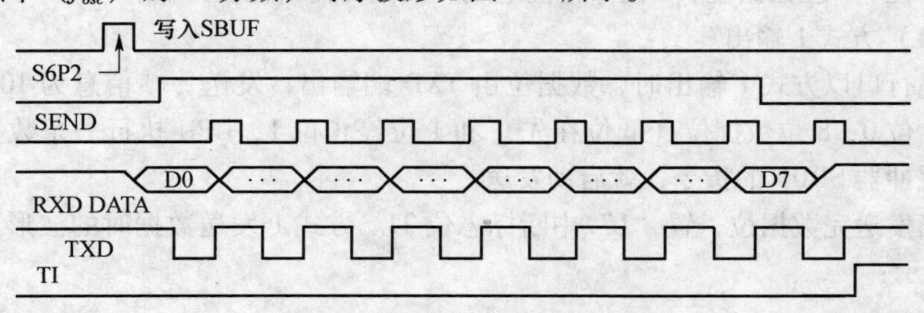

图 6.7 接收时序图

当一个数据写入串行口发送缓冲器时，串行口即将 8 位数据以 $f_{osc}/12$ 的固定波特率从 RXD 引脚输出，低位在先。发送完 8 位数据置“1”中断标志位 TI。

REN 为串行接收器允许接收控制位，REN =0，禁止接收，REN =1，允许接收。当串行口置为方式 0，并置“1” REN 位，串行口处于方式 0 输入。引脚 RXD 为数据输入端，TXD 为移位脉冲信号输出端，接收器也以 $f_{osc}/12$ 的固定波特率采样 RXD 引脚的数据信息，当接收器接收到 8 位数据时置“1”中断标志 RI。波形如图 6.8 所示。

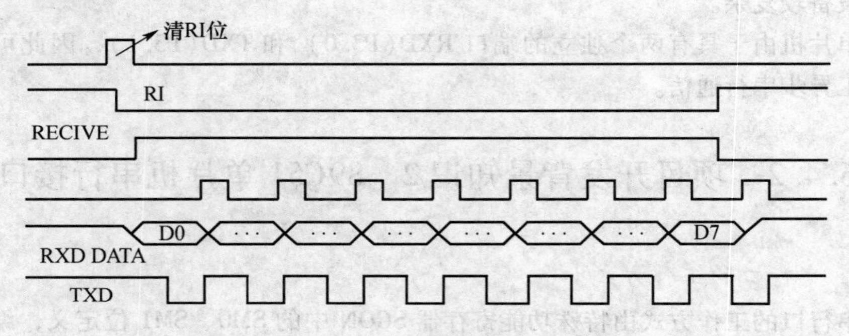

图 6.8　发送时序图

SCON 中的 TB8、RB8 在方式 0 中没用，方式 0 发送或接收完 8 位数据由硬件置“1”TI 或 RI 中断标志位，CPU 响应 TI 或 RI 中断，标志位必须由用户程序清 0。方式 0 时 SM2 位（多机通信控制位）必须为 0。

2）方式 1

SM0、SN1 两位为 01 时，串行口以方式 1 工作。此时串行口的波特率由定时器 T1 和 SMOD 位决定，此时 T1 被设置为工作方式 2。方式 1 的波特率由下式确定：

$$方式1波特率 = \frac{2^{SMOD}}{32} \times 定时器1的溢出率$$

式中，SMOD 为 PCON 寄存器的最高位的值（0 或 1）。

串行口工作在方式 1 时，是 10 位异步传输模式。发送和接收的数据都由 1 个开始位、8 位数据位、1 位停止位组成，数据传输由低位开始。

（1）方式 1 输出。

串行口以方式 1 输出时，数据位由 TXD 端输出，发送一帧信息为 10 位，1 位起始位 0，8 位数据位（低位在先）和 1 位停止位 1，CPU 执行一条数据写入发送缓冲器 SBUF 的指令，就启动发送。

当发送完数据位，置“1”中断标志位 TI。方式 1 发送数据时的波形，如图 6.9 所示：

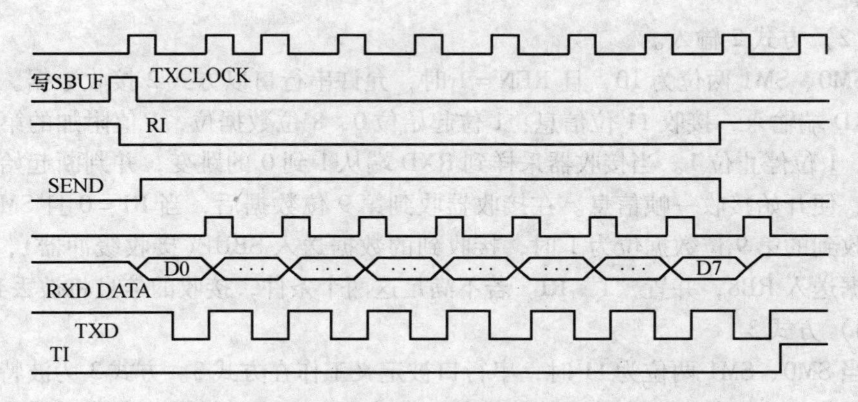

图 6.9　方式 1 发送时序图

（2）方式 1 输入。

串行口以方式 1 输入时（REN = 1，SM0、SM1 = 01），CPU 以所选波特率的 16 倍的速率采样 RXD 引脚状态，当采样到 RXD 端从 1 到 0 的跳变时就启动定时器，接收的是 3 次采样中至少两次相同的位，以保证可靠无误。当检测到起始位有效时，开始接收一帧信息。一帧信息为 10 位，1 位起始位，8 位数据位（先低位，后高位），1 位停止位。当满足 RI = 0 和收到的停止位为 1 或 SM2 = 0 两个条件时，置“1”中断标志 RI。若这两个条件不满足，将信息丢弃。中断标志必须由用户的中断服务程序（或查询程序）清 0，通常情况下，串行口以方式 1 工作时，SM2 = 0。方式 1 接收数据时的波形如图 6. 10 所示。

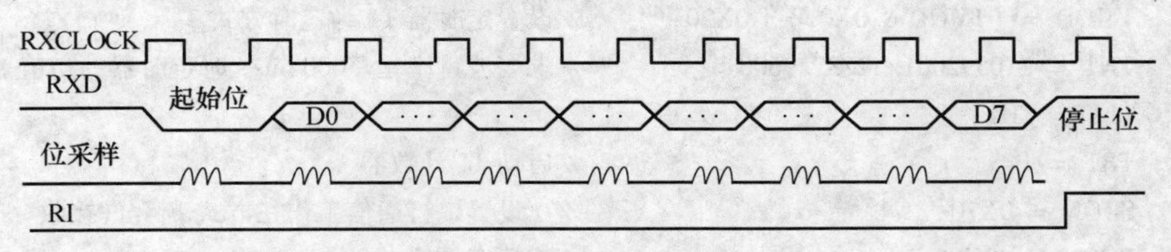

图 6. 10　方式 1 接收时序图

3）方式 2

当 SM0、SM1 两位为 10 时，串行口工作于方式 2，此时串行口被定义为 9 位异步通信接口。方式 2 的波特率由下式确定：

$$方式2波特率 = \frac{2^{SMOD}}{64} \times f_{osc}$$

（1）方式 2 输出。

发送数据由 TXD 端输出，发送一帧信息为 11 位，一位起始位 0，8 位数据位（先低位，后高位），一位可程控为 1 或 0 的第 9 位数据，一位停止位。附加的第 9 位数据即 SCON 中的 TB8（SCON 中 D3 位）的值，TB8 由软件置 1 或清 0，可以作为多机通信中的地址或数据的标志位，也可以作为数据的奇偶校验位。

（2）方式2输入。

SM0、SM1两位为10，且REN=1时，允许串行口以方式2接收数据。数据由RXD端输入，接收11位信息：1位起始位0，8位数据位，1值附加的第9位数据，1位停止位1。当接收器采样到RXD端从1到0的跳变，并判断起始位有效后，便开始接收一帧信息。在接收器收到第9位数据后，当RI=0且SM2=0或接收到的第9位数据位为1时，接收到的数据送入SBUF（接收缓冲器），第9位数据送入RB8，并置“1”RI。若不满足这两个条件，接收的信息将被丢弃。

4）方式3

当SM0、SM1两位为11时，串行口被定义工作在方式3。方式3为波特率可变的9位异步通信方式，除了波待率外，方式3和方式2相同。方式3接收和发送数据的时序波形见图7－10和图7－11。方式3的波特率的计算方法同方式1，都是由定时器T1的溢出率和SMOD位决定。

2. 串行口的初始化

单片机串口初始化需完成单片机串口工作方式选择、波特率设置、波特率发生器设置等基本的设置。如设置单片机晶振为11.059 2 MHz，串口波特率为9 600 bit/s，串口选择工作方式1，定时器配置为工作方式2。初始化程序如下：

```
void Uart_Init(void)
{
TMOD = (TMOD & 0X0F) | 0X20;          //设置定时器T1为定时方式2
TH1 = 11059200L/12/32/9600;           //求当波特率是9 600 bit/s时定时器的初值
TL1 = TH1;
TR1 = 1;                              //启动T1计数器
SCON = 0X70;                          //   设置串行通信工作在方式1,允许接收
PCON |= 0X80;                         //波特率加倍
}
```

3. 通信程序设计

在实际应用当中，通常把PC机作为上位机，通过串口控制多点用于现场实时检测和控制单片机的工作状态，并且接收单片机的检测数据等。本程序实例中，单片机通过串口接收PC机发送的指令信息，并做出相应的响应，控制单片机的工作状态。发送的数据帧类型有3种：启动、停止、复位。单片机接收一帧数据后，首先判断其正确性，再判断其信息功能。成功接收一帧数据后根据数据帧功能给予回应。单片机与PC机通信数据帧格式定义如下。

1）启动设备的帧格式：

帧起始符	地址域	命令字	数据长度	校验和	结束符
68H	01	01H	00H	CS	16H

说明：启动

2）停止设备的帧格式：

帧起始符	地址域	命令字	数据长度	校验和	结束符
68H	01	02H	00H	CS	16H

说明：关闭

3）复位设备的帧格式：

帧起始符	地址域	命令字	数据长度	校验和	结束符
68H	01	0FH	00H	CS	16H

说明：复位

程序说明：单片机通过中断方式接收数据，放入缓冲区，首先对数据帧格式的正确性进行判断，若接收到一帧格式正确的数据，则置接收到正确数据帧标志位 rx_new_data，并在 main 函数中对该帧数据进行解析，判断出帧头和帧尾，并对数据帧的校验和进行判断，以保证接收到正确的数据帧内容。通过对数据帧中关键命令字的判断，解读出本帧数据的功能，并给出所接收到该帧命令的功能提示。当接收到的命令为启动命令时，向 PC 机回传“START”；当接收到的命令为停止命令时，向 PC 机回传“STOP”；当接收到的命令为启动命令时，向 PC 机回传“RST”。

单片机与 PC 通信程序如下：

```
//头文件
#include <REG52.h>
#include <string.h>
#include <Stddef.h>

#define uchar   unsigned char
#define uint    unsigned int

//全局变量定义
static  uchar rx_buf[20];           //接收数据缓存
static  uchar rx_in =0;             //存数据指针
static  uchar CS;                   //校验和
static  uchar CS_add;               //计算校验和
static  uchar p_in;                 //
static  uchar addr =0x01;           //设备地址
static  uchar rx_step = 0;          //接收数据个数计数
static  uchar rx_len;               //DATA 长度
static  uchar rx_new_data;          //接收到新的数据帧
```

```
uchar Recive_Start_OK[10] = {"START"};
uchar Recive_Stop_OK[10] = {"STOP"};
uchar Recive_Rst_OK[10] = {"RST"};
sbit SPK = P1^0;                    //蜂鸣器

void delay_us(uchar num_us)
{
uchar i;
for(i = 0;i < num_us;i ++)
    {
        ;
    }
}

void Uart0_Init(void)
{
    TMOD| = 0X20;
    TH1 = 0XFd;                     //9600BPS    11.0592M
    TL1 = 0XFd;                     //9600BPS    11.0592M
    TR1 = 1;
    SCON = 0X50;
    //PCON& = 0X7F;
    ES = 1;
}

void Uart0_send_char(unsigned char ch)
{
    SBUF = ch;
    while(TI == 0);
    TI = 0;
}

void Uart0_send_string(unsigned char *str,unsigned int strlen)
{
    unsigned int k = 0;
    do
    {
        Uart0_send_char(*(str + k));
        k ++;
```

```
    } while(k < strlen);
}

//数据帧格式:0x68 地址  命令字 DATA 长度 DATACS 0x16
void USART0_interrupt() interrupt 4 using 3
{
uchar ch = 0;
uchar i = 0;
if(RI)
  {
     RI = 0;
     ch = SBUF;
//判断数据帧并接收
      switch (rx_step)
       {
          case 0:
               if (ch == 0x68)                          //帧头接收正确
        rx_buf[0] = ch;                                 //存帧头
              rx_step ++;
              break;
          case 1:
          if (ch == 0x68)                               //判断接下来的字节是不是0x68
           {
            rx_step = 1;                                //是0x68
           }
          else                                          //不是0x68
           {
             rx_step = ((ch == addr) || (ch == 0xFF)) ? 2 : 0; //地址接收正确 rx_step = 2
                                                        //错误 rx_step = 0
                      if(rx_step == 2)                  //地址正确
              {
              rx_buf[1] = ch;                           //存地址
              }
             else                                       //地址不正确
              {
              rx_buf[0] = 0;
              rx_step = 0;
              }
           }
```

```
break;
 case 2:
     rx_buf[2] = ch;                    //命令字
     rx_step ++ ;
     break;
 case 3:
     rx_len = ch;                       //数据长度
     rx_buf[3] = ch;
     p_in = 3;
     rx_step ++ ;
     break;
 case 4:
     for (i =0;i < rx_len;i ++ )        //DATA
     {
      rx_buf[p_in ++ ] = ch;            //接收 rx_len 字节数据
     }
     rx_step ++ ;
     break;
 case 5:
     CS = ch;                           //校验和
     rx_buf[p_in +1] = ch;
   rx_step ++ ;
     break;
   case 6:
       if (0x16 == ch)                  //结束符
       {
          rx_buf[p_in +1] =ch;
   rx_step = 0;                         //接收完毕,清计数
   rx_new_data =1;                      //接收到新的数据帧
       }
       else
           rx_step = 0;
       break;
   default :
       rx_step = 0;
```

```
static volatile uchar rx_buf_proc[15];                    //解包暂存
void USART0_INT_Proc(void)
{
uchar i;
if(1 == rx_new_data)                                       //接收到新的数据帧
    {
    rx_new_data = 0;
    //数据解包
    rx_buf_proc[0] = 0x68;                                 //帧头
    rx_buf_proc[1] = rx_buf[1];                            //帧地址
    rx_buf_proc[2] = rx_buf[2];                            //命令字
    rx_buf_proc[3] = rx_buf[3];                            //DATA 长度
    rx_len = rx_buf[3];
    for(i = 0;i < rx_len;i ++)
        {
         rx_buf_proc[i + 4]  =  rx_buf[i + 4];
        //将 len 字节长度的 DATA 和校验码放入 rx_buf_proc
        }

    CS = rx_buf[rx_len + 4];                               //校验和

    for(i = 0;i < rx_len + 4;i ++)
        {
        CS_add += rx_buf_proc[i];                          //计算接收到的数据的校验和
        }
    //帧处理
    if(CS_add  ==  CS)                                     //校验和正确
        {
         if((addr  ==  rx_buf_proc[1]) || (0xFF  ==  rx_buf_proc[1]))//地址正确
         {
          switch(rx_buf_proc[2])
           {
            case 0x01:                                     //启动命令
            {SPK = 1;
             delay_us(200);
             SPK = 0;
             Uart0_send_string(Recive_Start_OK,6);
```

```
    }
    break;
    case 0x02:                          //停止命令
    {
        SPK = 1;
        delay_us(200);
        SPK = 0;
        Uart0_send_string(Recive_Stop_OK,6);
    }
    break;
    case 0x0F:                          //复位命令
    {
        SPK = 1;
        delay_us(200);
        SPK = 0;
        Uart0_send_string(Recive_Rst_OK,6);
    }
    break;
    default :
        rx_step = 0;
            p_in = 0;
        CS_add = 0;
        CS = 0;
            for(i = 0;i < 21;i ++)          //清数据寄存器
            {
                rx_buf[i] = 0;
                rx_buf_proc[i] = 0;
            }
            break;
    }
}
else                                    //地址不正确
{
rx_step = 0;
    p_in = 0;
CS_add = 0;
CS = 0;
    for(i = 0;i < 21;i ++)              //清数据寄存器
    {
```

```
                rx_buf[i] =0;
                rx_buf_proc[i] =0;
            }
        }
    }
    else                                          //校验和不正确
    {
        rx_step =0;
        p_in =0;
        CS_add =0;
        CS =0;
        for(i =0;i <21;i ++)                      //清数据寄存器
        {
            rx_buf[i] =0;
            rx_buf_proc[i] =0;
        }
    }

  }
}

void main(void)
{
//初始化
Uart0_Init();//

while(1)
  {
    if(rx_new_data ==1)                           //接收到新的数据
    {
        USART0_INT_Proc();                        //处理串口数据帧
    }
    else
    rx_new_data =0;
  }
}
```

6.4.3 项目开发背景知识3 LED数码显示接口

1. LED七段数码显示器的结构与显示段码

LED七段数码显示器是1种由LED发光二极管组合显示字符的显示器件。该器件使用了8个LED发光二极管，其中7个（a、b、c、d、e、f、g段）用于显示字符，1个用于显示小数点dp，通常称之为七段发光二极管数码显示器。其内部结构如图6.11所示。

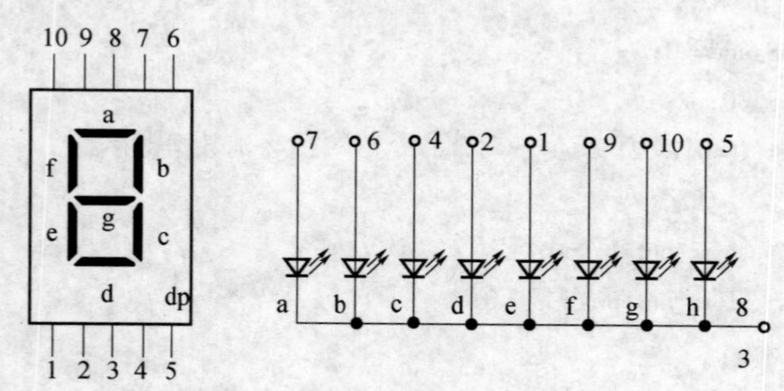

图6.11 七段数码管的引脚图

如图6.12所示，七段LED数码显示器根据LED接法的不同分为共阴和共阳两类连接方法：

（1）共阴极接法。

把发光二极管的阴极连在一起构成公共阴极，使用时公共阴极接地。每个发光二极管的阳极通过电阻与输入端相连，当输入端为高电平“1”时，该发光二极管基于AT89C51单片机的多音阶电子琴设计极管被点亮。

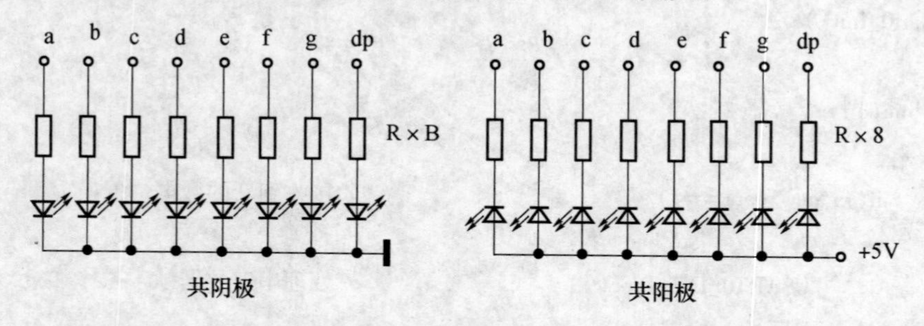

图6.12 七段LED数码管的两种不同接法LED数码显示器的显示段码

（2）共阳极接法

把发光二极管的阳极连在一起构成公共阳极，使用时公共阳极接+5V，每个发光二极管的阴极通过电阻与输入端相连，当输入端为低电平“0”时，该发光二极管被点亮。

为了显示字符，要为 LED 显示器提供显示段码（或称字形代码），各段码位的对应关系如下：

段码位	D7	D6	D5	D4	D3	D2	D1	D0
显示段	dp	g	f	e	d	c	b	a

例如要显示数字“5”，亮的发光二极管为 a、c、d、f、g，当七段数码管为共阴极时，段位码为 01101101，即 6DH；当七段数码管为共阳极时，每个二进制位取反，得到 10010010，即 92H。

为了显示数字或符号，要为 LED 显示器提供显示字形的代码，称之为字形代码。七段发光二极管，再加上一个小数点位，共计八段。提供给 LED 显示器的字形代码正好一个字节。若 a、b、c、d、e、f、g、dp8 个显示段依次对应一个字节的低位到高位，则用共阴极和共阳极的 LED 数码管显示十六进制数时所需的字形代码如表 6.3 所示。

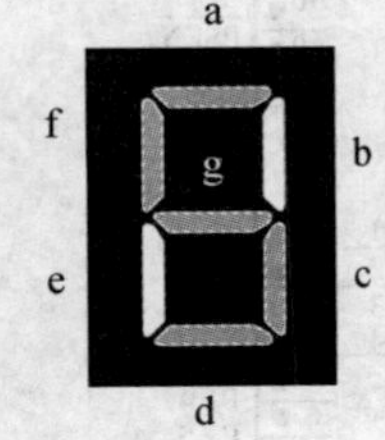

图 6.13　数字"5"的显示图形

表 6.3　十六进制数及空白字符与 P 的显示段码

字形	共阴极字形代码	共阳极字形代码	字形	共阴极字形代码	共阳极字形代码
0	3FH	C0H	9	6FH	90H
1	06H	F9H	A	77H	88H
2	5BH	A4H	b	7CH	83H
字形	共阴极字形代码	共阳极字形代码	字形	共阴极字形代码	共阳极字形代码
3	4FH	B0H	C	39H	C6H
4	66H	99H	d	5EH	A1H
5	6DH	92H	E	79H	86H
6	7DH	82H	F	71H	84H
7	07H	F8H	灭	00H	FFH
8	7FH	80H			

2. LED 数码显示器的接口方法与接口电路

单片机与 LED 数码显示器有以硬件为主和以软件为主的两种接口方法。

1）硬译码接口方法

这种接口方法在共阴极七段数码管的条件下的硬件电路如图 6.14 所示。

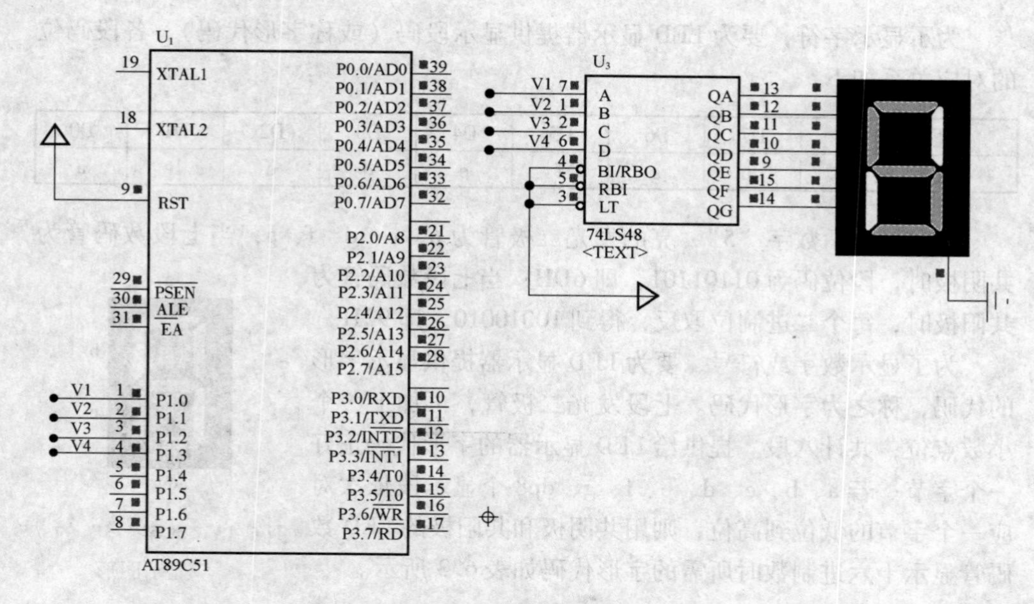

图 6.14　硬译码接口电路

利用 BCD 码－七段码译码器实现字形到字形码的转换。常用的 BCD 码－七段码译码器有 74LS48。编程让 LED 数码管显示 30H 单元的内容（30H 单元的内容在 0～9，当前值为#05H）。

```
MOV A,30H
MOV P1,A
```

思考：如果 74LS48 的 ABCD 接到 AT89C51 的 P14－P17，则如何修改程序？

注意：在硬译码连接法下，直接送要显示的数即可，字形到字形代码的转换是用硬件实现的。

2）软译码接口方法

同样在使用共阴极七段数码管的情况下，软件译码接口方法的电路如图 6.15 所示，它是以软件查表代替硬件译码，不但节省了 74LS48 译码器，而且还能显示更多的字符。但在实际电路中，仅靠接口提供不了较大的电流供 LED 显示器使用，必须增加相应的驱动器。

例如使 LED 数码管显示 5，P1 口得到译码后的编码，即 MOV P1，#01101101B，增加查表程序可以更方便地显示各种字符，编程让 LED 数码管显示 30H 单元的内容（30H 单元的内容在 0～9）。

```
LOOP:MOV A,30H
     MOV  DPTR,#TAB
     MOVC A,@A+DPTR
     MOV P1,A
     SJMP LOOP
TAB: DB 3FH,06H,5BH,4FH,66H,6DH,7DH,07H,7FH,6FH,77H,7CH,39H,5EH,79H,
```

71H,00H

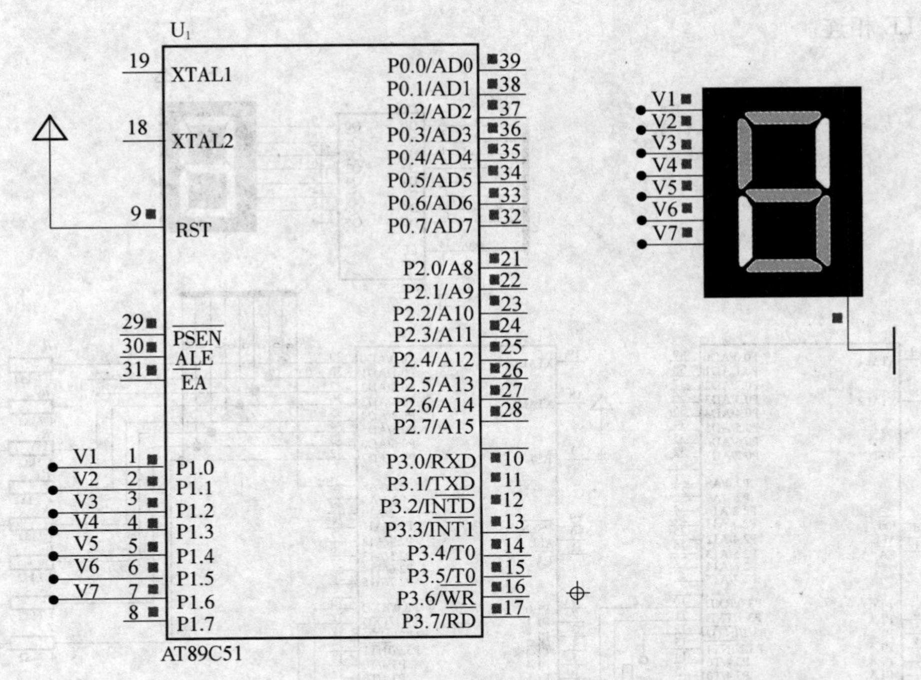

图 6.15　软件译码接口电路

注意：字形与字形码的区别，字形是欲显示的数或字符的形状；字形码是为了在数码管上显示数或字符，CPU 应该送出的数据。字形转换成字形码的 2 种方法：软译码法和硬译码法。

6.5　项目实施

6.5.1　硬件设计

在硬件设计之前，读者需要按照表 6.4 准备好本项目所需要的器件清单。

表 6.4　器件清单表

序号	名称	器件	类别
1	R_1-R_8	4.7 kΩ 电阻	电阻
2	U_1，U_2	AT89C51	集成电路
3	U_3	74HC573	集成电路
4		共阳极七段数码管	数码管

本项目的硬件连线如图 6.16 所示，为了提高七段数码管的电流强度，有必

要增加一个 4.7 K 的排阻，将排阻接到乙单片机 U1 的 P0 口，P2.0 与 74HC573 的 LE 相连。

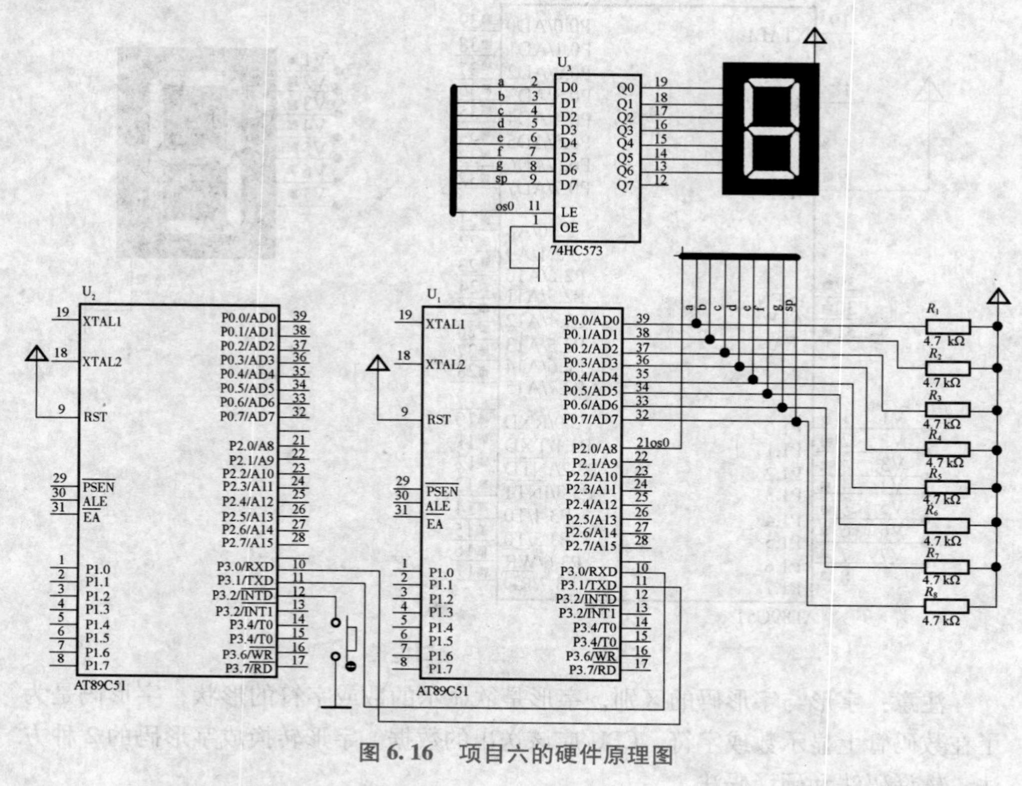

图 6.16　项目六的硬件原理图

6.5.2　软件设计

目前可以用 C 语言或者汇编语言完成串行口的通信程序编写，本项目为读者提供两个方案，一种为 C 语言实现，另一种利用汇编实现。

可以利用 Keil 的 C51 编译器对下述代码进行编译

```
#include < reg8253. h >
#define uint unsigned int
#define uchar unsigned char

//uchar table[16] = {0x3F,0x06,0x5B,0x4F,0x66,0x6D,0x7D,0x07,0x7F,0x6F,
//                   0x77,0x7C,0x39,0x5E,0x79,0x71};   //共阴极 7SEG

uchar table[16] = {0xC0,0xF9,0xA4,0xB0,0x99,0x92,0x82,0xF8,0x80,0x90,
                   0x88,0x83,0xC6,0xA1,0x86,0x8E};   //共阳极 7SEG
uchar send = 0x00;
```

```
void rs232Ini(void)
{
  TMOD = 0x20;
  TH1 = 0xfd;   //9 600
  TL1 = 0xfd;
  PCON = 0x00;
  SCON = 0x50;//方式 1
  EA = 1;
  ES = 1;
  TR1 = 1;
}

void ex_int(void)
{
  EA = 1;
  IE0 = 0;
  EX0 = 1;
}

void delay(unsigned char n)             //延时功能函数
{
  uchar i,j,k;
  for(i = 0;i < = n;i + + )
  {
    for(j = 0;j < 100;j + + )
      for(k = 0;k < = 250;k + + );
  }
}

void main(void)                         //主程序
{
  delay(1);
  rs232Ini();                           //串行中断初始化
  ex_int();                             //外部中断初始化
  P3_3 = 0;                             //led
  while(1)
  {
  }
}
```

```
void ex_button( ) interrupt 0 using 2           //外部中断
{//   send = 5;
     SBUF = send;
     while( ! TI);
  TI = 0;
  P1_0 = ! P1_0;
  send + + ;
  IE0 = 0;
  if( send > 15) send = 0;
  delay( 1);
  P3_7 = ! P3_7;//Led
}

void serial_Read( void) interrupt 4 using 3
{
  uint iBuf;
  uchar cBuf;
  if( RI = = 1)
  {
     P2 = 1;
     iBuf = SBUF;
     cBuf = iBuf;
     P0 = table[ cBuf];
  RI = 0;
  }
}
```

6.5.3 演示步骤

1）建立项目

打开 Proteus 仿真软件，首先建立本实验的项目文件。

2）硬件及软件设计

按照单片机最小应用系统连接电路。用将 U_1 和 U_2 两个单片机的 TXD 和 RXD 串行通信线互联。按照图 6.17 所示画出硬件电路图，本项目的连线中使用了网络标记，读者需注意 P0 口的 a、b、c、d、e、f、g、dp 的网络标记与 74HC573 相对应。设置完器件连线后，接着添加源程序，进行编译，直到编译无误。

3）调试

单击【调试 | 开始/重新启动调试】菜单项，单击执行按钮后，在 U_2 单片机

P3.2 口相连的按钮开关上单击，U_2 担当计数器的角色，将计数的结果通过 TXD 发送到 U_1，U_1 的 P0 口将 RXD 得到的数据输出到七段数码管，实现显示的功能。

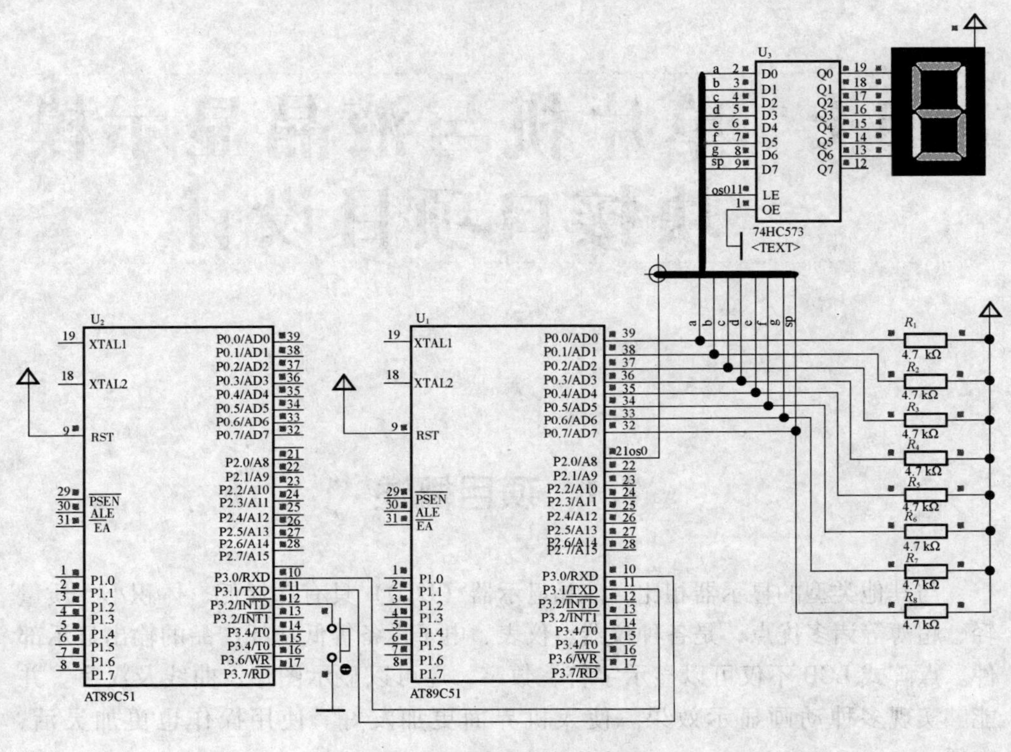

图 6.17　项目执行状态图

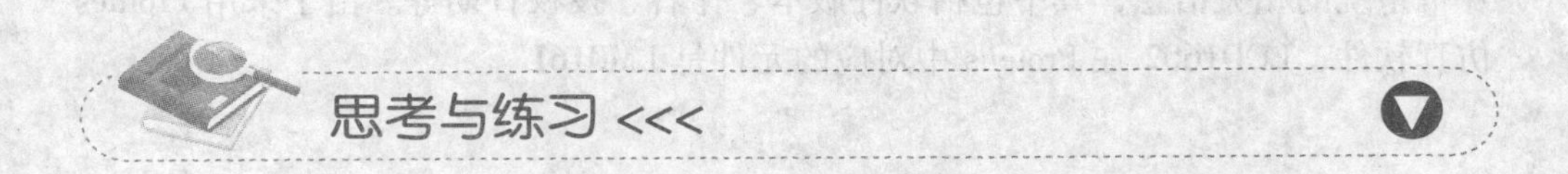

1. 本项目的七段数码管的接口方式是软件译码，请将接口方式改为硬件译码方式。

2. 本项目的数字范围是 0、1、2、3、4、5、6、7、8、9、A、b、C、d、E、F，请修改电路和部分程序，实现 0 ~ 99 的计数功能。

3. 请增加一个外部中断，实现控制 U1 单片机的数码管的显示/关闭功能切换。

项目七　单片机与液晶显示模块接口项目设计

7.1　项目概述

与其他类型的显示器相比，液晶显示器（LCD）具有功耗低、体积小、质量轻、超薄等诸多优点，是各种仪器、仪表、电子设备等低功耗产品的输出显示部件。点阵式 LCD 不仅可以显示字符、数字，还可以显示图形、曲线及汉字。并能够实现多种动画显示效果。使人机界面更加友好。使用操作也更加灵活、方便。

本项目的任务是利用一种 16 字 ×2 行的字符型液晶显示器 LCD1602 显示单片机系统的相关信息，其中包括软件版本、作者、授权日期等。由于采用 Protues 仿真软件，LCD1602 在 Proteus 中对应的元件是 LM016L。

7.2　项目要求

（1）利用定时器 T0 在晶振 12 MHz 的条件下实现 10 ms 的定时。

（2）利用液晶模块循环显示软件系统的版本号、授权用户名和版权时间三个信息，内容如下：

当前软件系统的版本号为“LCD Ver 3.0!”，延时显示 1.5 s；

当前授权用户信息为“Licensed to YYF”，延时显示 1.5 s；

当前软件的版权时间为“Copyright 2010.”，延时显示 1.5 s。

（3）设置外部中断 INT0，随时可以提示暂停信息“Pause...”。

7.3 项目目的

本项目的是令读者了解液晶显示器作为单片机的另一种输出设备的使用方法，了解液晶显示器的工作原理，设计通用的液晶显示模块，在此基础上可以实现各种文字的显示。在设计液晶显示的同时，加深对定时器中断和外部中断服务程序的理解，能够利用 Protues 工具软件实现液晶显示仿真。

7.4 项目支撑知识

7.4.1 项目开发背景知识 1　液晶显示的基础知识

1. LCD1602 的结构

由于 LCD1602 内部有字符发生存储器（CGROM），方便读者进行简易的液晶显示系统设计，所以本项目中采用了 1602 型号的液晶显示器。

首先介绍该液晶显示的工作原理，它是一种支持字母、数字、符号等显示的点阵型液晶模块，由 32 个 5×8 点阵字符位组成，每一个点阵字符位都可以显示一个字符。模块内置如表 7.1 所示的 160 个 5×8 点阵字形的字符发生器 CHROM（存储了常用的标点符号、数字、大小写字母以及日文假名等）和 8 个可由用户自定义的 5×8 的字符发生器 CGRAM（可以显示其他的内容如汉字、图形等）。

LCD 引脚图如图 7.1 所示。

表 7.1　LCD1602 的 CGROM 和 CGRAM 中字符代码与字符图形对应关系表

高4位 / 低4位	MSB 0000	0010	0011	0100	0101	0110	0111	1010	1011	1100	1101	1110	1111
LSB ××××0000	CG RAM (1)		0	@	P	`	p		ー	ダ	ミ	α	p
××××0001	(2)	ǀ	1	A	Q	a	q	。	ァ	チ	ム	ǎ	q
××××0010	(3)	“	2	B	R	b	r	「	イ	ッ	メ	β	8
××××0011	(4)	#	3	C	S	c	s	」	ウ	テ	モ	ε	∞
××××0100	(5)	$	4	D	T	d	t	、	エ	ト	ヤ	μ	Ω
××××0101	(6)	%	5	E	U	e	u	·	ォ	ナ	ュ	σ	ü
××××0110	(7)	&	6	F	V	f	v	ヽ	カ	ニ	ョ	ρ	Σ
××××0111	(8)	’	7	G	W	g	w	ア	キ	ヌ	ラ	g	π

续表

高4位 / 低4位	MSB 0000	0010	0011	0100	0101	0110	0111	1010	1011	1100	1101	1110	1111
××××1000	(1)	(	8	H	X	h	x	イ	ク	ホ	リ	√	$\bar{x}$
××××1001	(2)	)	9	I	Y	i	y	ク	ケ	ノ	ル	¨	y
××××1010	(3)	*	:	J	Z	j	z	ュ	ス	ハ	レ	j	千
××××1011	(4)	+	;	K	[	k	{	ォ	サ	ヒ	ロ	、	万
××××1100	(5)	,	<	L	¥	1	|	キ	シ	フ	っ	ф	円
××××1101	(6)	、	=	M	]	m	}	ュ	ス	ヘ	ン	キ	÷
××××1110	(7)	.	>	N	^	n	→	ョ	七	ホ	゛	$\bar{n}$	
××××11111	(8)	/	?	O	–	o	←	ツ	ソ	マ	°	Ö	

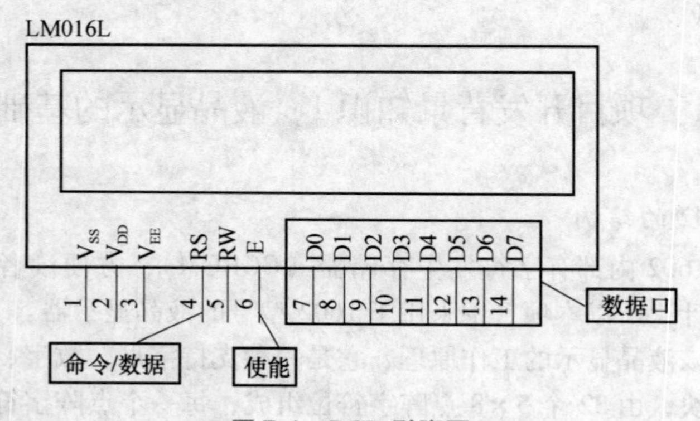

图 7.1　LCD 引脚图

表 7.2　LCD1602 引脚说明

端口名称	说明
V_{SS}	电源地
V_{DD}	电源正极
V_O	液晶对比度调节端
RS	数据/命令选择端（H 为数据，L 为命令）
R/W	读写控制（H/L）
E	使能
D0 – D7	数据端
BLA	背光电源正极
BLK	背光电源负极

这里面，若要显示某个字符，查出对应的代码即可。但是要用到用户自定义

字符存储器（CGRAM）。在本课题中不需要显示汉字和图形，所以只用到第一种情况。

1602 液晶显示器可显示有两行，每行可以显示 16 个字符（字母或数字），也就是说一共可以显示 32 个字符。

液晶显示屏是长方形的，把这个长方形的屏幕分成十六个小块，并给每一小块编一个号码，以便识别不同的小块。就像一个国家有很多人而每个人都有一个身份证号一样。

每一小块对应的编号，地址如表 7.3 所示。

表 7.3　液晶模块编号对应地址表

列	1	2	3	4	5	6	7	8	9	10	11	12	13	14	15	16
第一行	00	01	02	03	04	05	06	07	08	09	0A	0B	0C	0D	0E	0F
第二行	40	41	42	43	44	45	46	47	48	49	4A	4B	4C	4D	4E	4F

第一行地址：00H ~ 0FH（十六个地址），每一个地址对应液晶屏的一个字符框，只要把一字符送入一个地址，该地址对应的方框就会显示这个字符。第二行地址：40H ~ 4FH 原理如同第一行。

7.4.2　项目开发背景知识 2　液晶接口电路

1. *液晶接口电路*

LCD1602 可以和 AT89C51 直接连接，接口电路如图 7.2 所示。液晶显示模块是较慢的输出设备，所以在信息输出前应该检测显示模块的忙标志，当忙标志为低电平时，表示液晶显示模块空闲，显示命令才有效，否则，显示命令失效。

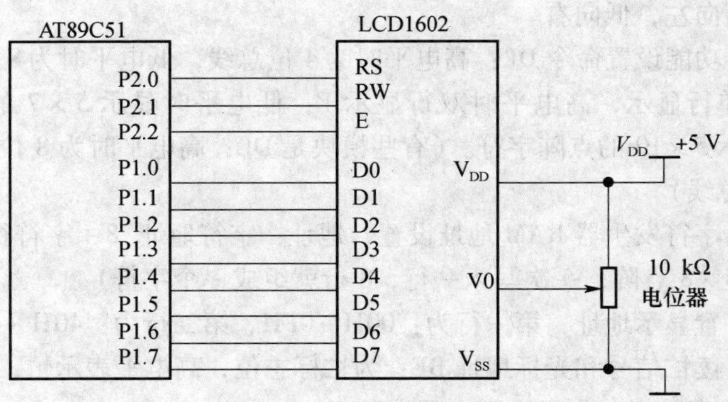

图 7.2　AT89C51 与 LCD1602 的接口电路

2. 显示命令的使用

液晶显示命令状态表见表 7.4。

表 7.4　液晶显示命令状态表

	显示命令	RS	RW	D7	D6	D5	D4	D3	D2	D1	D0
1	清屏	0	0	0	0	0	0	0	0	0	1
2	光标返回	0	0	0	0	0	0	0	0	1	*
3	输入模式	0	0	0	0	0	0	0	1	I/D	S
4	显示控制	0	0	0	0	0	0	1	D	C	B
5	光标/字符移位	0	0	0	0	0	1	S/C	R/L	*	*
6	功能	0	0	0	0	1	DL	N	F	*	*
7	置字符发生器地址	0	0	0	1	字符发生存储器地址					
8	置数据存储器地址	0	0	1	显示数据存储器地址						
9	读忙标志和地址	0	1	BF	计数器地址						
10	写数据到指令 7.8 所设地址	1	0	要写的数据							
11	从指令 7.8 所设的地址读数据	1	1	读出的数据							

指令 1：清显示，光标复位到地址 00H 位置。

指令 2：光标复位，光标返回到地址 00H。

指令 3：光标和显示模式设置 I/D：光标移动方向，高电平右移，低电平左移。S：屏幕上所有文字是否左移或者右移。高电平表示有效，低电平则无效。

指令 4：显示开关控制。D：控制整体显示的开与关，高电平表示开显示，低电平表示关显示 C：控制光标的开与关，高电平表示有光标。低电平表示无光标。B：控制光标是否闪烁，高电平闪烁，低电平不闪烁。

指令 5：光标或显示移位 S/C：高电平时移动显示的文字，低电平时移动光标。R/L，高向左，低向右。

指令 6：功能设置命令 DL：高电平时为 4 位总线，低电平时为 8 位总线。N：低电平时为单行显示，高电平时双行显示 F：低电平时显示 5 × 7 的点阵字符，高电平时显示 5 × 10 的点阵字符。（有些模块是 DL：高电平时为 8 位总线，低电平时为 4 位总线）

指令 7：字符发生器 RAM 地址设置，地址：字符地址*8 + 字符行数。（将一个字符分成 5 × 8 点阵，一次写入一行，8 行就组成一个字符）

指令 8：置显示地址，第一行为：00H ~ 0FH，第二行为：40H ~ 4FH。

指令 9：读忙信号和光标地址 BF：为忙标志位，高电平表示忙，此时模块不能接收命令或者数据，如果为低电平表示不忙。

指令 10：写数据。

指令 11：读数据。

3. 液晶模块显示功能实现方法

为了能够在液晶模块准确寻址，在传送字符数据给液晶之前必须先将字符的地址送给液晶。

例如向地址编号为 04H 的字符框送一个字符“A”，分两步执行。

步骤 1：发送地址 04H（写命令）。

步骤 2：发送字符“A”（写数据）。

由于上述两个步骤中地址 04H 和字符 A 都是经过这 8 条数据线（D0—D7）传送给液晶的。液晶模块利用 RS 的高低电平能够区分出数据是地址还是字符，当 RS =0 时，数据线为地址 04，即为显示命令操作；当 RS =1 时，数据线为字符“A”的字符编码。

另外，利用 R/W 可以区分对液晶的读/写操作：当 R/W =0 时，向液晶写数据；当 R/W =1 时，从液晶显示器读数据。

对液晶显示器初始化的操作步骤如下：

①延时 15 ms，写指令 38H（不检测忙信号）。

②延时 5 ms，写指令 0EH（不检测忙信号，初始化光标）。

③延时 5 ms，写 06H（不检测忙信号，初始化 LCD）。

④写指令 38H：显示模式设置（检测忙信号）。

⑤关闭显示（检测忙信号）。

⑥写指令 01H：清屏（检测忙信号）。

⑦写指令 06H：显示光标设置（检测忙信号）。

⑧写指令 0CH：开显示及光标设置（检测忙信号）。

4. 程序实现

```
#define LCDEN P2_2//P2.2 接液晶显示使能口 E
#define LCDRS P2_0//P2.0 接液晶 RS 口
void Delay(int t)//延时
{
while(t--);
}
//写命令函数
void LCDcom(unsigned char com)//发送指令给 LCD
{
LCDRS =0;//写指令所以 RS 为 0
P1 =com;//数据口 D0～D7 接 P1 口
Delay(4000);
LCDEN =1;
Delay(4000);
```

```
LCDEN = 0;
}
//写数据函数
void LCDtata(unsigned char tata)//发送数据给 LCD
{
LCDRS = 1;//写数据所以 RS 为 1
P1 = tata;//写
Delay(4000);
LCDEN = 1;
Delay(4000);
LCDEN = 0;
}
void LCDinit()//初始化 LCD
{
LCDcom(0x38);//写命令
LCDcom(0x0e);//初始化光标(写命令 0X0E)
LCDcom(0x06);//初始化 LCD
}
int main(void)
{
Delay(4000);
LCDinit();//1. 初始化
Delay(1000);
LCDcom(0x80 +04);//2. 写地址(写地址时都要加 0x80)这里是指从第一行 04 单元开始写
LCDtata('a');
LCDtata('b');
LCDtata('c');
while(1);
}
```

7.5 项目实施

7.5.1 硬件设计

在硬件设计之前，读者需要按照表 7.5 准备好本项目所需要的器件清单。

表 7.5　项目七的器件清单表

序号	名称	器件	类别
1	U_1	AT89C51	集成电路
2	LCD_1	LM016L	液晶显示模块
3	RP_1	RESPACK-8	排阻

本项目的硬件连线如图 7.3 所示，为了提高液晶显示模块的电流强度，有必要增加一个排阻，将排阻接到单片机的 P0 口，P0 口与液晶显示器 LM016L 的数据口相连，P2.0 和液晶显示器的 RS 端相连，P2.1 连接到 WR，P2.4 连接到 E 端，在 P3.2 连接一个按钮，用于提供低电平触发。

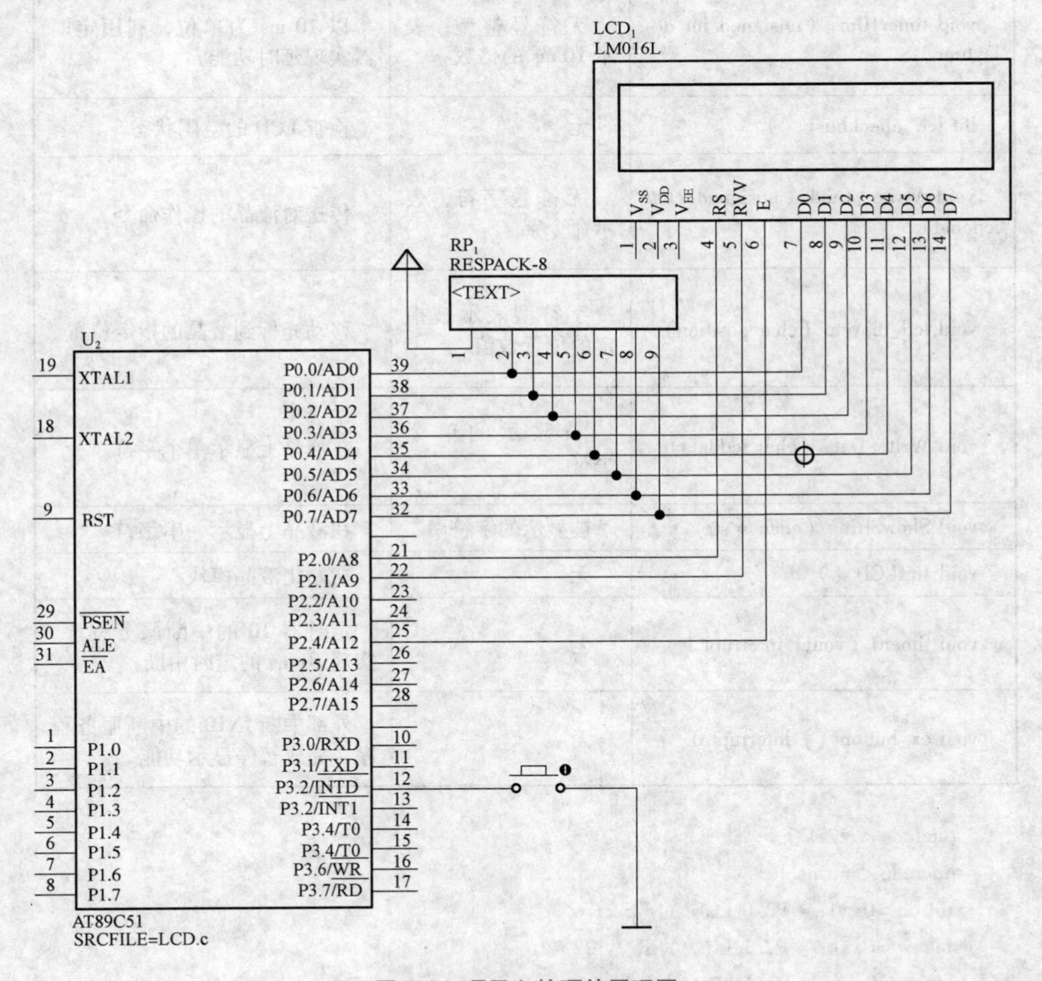

图 7.3　项目七的硬件原理图

7.5.2 软件设计

程序设计中包括了定时器 T_0 中断和外部中断 INT_0，利用定时器中断实现了液晶显示的延时功能，软件系统中所涉及的函数功能如表 7.6 所示。

表 7.6 软件系统相关函数表

函数名称	形参	函数功能
void soft_nop ( )	无	空操作
void delay10ms ( )	无	软件延时 10 ms
void timer10ms (unsigned int delaytime)	无符号整型，表示 10 ms 的倍数	以 10 ms 为单位，利用定时器实现延时功能
bit lcd_checkbusy ( )	无	检查 LCD 的空闲状态
void Write_Cmd (unsigned char lcdcmd)	无符号字符，表示命令字	传送对液晶的操作命令
void lcd_moveto (char position)	字符型表示被指定的位置数值	移动光标到液晶的指定位置
void Write_Data (char lcddata)	被显示的单个字符	在液晶上显示单个字符
void ShowString (char * str)	被显示的字符串	在液晶上显示一串字符
void InitLCD ( )	无	初始化液晶模块
void timer0 (void) interrupt 1	无	定时器 T0 的中断服务程序，实现 10 ms 的定时中断
void ex_button ( ) interrupt 0	无	外部中断 INT0 的中断服务程序，完成暂停显示功能

```
#include <reg51. h>
#include <intrins. h>
sbit dc =0xa0;/* P2. 0 LCD 的 RS 21 */
sbit rw =0xa1;/* P2. 1 LCD 的 R/W 22 */
sbit cs =0xa4;/* P2. 4 LCD 的 E 25 */
sfr lcdbus =0x80;/* p0LCD 数据 D0 =P0. 0 */
```

```
unsigned int TimerCounter;
unsigned char syslimitcounter;
void soft_nop(){}
void delay10ms()/************12 MHZ 提供 10 ms 软件延时************/
{
register int i;
for(i=0;i<711;i++);
}

void timer10ms(unsigned int delaytime) /* 基于 10 ms 的硬件延时 */
{
TimerCounter=delaytime;
while(TimerCounter);
}
unsigned char data lcdcounter;
bit lcdusing1,lcdusing2;
bit lcd_checkbusy()/* 检查 LCD 忙 */
{
register lcdstate;
dc=0;/* dc=1 为数据,=0 为命令. */
rw=1;/* rw=1 为读,=0 为写. */
cs=1;/* cs=1 选通. */
soft_nop();
lcdstate=lcdbus;
cs=0;
return((bit)(lcdstate&0x80));
}
void Write_Cmd(unsigned char lcdcmd)/* 写 LCD 命令 */
{
lcdusing1=1;
while(lcd_checkbusy());
lcdbus=lcdcmd;
dc=0;/* dc=1 为数据,=0 为命令. */
rw=0;/* rw=1 为读,=0 为写. */
cs=1;/* cs=1 选通. */
soft_nop();
cs=0;
lcdbus=0xff;
lcdusing1=0;
}
```

```
void lcd_moveto( char position)//移动光标到指定位.0 ~79//
{
register cmd =0x80;
lcdcounter = position;
if( position >59)
position + =0x18;
else
  {
if( position >39) position - =0x14;
else
{
if( position >19) position + =0x2c;
}
}
cmd = cmd|position;
Write_Cmd( cmd);
}
void Write_Data( char lcddata)//* 在当前显示位置显示数据 *//
{
lcdusing2 =1;
while( lcd_checkbusy( ) );
if( lcdcounter = =20) {
lcd_moveto(20);
while( lcd_checkbusy( ) );
}
if( lcdcounter = =40) {
lcd_moveto(40);
while( lcd_checkbusy( ) );
}
if( lcdcounter = =60) {
lcd_moveto(60);
while( lcd_checkbusy( ) );
}
if( lcdcounter = =80) {
lcd_moveto(0);
while( lcd_checkbusy( ) );
lcdcounter =0;
}/* 为通用而如此 */
```

```
lcdcounter + + ;
lcdbus = lcddata;
dc = 1;//* dc = 1 为数据, = 0 为命令. *//
rw = 0;//* rw = 1 为读, = 0 为写. *//
cs = 1;//* cs = 1 选通. *//
soft_nop( );
cs = 0;
lcdbus = 0xff;
lcdusing2 = 0;
}
void ShowString( char  * str)//* 在当前显示位置显示 LCD 字符串 *//
{
register i = 0;
while( str[ i ]!  = 0)
{
Write_Data( str[ i ] );
i ++ ;
}
}
void InitLCD( )//* 初始化 *//
{
Write_Cmd(0x38);//* 设置 8 位格式,2 行,5 ×7 *//
Write_Cmd(0x0c);//* 整体显示,关光标,不闪烁 *//
Write_Cmd(0x06);//* 设定输入方式,增量不移位 *//
Write_Cmd(0x01);//* 清除显示 */
lcdcounter = 0;
}

void timer0( void) interrupt 1// * T0 中断 *//
{
TH0 = 0xd8;// * 12M,10ms *//
TL0 = 0xf6;
TR0 = 1;
if( TimerCounter!  = 0) TimerCounter - - ;//* 定时器 10 ms *//
if( syslimitcounter!  = 0) syslimitcounter - - ;//* 定时器 10 ms *//
}
void ex_button( ) interrupt0      //* 外部中断 0,实现显示暂停功能 *//
{
```

```
InitLCD();
ShowString("Pause......");
}
main()
{
IE = 0;P0 = 0xff;P1 = 0xff;P2 = 0xff;P3 = 0xff;//* 初始化 T *//
InitLCD();
delay10ms();
delay10ms();
TMOD = 0x51;
TH0 = 0xd8;//* 12 M,10 ms *//
TL0 = 0xf6;
TR0 = 1;
ET0 = 1;
EA = 1;
EX0 = 1;
while(1)
{
InitLCD();
ShowString("LCD Ver 3.0!");
timer10ms(150);
InitLCD();
ShowString("Licensed to YYF.");
timer10ms(150);
InitLCD();
ShowString("Copyright 2010.");
timer10ms(150);
}
}
```

7.5.3 演示步骤

1）建立项目

打开 Proteus 仿真软件，首先建立本实验的项目文件。

2）硬件及软件设计

按照单片机最小应用系统连接电路。按照图 7.4 所示画出硬件电路图，接着添加源程序，进行编译，直到编译无误。

3）调试

单击【调试 | 开始/重新启动调试】菜单项，单击执行按钮后，LM016L 液

晶模块会循环出现如图 7.4 所示的三段文字。

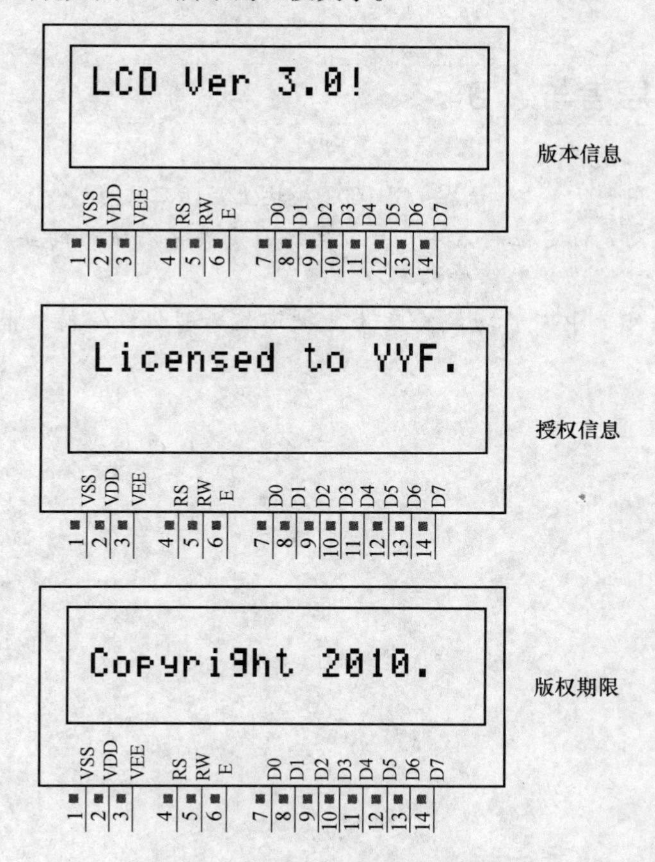

图 7.4　液晶模块的循环显示结果

在 U_1 单片机 P3.2 口相连的按钮开关上单击，实现了外部中断功能，液晶模块即显示被暂停的信息，如图 7.5 所示。

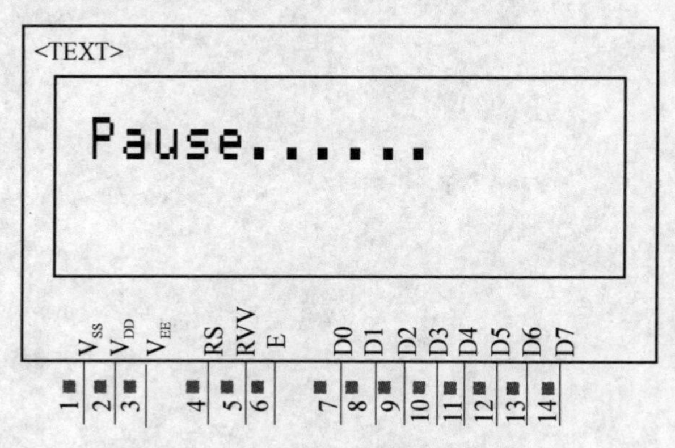

图 7.5　外部中断在液晶模块的应用

思考与练习 <<<

1. 读者利用表 7.1，尝试在 LCD1602 模块上显示日文字符。

2. 利用移动光标定位的方法，可以实现自定义字符图形的显示，读者可以显示出“★”“△”“※”等特殊字符。

3. 可以将外部中断的功能修改为使循环显示暂停，保持液晶屏幕显示的功能。

第二篇
提高项目部分

项目八　基于 AT89C51 单片机的交通灯控制系统设计

8.1　项目概述

随着微控技术的日益完善和发展，单片机的应用不断走向深入。它的应用必定导致传统的控制技术从根本上发生变革。它在工业控制、数据采集、智能仪表、机电一体化、家用电器等领域得到广泛的应用，极大地提高了这些领域的技术水平和自动化控制。同时，伴随着我国经济的高速发展，私家车、公交车的增加，无疑会给我国的道路交通系统带来沉重的压力，很多大城市都不同程度地受到交通堵塞问题的困扰。下面以 AT89C51 单片机为核心，设计出以人性化、智能化为目的的交通灯控制系统。

本项目主要从单片机应用上来实现十字路口交通灯智能化的管理，用来控制过往车辆的正常化运作。

8.2　项目要求

用 AT89C51 单片机控制一个交通灯系统，晶振采用 12 MHz。设 A 车道与 B 车道交叉组成十字路口，A 车道是主干道，B 为支道。设计要求如下：

（1）用发光二极管模拟交通信号灯；

（2）正常情况下，A、B 两车道轮流放行，A 车道放行 50 s，另有 5 s 用于警告；东西南北车道放行 30 s，另有 5s 用于警告；

（3）在交通繁忙时，交通信号灯控制系统应有手控开关，可人为地改变信号灯的状态，以缓解交通拥挤状况。在 B 车道放行期间，若 A 车道有车而 B 车道无车，按下模拟开关 K_1 使 A 车道放行 15 s；在 A 车道放行期间，若 B 车道有车而 A 车道无车，按下模拟开关 K_2 使 B 车道放行 15 s。

（4）有紧急车辆通过时，按下开关 K_3 使 A、B 车道均为红灯，禁止通行 20 s。

8.3 系统设计

交通灯控制系统主要控制 A、B 两车道的交通，以 AT89C51 单片机为核心芯片，通过控制三色 LED 灯的亮灭来控制各车道的通行；另外通过 3 个按键来模拟各车道有无车辆的情况和有紧急车辆的情况。根据设计要求，制定总体设计思想如下：

- 正常情况下运行主程序，采用 0.5 s 延时子程序的反复调用来实现各种定时时间。
- 一个车道有车而另一个车道无车时，采用外部中断 1 执行中断服务程序，并设置该中断为低优先级中断。
- 有紧急车辆通过时，采用外部中断 0 执行中断服务程序，并设置该中断为高优先级中断，实现二级中断嵌套。

8.3.1 框图设计

基于 AT89C51 单片机的交通信号控制系统由电源电路、单片机主控电路、按键控制电路和道路显示电路几部分组成，框图如图 8.1 所示。

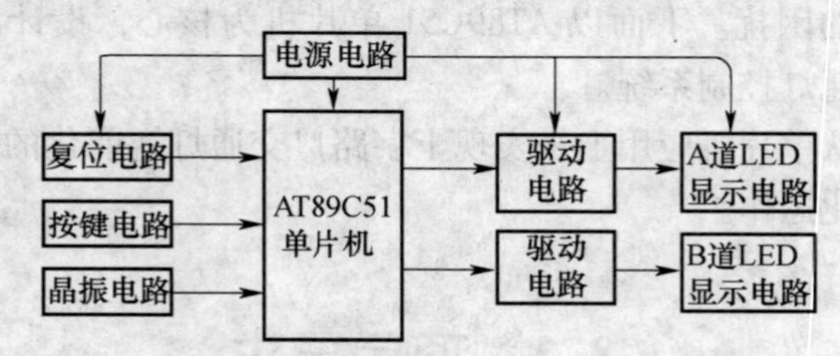

图 8.1 基于 AT89C51 单片机的交通信号灯控制系统框图

8.3.2 知识点

通过学习和查阅资料，本项目需掌握和了解如下知识：

- +5 V 电源原理及设计。(见附录 A)
- 单片机复位电路工作原理及设计。
- 单片机晶振电路工作原理及设计。

- 按键电路工作原理及设计。
- 驱动电路 74LS07 的特性及使用。
- LED 的特性及使用。
- AT89C51 单片机引脚。
- 单片机汇编语言及程序设计。

8.4　硬件设计

8.4.1　电路原理图

用 12 只发光二极管模拟交通信号灯，以 AT89C51 单片机的 P0 控制这 12 只发光二极管，由于单片机带负载的能力有限，因此，在 P0 口与发光二极管之间用 74LS07 作驱动电路，P0 口输出低电平时，信号灯亮；输出高电平时，信号灯灭。在正常情况和交通繁忙时，A、B 两车道的 6 只信号灯的控制状态有 5 种形式，即 P0 口控制功能及相应控制码如表 8－8 所示。分别以按键 K_1、K_2 模拟 A、B 车道的车辆检测信号，开关 K_1 按下时，A 车道放行；开关 K_2 按下时，B 车道放行；开关 K_1 和 K_2 的控制信号经异或取反后，产生中断请求信号（低电平有效），通过外部中断 1 向 CPU 发出中断请求；因此产生外部中断 1 中断的条件应是：$\overline{INT1} = \overline{K_1 \oplus K_2}$，可用集成块 74LS266（如无 74LS266，可用 74LS86 与 74LS04 组合代替）来实现。采用中断加查询扩展法，可以判断出要求放行的是 A 车道（按下开关 K_1）还是 B 车道（按下开关 K_2）。

以按键 K_3 模拟紧急车辆通过开关，当 K_3 为高电平时属正常情况，当 K_3 为低电平时，属紧急车辆通过的情况，直接将 K_0 信号接至$\overline{INT0}$（P3.2）脚即可实现中断 0 中断。

表 8.1　交通信号与控制状态对应关系

控制状态	P0 口控制码	P0.7	P0.6	P0.5	P0.4	P0.3	P0.2	P0.1	P0.0
		未用	未用	B 道绿灯	B 道黄灯	B 道红灯	A 道绿灯	A 道黄灯	A 道红灯
A 道放行，B 道禁止	F3H	1	1	1	1	0	0	1	1
A 道警告，B 道禁止	F5H	1	1	1	1	0	1	0	1
A 道禁止，B 道放行	DEH	1	1	0	1	1	1	1	0
A 道禁止，B 道警告	EEH	1	1	1	0	1	1	1	0
A 道禁止，B 道禁止	F6H	1	1	1	1	0	1	1	0

综上所述，可设计出基于 AT89C51 单片机控制交通信号灯模拟控制系统的电路图如图 8.2 所示。

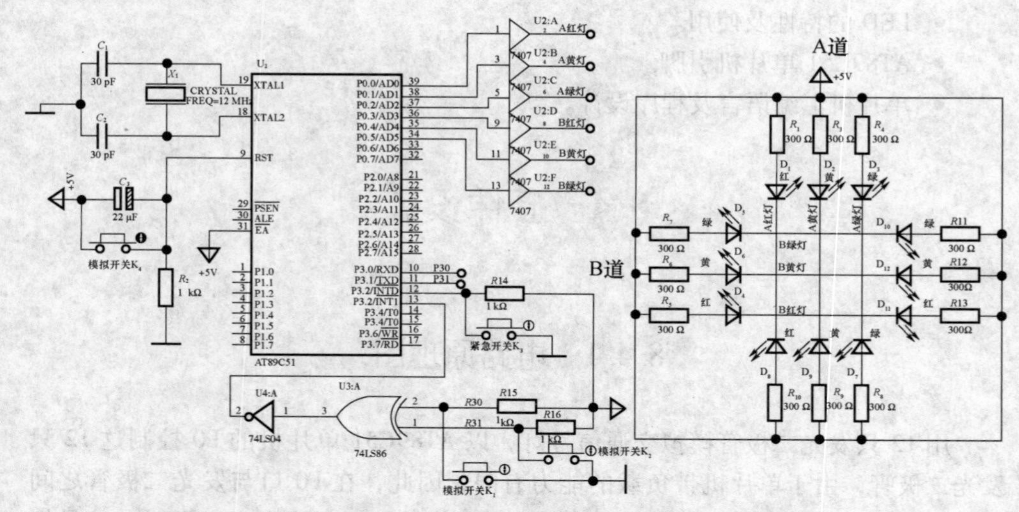

图 8.2　基于 AT89C51 单片机的交通信号模拟控制系统电路图

8.4.2　元件清单

基于 AT89C51 单片机的交通信号灯控制系统元件清单如表 8.2 所示。

表 8.2　交通灯信号控制系统元件清单

序号	元件名称	规格	数量	用途
1	51 单片机	AT89C51	1 个	控制核心
2	晶振	12 MHz 立式	1 个	晶振电路
3	集成电路	74LS86	1 个	按键电路
		74LS04	1 个	按键电路
		74LS07	1 个	LED 驱动
4	按键		4 个	按键电路
5	电解电容	22 μF/10 V	1 个	复位电路
6	瓷片电容	30 pF 瓷片电容	2 个	晶振电路
7	电阻	1 kΩ	4 个	复位电路
	电阻	300 Ω	12 个	LED 限流
8	LED	红、黄、绿各 4 个	12 个	红、黄、绿灯
9	电源	5 V/0.5 A	1 个	提供 +5 V

8.5 软件设计

主程序采用查询方式定时，由 R2 寄存器调用 0.5 s 延时子程序的次数，从而获取交通灯的各种时间。子程序采用定时器 1 方式 1 查询定时，定时器定时 50 ms，R3 寄存器确定 50 ms 循环 10 次，从而获得 0.5 s 的延时时间。

有车车道放行的中断服务程序首先要保护现场，因需要用到延时子程序和 P0 口，故需保护的寄存器有 R3、P0、TH1 和 TL1，保护现场时还需关中断，以防止高优先级中断（紧急车辆通过产生的中断）出现导致程序混乱。

开中断，由软件查询 P3.0 和 P3.1 口，判别哪一车道，再根据查询情况执行相应的服务。待交通灯信号出现后，保持 15 s 的延时，然后，关中断，恢复现场，再开中断，返回主程序。

紧急车辆出现时的中断服务程序也需要保护现场，但无须关中断（因其为高优先级中断），然后执行相应的服务，待交通灯信号出现后延时 20 s，确保紧急车辆通过交叉路口，然后，恢复现场，返回程序。

8.5.1 程序流程图

交通信号灯模拟控制系统程序流程图如图 8.3 所示。

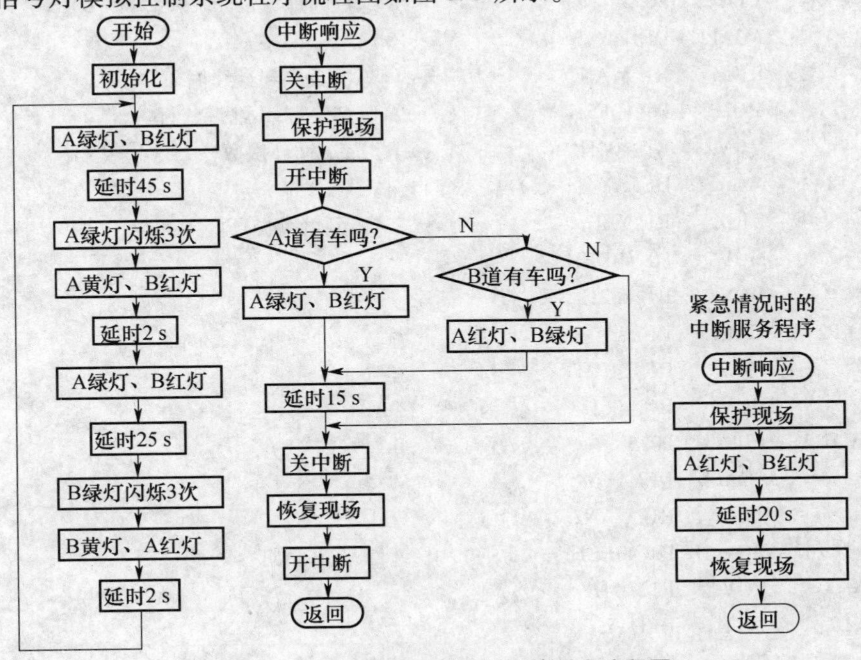

图 8.3 交通信号灯模拟控制系统程序流程图

8.5.2 程序清单

交通灯信号灯模拟控制系统程序清单如下：

```
        ORG     0000H
        LJMP    MAIN
        ORG     0003H
        LJMP    INTT0           ;转向紧急车辆中断服务程序
        ORG     0013H
        LJMP    INTT1           ;转向有车车道中断服务程序
        ORG     0200H
MAIN:   MOV     SP,#30H
        SETB    PX0             ;置外部中断 0 为高优先级中断
        MOV     TCON,#00H       ;置外部中断 0、1 为电平触发
        MOV     TMOD,#10H       ;置定时器 1 为方式 1
        MOV     IE,#85H         ;开 CPU 中断,开外部中断 0、1 中断
LOOP:   MOV     P0,#0F3H        ;A 道绿灯放行,B 道红灯禁止
        MOV     R1,#90          ;置 0.5 s 循环次数(0.5 ×90 =45 s)
DIP1:   ACALL   DELAY           ;调用 0.5 s 延时子程序
        DJNZ    R1,DIP1         ;45 s 不到继续循环
        MOV     R1,#06          ;置 A 道绿灯循环次数
WAN1:   CPL     P0.2            ;A 绿灯闪烁
        ACALL   DELAY
        DJNZ    R1,WAN1         ;闪烁次数未到继续循环
        MOV     P0,#0F5H        ;A 黄灯警告,B 红灯禁行
        MOV     R1,#04H         ;置 0.5 s 循环次数(0.5 ×4 =2 s)
YL1:    ACALL   DELAY
        DJNZ    R1,YL1          ;2 s 未到继续循环
        MOV     P0,#0DEH
        MOV     R1,#32H
DIP2:   ACALL   DELAY
        DJNZ    R1,DIP2
        MOV     R1,#06H
WAN2:   CPL     P0.5            ;B 绿灯闪烁
        ACALL   DELAY
        DJNZ    R1,WAN2
        MOV     P0,#0EEH        ;A 红灯,B 黄灯
        MOV     R1,#04H
YL2:    ACALL   DELAY
        DJNZ    R1,YL2
```

```
        AJMP    LOOP            ;循环执行主程序
INTT0:  PUSH    P0              ;P0 口数据压栈保护
        PUSH    TH1             ;TH1 压栈保护
        PUSH    TL1             ;TL1 压栈保护
        MOV     P0,#0F6H        ;A、B 道均为红灯
        MOV     R2,#40H         ;置 0.5 s 循环初值(20 s)
DEY0:   ACALL   DELAY
        DJNZ    R2,DEY0         ;20 s 未到继续循环
        POP     TL1             ;退栈恢复现场
        POP     TH1
        POP     P0
        RETI                    ;返回主程序
INTT1:  CLR     EA              ;关中断
        PUSH    P0              ;压栈保护
        PUSH    TH1
        PUSH    TL1
        SETB    EA              ;开中断
        JB      P3.0,BOP        ;A 道无车转向 B 道
        MOV     P0,#0F3H        ;A 道绿灯,B 道红灯
        SJMP    DEL1            ;转向 15 s 延时
BOP:    JB      P3.1,EXIT       ;B 道无车退出中断
        MOV     P0,#0DEH        ;A 红灯,B 绿灯
DEL1:   MOV     R5,#30          ;置 0.5 s 循环初值(15 s)
NEXT:   ACALL   DELAY
        DJNZ    R5,NEXT         ;15 s 未到继续循环
EXIT:   CLR     EA
        POP     TH1             ;退栈恢复现场
        POP     TL1
        POP     P0
        SETB    EA
        RETI
DELAY:  MOV     R3,#0AH         ;0.5 s 延时子程序(50 ms × 10 = 0.5 s)
        MOV     TH1,#3CH        ;置 50 ms 初值 X = 3CB0H
        MOV     TL1,#0B0H
        SETB    TR1             ;启动 T1
LP1:    JBC     TF1,LP2         ;查询计数溢出
        SJMP    LP1
LP2:    MOV     TH1,#3CH        ;置 50 ms 初值 X = 3CB0H
        MOV     TL1,#0B0H
        DJNZ    R3,LP1
```

```
RET
END
```

8.6 系统仿真及调试

基于 AT89C51 单片机的交通信号灯控制系统仿真过程参考附录 C。交通信号与控制状态仿真结果如图 8.4～图 8.8 所示。

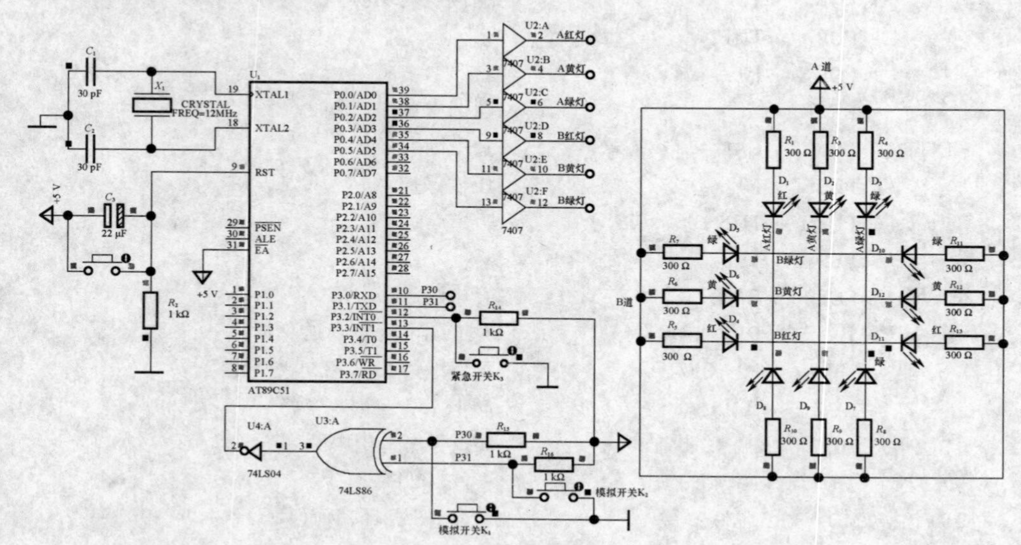

图 8.4　A 道放行，B 道禁止

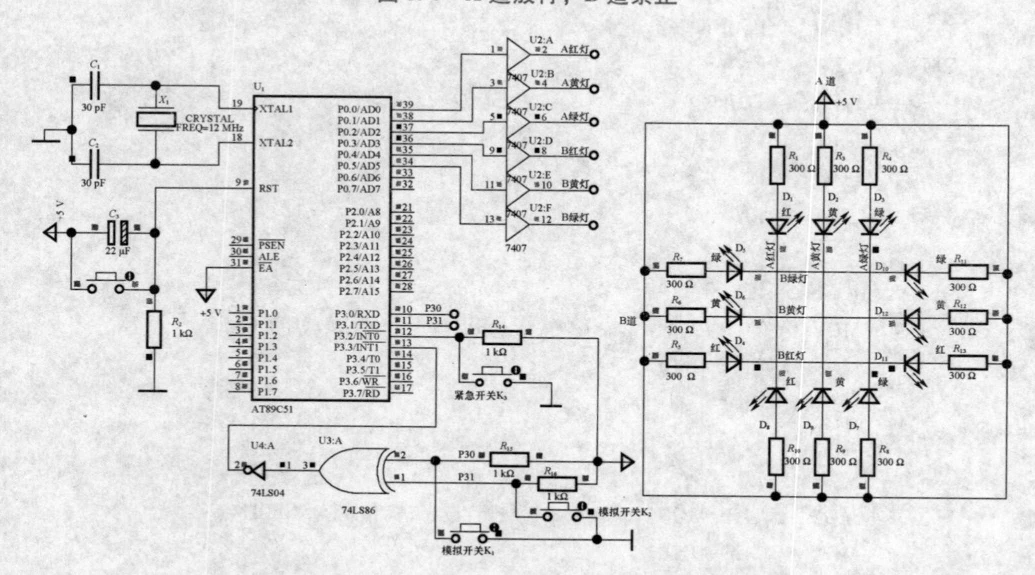

图 8.5　A 道警告，B 道禁止

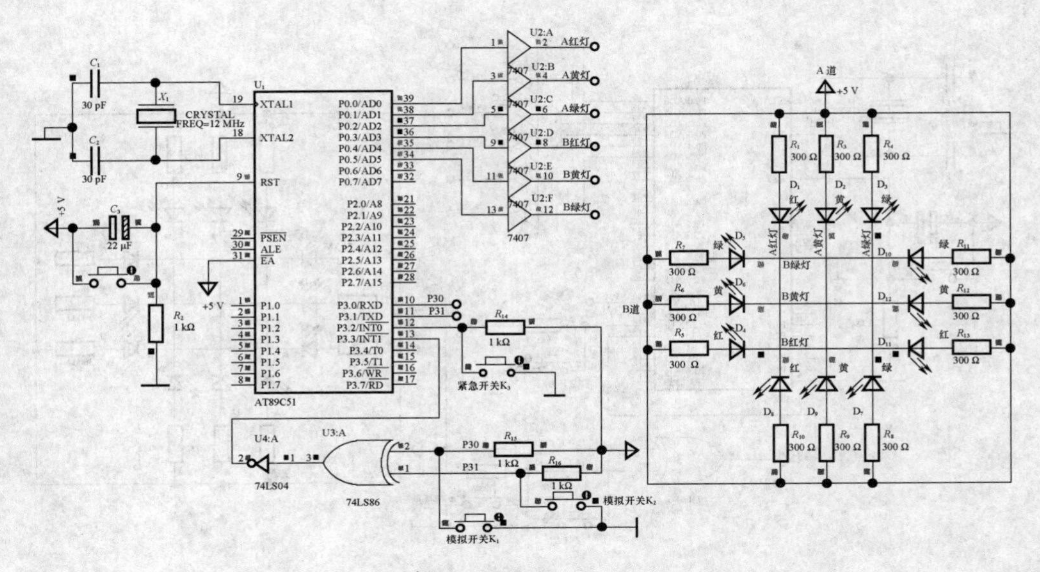

图 8.6　A 道禁止，B 道放行

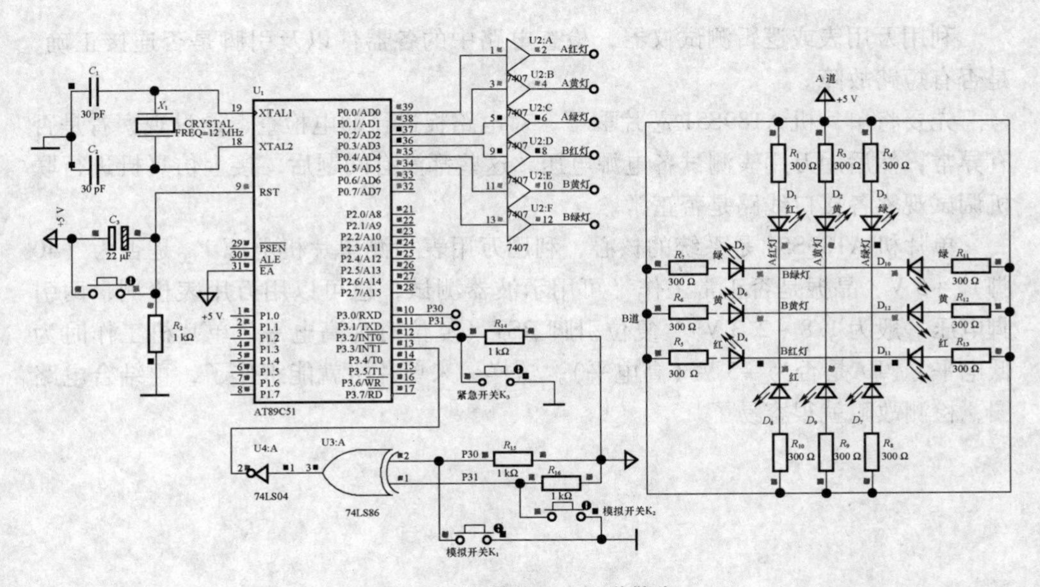

图 8.7　A 道禁止，B 道警告

单片机系统的硬件调试和软件调试是不能分开的，许多硬件错误是在软件调试过程中被发现和纠正的。但通常是先排除明显的硬件故障以后，再和软件结合起来调试以进一步排除故障。可见硬件的调试是基础，如果硬件调试不通过，软件设计则无从谈起。

硬件的调试主要是把电路各种参数调整到符合设计要求。先排除硬件电路故障，包括设计性错误和公益性故障。一般原则是先静态后动态。

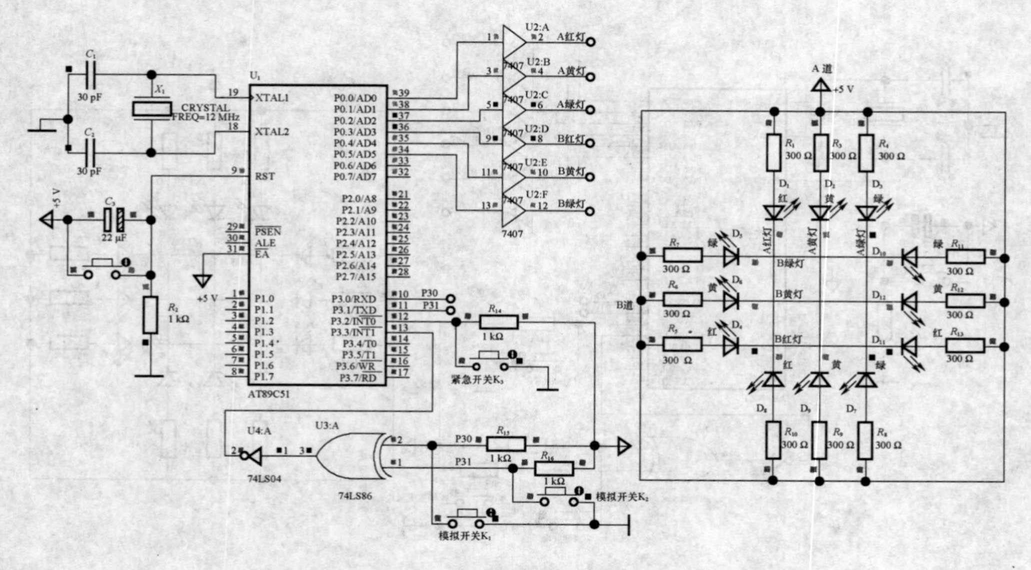

图 8.8　A 道禁止，B 道禁止

利用万用表或逻辑测试仪器，检查电路中的各器件以及引脚是否连接正确，是否有短路故障。

先要将单片机 AT89S51 芯片取下，对电路板进行通电检查，通过观察看是否有异常，然后用万用表测试各电源电压，这些都没有问题后，接上仿真机进行联机调试观察各接口线路是否正常。

单片机 AT89S51 是系统的核心，利用万用表检测单片机电源 V_{CC} 是否为（40 脚）+5 V、晶振是否正常工作（可用示波器测试，也可以用万用表检测，两引脚电压一般为 1.8 ~2.3 V）、复位引脚 RST（复位时为高电平，单片机工作时为低电平）、$\overline{EA}$是否为 +5 V（高电平），这样一来单片机就能工作了，再结合电路图，检测故障就很容易了。

项目九　基于 AT89C51 单片机的多音阶电子琴设计

9.1　项目概述

电子琴是现代电子科技与音乐结合的产物，是一种新型的键盘乐器。电子琴在现代音乐中扮演着重要角色。本项目中的主要内容是以 AT89C51 单片机为核心控制元件，设计一个多音阶电子琴。它具有硬件电路简单、软件功能完善、控制系统可靠、性价比高等优点，具有一定的实用价值。

9.2　项目要求

基于 AT89C51 单片机的多音阶电子琴设计要求如下：

（1）由 4×4 组成 16 个按键矩阵，设计成 16 个音阶。

（2）可随意弹奏想要表达的音乐。

9.3　系统设计

9.3.1　框图设计

基于 AT89C51 单片机的多音阶电子琴系统框图如图 9.1 所示。

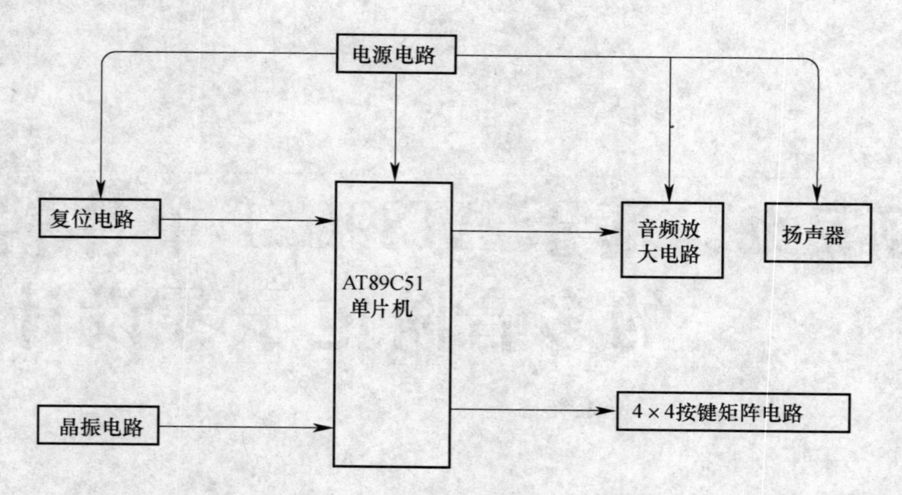

图 9.1　基于 AT89C51 单片机的多音阶电子琴系统框图

9.3.2　知识点

通过学习和查阅资料，本项目需掌握和了解如下知识：

- +5 V 电源原理及设计。
- 单片机复位电路工作原理及设计。
- 单片机晶振电路工作原理及设计。
- 4×4 按键矩阵电路工作原理及设计。
- 放大电路的原理及设计。
- AT89C51 单片机引脚。
- 单片机汇编语言及程序设计。

9.4　硬件设计

9.4.1　电路原理图

系统硬件连线如图 9.2 所示，单片机的 P1.0 端口的输出做音频放大电路中的输入，单片机的 P3.0 ~ P3.7 端口分别作 4×4 按键矩阵电路的行扫描和列扫描。

4×4 矩阵键盘构成的电子琴键盘功能如图 9.3 所示。

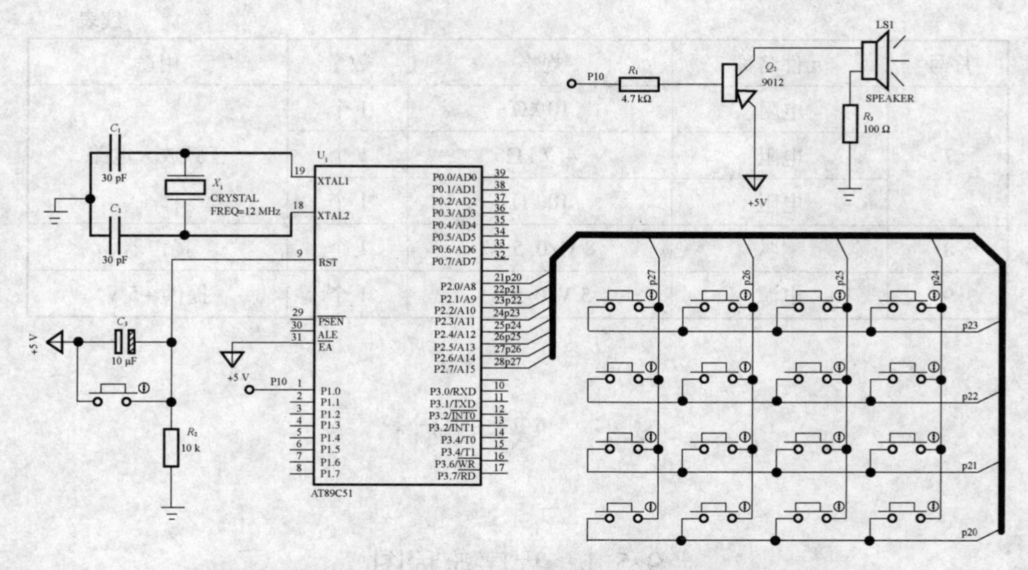

图 9.2　基于 AT89C51 单片机的多音阶电子琴电路原理图

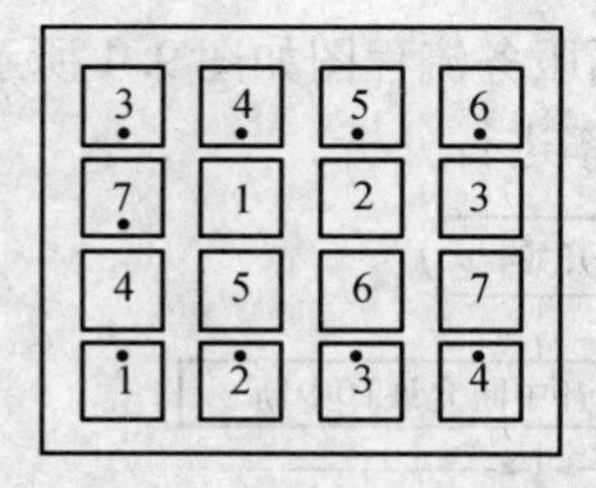

图 9.3　电子琴键盘功能

9.4.2　元件清单

基于 AT89C51 单片机的多音阶电子琴元件清单如表 9.1 所示。

表 9.1　基于 AT89C51 单片机的多音阶电子琴元件清单

序号	元件名称	规格	数量	用途
1	51 单片机	AT89C51	1 个	控制核心
2	晶振	12 M 立式	1 个	晶振电路
3	三极管	9012	1 个	音频放大电路
4	按键		16 个	按键电路
5	电解电容	10 μF/10 V	1 个	复位电路
6	瓷片电容	30 pF 瓷片电容	2 个	晶振电路

续表

序号	元件名称	规格	数量	用途
7	电阻	10 kΩ	1个	音频放大电路
	电阻	4.7 kΩ	1个	
	电阻	100 Ω	1个	
8	喇叭	8 Ω/0.5 W	1个	扬声器
9	电源	5 V/0.5 A	1个	提供 +5 V

9.5 软件设计

9.5.1 程序流程图

主程序流程图和 T0 中断服务流程图如图 9.4 所示。下面对 4×4 矩阵键盘识别处理以及如何产生音乐频率进行分析。

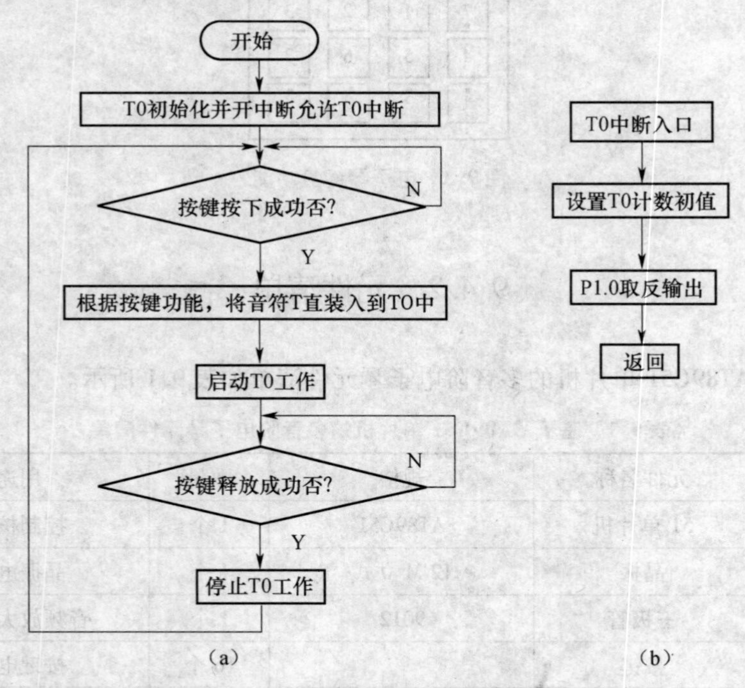

图 9.4 主程序流程图和 T0 中断服务程序流程图
(a) 主程序流程图；(b) T0 中断服务程序流程图

1）4×4 矩阵键盘识别处理

键盘只简单地提供按键开关的行列矩阵。有关按键的识别、键码的确定与输入、去抖动等功能均由软件完成。

每个按键都有其行值和列值，行值和列值的组合就是识别这个按键的编码。矩阵的行线和列线分别通过两并行接口和 CPU 通信。每个按键的状态同样需变成数字量 0 和 1，开关的一段（列线）通过电阻接 V_{CC}，而接地时通过程序输出数字 0 实现的。键盘处理程序的任务是：确定有无键按下，判断哪一个键按下，键的功能是什么；还要消除按键在闭合或断开时的抖动。在两个并行口中，一个输出扫描码，使按键逐行动态接地；另一个并行口输入按键状态，由行扫描值和回馈信号共同形成键编码二识别按键，通过软件查表，查出该键的功能。

2）如何产生音乐频率

要产生音频脉冲，只要算出某一音频的周期（1/频率），然后将此周期除以 2，即为半周期的时间，然后利用计时器计时半周期时间，每当计时到后就将输出脉冲的 I/O 反相，然后重复计时此半周期时间再对 I/O 反相，如此就可在 I/O 脚上得到此频率的脉冲。

利用 AT89C51 单片机内部计时器让其工作在计数模式 MODE1 下，改变计数值 TH0 及 TL0 以产生不同的频率。

AT89C51 单片机采用 12 MHz 晶振，高中低音符与 T0 相关的计数值如表 9.2 所示。

表 9.2　高、中、低音符与单片机定时/计数器 T0 的数值对应关系表

音符	频率/Hz	数值	音符	频率/Hz	数值	音符	频率/Hz	数值
低 1 DO	262	63 628	中 1 DO	523	64 580	高 1 DO	1 046	65 058
#1 DO#	277	63 731	#1 DO#	554	64 633	#1 DO#	1 109	65 085
低 2 RE	294	63 835	中 2 RE	587	64 684	高 2 RE	1 175	65110
#2 RE#	311	63 928	#2 RE#	622	64 732	#2 RE#	1 245	65 134
低 3 M	330	64 021	中 3 M	659	64 777	高 3M	1 318	65 157
低 4 FA	349	64 103	中 4 FA	698	64 820	高 4 FA	1 397	65 178
#4 FA#	370	64 185	#4 FA#	740	64 860	#4 FA#	1 480	65 198
低 5 SO	392	64 260	中 5 SO	784	64 898	高 5 SO	1 568	65 217

续表

音符	频率/Hz	数值	音符	频率/Hz	数值	音符	频率/Hz	数值
#5 SO#	415	64 331	#5 SO#	831	64 934	#5 SO#	1 661	65 235
低 6 LA	440	64 400	中 6 LA	880	64 968	高 6 LA	1 760	65 252
#6 LA#	466	64 463	#6 LA #	932	64 994	#6 LA #	1 865	65 268
低 7 SI	494	64 524	中 7 SI	988	65 030	高 7 SI	1967	65 283

利用单片机的定时/计数器 T1 的延时功能还可产生音乐的不同音拍。以 C 调为例，音拍与延时时间的对应关系见表 9.3。

表 9.3　音拍与延时时间的对应关系表

音拍	延时时间/ms
调 4/4	125
调 3/4	187
调 2/4	250
调 4/4	62
调 3/4	94
调 2/4	125

9.5.2　程序清单

基于 AT89C51 单片机的多音阶电子琴程序清单如下：

```
        ORG      0000H
        LJMP     MAIN
        ORG      000BH
        LJMP     TIMER0
        ORG      0100H
MAIN:
        DATABUF  DATA   30H
        MOV      DPTR,#TAB
        MOV      TMOD,#01H              ;设置定时器 0 和定时器 1 工作方式 1 下
        SETB     EA                     ;开中断
        SETB     ET0                    ;开定时器 0 中断
```

```
START:  MOV     R7,#11110111B       ;R7 暂存键扫描码,低 4 位作为键扫描输出
        MOV     R6,#00H             ;R6 作为键值的暂存寄存器
        MOV     R5,#04H             ;R5 作为行扫描的计数器
        MOV     P2,R7               ;扫描口送 P2 口
KEY_SCAN:
        MOV     R4,#04H             ;R4 作为列扫描的计数器
        ORL     P2,#0F0H            ;设置 P2.4 ~ P2.7 为读引脚模式
        MOV     A,P2                ;读 P2 口引脚的数据
        MOV     DATABUF,A           ;将读入的 P2 口数据存入 DATABUF 单元
        SETB    C                   ;CY = 1
LINE_DEC:
        RLC     A                   ;A 中数据循环左移
        JNC     KEY_VAL             ;若 CY = 0,表明某列某键被按下,
                                    ;转去执行取键值程序
        INC     R6                  ;若 CY = 1,某列无按键被按下,R6 递增
        DJNZ    R4,LINE_DEC         ;判断每行的 4 列是否扫描完毕,
                                    ;没有则继续
        MOV     A,R7                ;每行的 4 列都扫描完,
                                    ;无键按下,去扫描码
        RR      A                   ;右移 A 中的数据
        MOV     R7,A                ;扫描码存回 R7
        MOV     P2,A                ;扫描码送 P2 口
        DJNZ    R5,KEY_SCAN         ;判断 4 行是否扫描完毕
        LJMP    START               ;扫描完的话,跳回 START
;*********** 取扫描键值程序 ***********
KEY_VAL:
        LCALL   DELAY20MS           ;延时 20 ms
        ORL     P2,#0F0H            ;置 P2 口为读引脚
        MOV     A,P2                ;P2 口数据送给 A
        CJNE    A,DATABUF,START     ;新读入的数据和上次读入的数据比较
                                    ;若相同表明是某键被按下
        MOV     31H,R6              ;R6 中存的是对应的键值送 31H 单元保存
        LCALL   TABLE               ;调用查表程序,给定时器 0 赋初值
        SETB    TR0                 ;启动 T0
LOOP:
        MOV     P2,#0F0H
        MOV     A,P2
        CJNE    A,#0F0H,LOOP        ;判断按键是否释放
        CLR                         TR0;已释放按键,关闭 T0
```

```
        LJMP     START
;******定时器0中断服务程序******
TIMER0:
        PUSH     ACC
        PUSH     PSW
        CLR      TR0                    ;关闭T0
        MOV      TH0,32H                ;TH0←(32H),计数器初值高8位赋值
        MOV      TL0,33H                ;TH0←(33H),计数器初值低8位赋值
        SETB     TR0                    ;启动T0
        CPL      P1.0                   ;P1.0输出取反
        POP      PSW
        POP      ACC
        RETI
DELAY20MS:                              ;延时20 ms子程序
        MOV      R1,#20
  LOOP2:MOV      R0,#149
  LOOP1:DJNZ     R0,LOOP1
        DJNZ     R1,LOOP2
        RET
TABLE:
        MOV      A,31H
        CLR      C
        RLC      A
        MOV      R2,A
        MOVC     A,@A+DPTR
        MOV      32H,A
        MOV      TH0,A
        INC      R2
        MOV      A,R2
        MOVC     A,@A+DPTR
        MOV      33H,A
        MOV      TL0,A
        RET
  ;每个音符对应的计数初值表
  TAB:
        DW      64201,64103,64260,64400
        DW      64524,64580,64684,64777
        DW      64820,64898,64968,65030
        DW      65058,65110,65157,65178
        END
```

9.6　系统仿真及调试

基于 AT89C51 单片机的多音阶电子琴元件仿真过程参考附录 C。仿真结果如下图 9.5 所示。

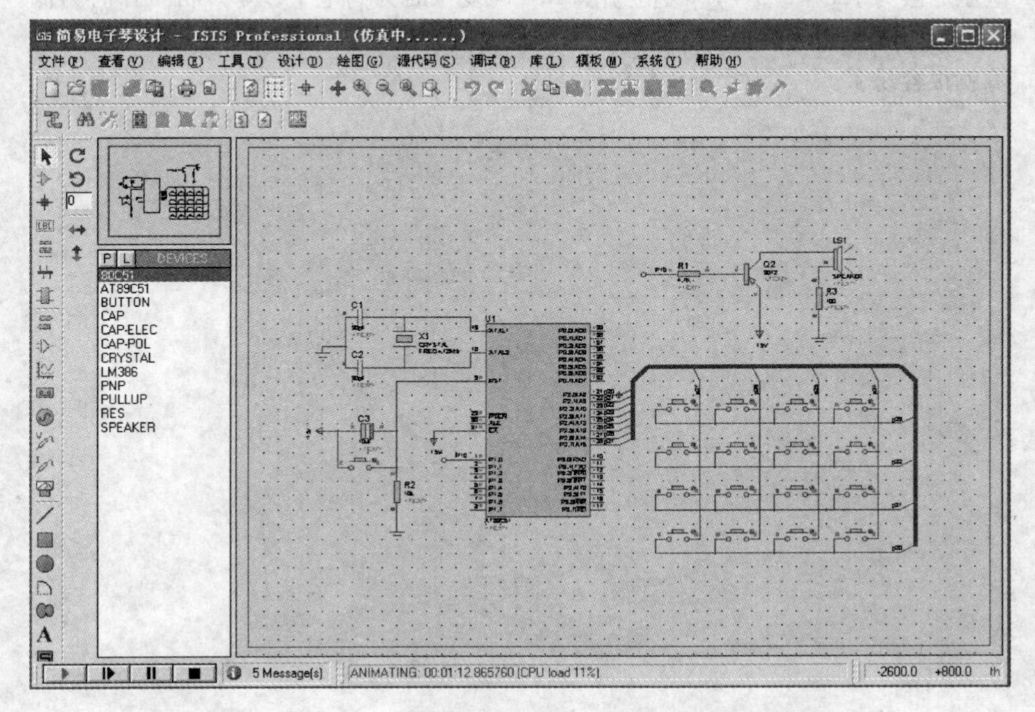

图 9.5　基于 AT89C51 单片机的多音阶电子琴元件仿真图

应用系统设计完成后，要进行硬件调试和软件调试。软件调试可以利用开发及仿真系统进行。

1. *硬件调试*

硬件的调试主要是把电路各种参数调整到符合设计要求。具体步骤如下:

（1）先排除硬件电路故障，包括设计性错误和工艺性故障。一般原则是先静态后动态。

（2）利用万用表或逻辑测试仪器，检查电路中的各器件以及引脚是否连接正确，是否有短路故障。

（3）先要将单片机 AT89S52 新品取下，对电路板进行通电检查，通过观察看是否有异常，然后用万用表测试各电源电压，若这些都没有问题，则接上仿真机进行联机调试观察各接口是否正常。

2. 软件调试

软件调试是利用仿真工具进行在线仿真调试，除发现和解决程序错误外，也可以发现硬件故障。

单片机 AT89C51 是系统的核心，利用万用表检测单片机电源 V_{CC} 是否为（40 脚）+5 V、晶振是否正常工作（可用示波器测试，也可用万用表检测，两引脚电压一般为 1.8 ~2.3 V）、复位引脚 RST（复位时为高电平，单片机工作时为低电平）、EA 是否为高电平，这样一来单片机就能工作了，再结合电路图，检测故障就很容易了。

项目十　基于 AT89C51 单片机的抢答器设计

10.1　项目概述

现在很多文娱活动中都会有抢答这一项，需要用到抢答器。在目前的市场上，普通抢答器都需要几百块，价格比较昂贵。本项目设计的抢答器电路简单、成本较低、操作方便、灵敏可靠，具有较高的推广价值。

10.2　项目要求

基于 AT89C51 单片机设计制作一个抢答器，晶振采用 12 MHz。具体设计要求如下：

（1）设计一个智力竞赛抢答器，可同时供 8 名选手或 8 个代表队参加比赛，编号为 1、2、3、4、5、6、7、8，各用一个按钮。

（2）给节目主持人设置一个控制开关，用来控制系统的清零和抢答的开始。

（3）抢答器具有数据锁存功能、显示功能和声音提示功能。抢答开始后，若有选手按动抢答按钮，编号立即锁存，并在 LED 数码管上显示选手的编号，同时灯亮且伴随声音提示。此外，要封锁输入电路，禁止其他选手抢答，最先抢答选手的编号一直保持到主持人将系统清零。

10.3 系统设计

10.3.1 框图设计

基于 AT89C51 单片机抢答器由控制核心 AT89C51 单片机、复位电路、电源电路、选手按键、主持人按键、声音提示和数码显示等部分组成，系统框图如图 10.1 所示。

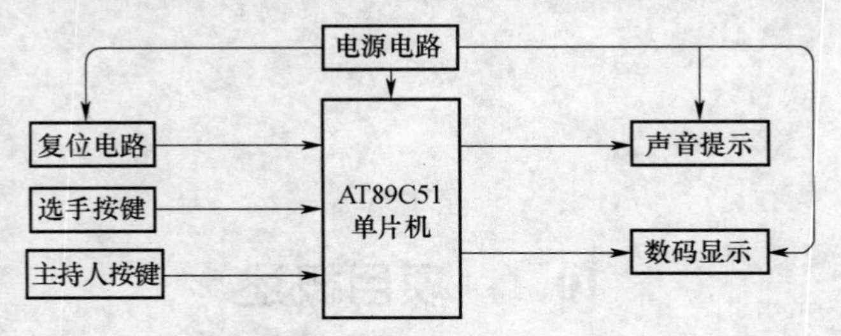

图 10.1 基于 AT89C51 单片机抢答器系统框图

10.3.2 知识点

本项目需要通过学习和查阅资料，掌握和了解如下知识：

- +5 V 电源原理及设计。
- 单片机复位电路工作原理及设计。
- 单片机晶振电路工作原理及设计。
- 按键电路设计。
- 蜂鸣器驱动电路设计。
- 数码管特性及使用。
- AT89C51 单片机引脚。
- 单片机汇编语言及程序设计。

10.4 硬件设计

10.4.1 电路原理图

根据上述分析，设计出基于 AT89C51 单片机抢答器电路原理图（如图 10.2

所示)。其工作原理为：电源电路为单片机以及其他模块提供标准 5 V 电源。晶振模块为单片机提供时钟标准，使系统各部分协调工作。复位电路模块为单片机系统提供复位功能。单片机作为主控制器，根据输入信号对系统进行相应的控制。选手按下相应的按键，蜂鸣器发出提示音，直到按键释放。数码管显示最先按下按键选手的编号。选手回答完毕，主持人按下准备按钮，数码管清零，蜂鸣器停止发声，可以进入下一题的抢答。

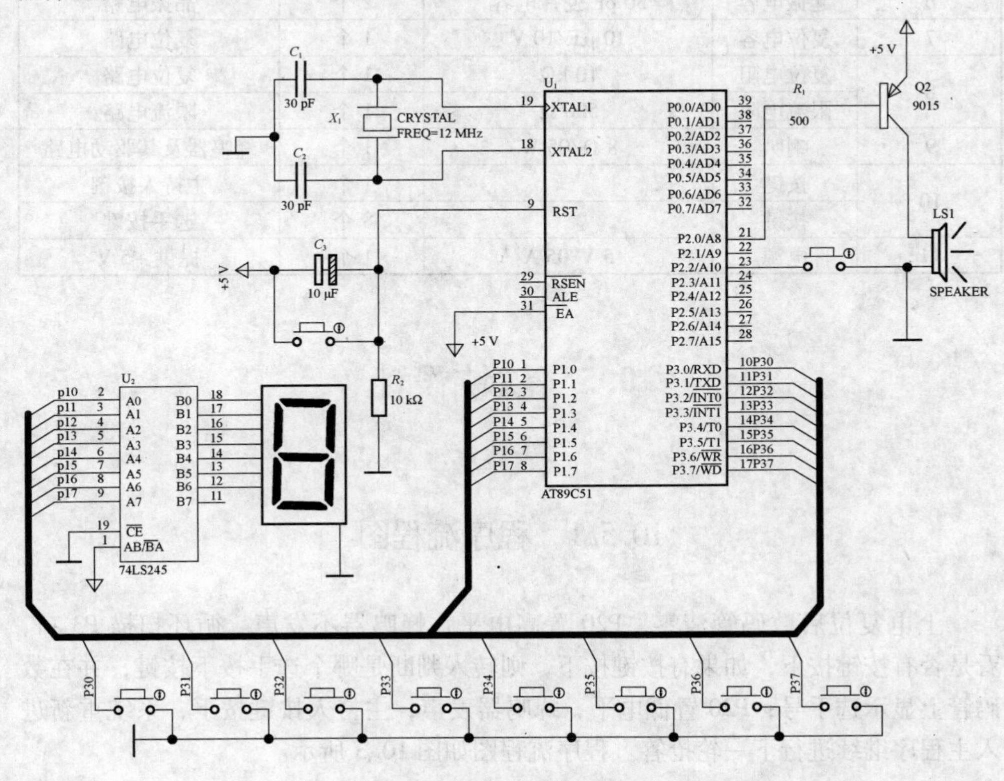

图 10.2　基于 AT89C51 单片机抢答器电路原理图

10.4.2　元件清单

基于 AT89C51 单片机抢答器元件清单如表 10.1 所示。

表 10.1　基于 AT89C51 单片机抢答器元件清单

序号	元件名称	规格	数量	用途
1	51 单片机	AT89C51	1 个	控制核心
2	晶振	12M 立式	1 个	晶振电路

续表

序号	元件名称	规格	数量	用途
3	集成电路	74LS245（8 总线接收/发送器）	1 个	驱动
4	七段数码管	1 位共阴极	1 个	显示电路
5	三极管	9 015	1 个	蜂鸣器及其驱动电路
6	起振电容	30 pF 瓷片电容	2 个	晶振电路
7	复位电容	10 μF/10 V	1 个	复位电路
8	复位电阻	10 kΩ	1 个	复位电路
	限流电阻	500 Ω	1 个	限流电路
9	喇叭	8 Ω/05 W	1 个	蜂鸣器及其驱动电路
10	按键		1 个	主持人按键
	按键		8 个	选手按键
11	电源	5 V/05 A	1 个	提供 +5 V

10.5 软件设计

10.5.1 程序流程图

上电复位后数码管清零，P20 置高电平，蜂鸣器不发声。循环扫描 P3 口，看是否有按键按下，如果有按键按下，则转入判断是哪个选手按下按键，并在数码管上显示选手号；P20 置低电平，蜂鸣器发声，主持人按键按下，系统重新进入主程序继续进行下一轮抢答。程序流程图如图 10.3 所示。

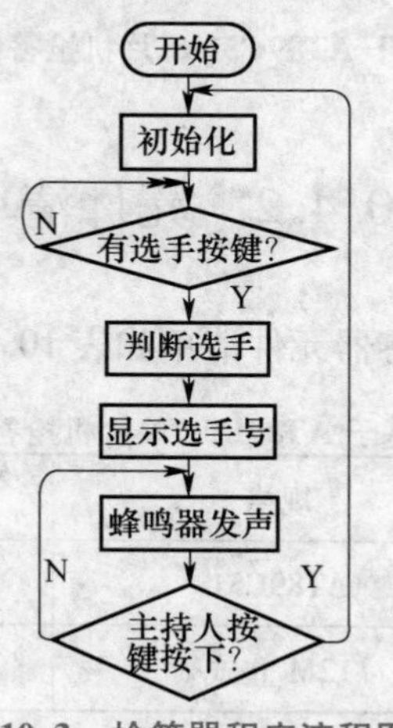

图 10.3　抢答器程序流程图

10.5.2　程序清单

基于 AT89C51 单片机抢答器的设计程序清单如下：

```
        ORG 0000H
        JMP BEGIN
TABLE:                              ;共阴极数码管显示代码表
        DB 3FH,06H,5BH,4FH,66H      ;01234
        DB 6DH,7DH,07H,7FH          ;6 789
DELAY:MOV R5,#20
LOOP4:MOV R6,#50H                   ;延时 20×20 ms
LOOP5:MOV R7,#100
        DJNZ R7, $
        DJNZ R6,LOOP5
        DJNZ R5,LOOP4
        RET
BEGIN:MOV P2,#0FFH                  ;P2 口置高电平,准备接收信号
        MOV R4,#0
        MOV A,R4                    ;R4 位标志值送 A 寄存器
AGAIN:MOV DPTR,#TABLE
        MOVC A,@A+DPTR
        MOV P1,A
LOOP1:MOV A,P3                      ;接收 P3 口的抢答信号
        CPL A
        JZ LOOP1
LOOP2:RRC A                         ;有抢答信号则逐次移动判断哪一位抢答
        INC R4
        JNC LOOP2
                                    ;* * * * * * * * * * * * * * * * * * * * * * *
        MOV A,R4
        MOVC A,@A+DPTR              ;找到相应位显示代码
        MOV P1,A
LOOP3:JNB P22,BEGIN                 ;若主持人按下复位信号键,则转向主程序
        CPL P20                     ;若没按复位信号键,则通过 P22 口给出高低信号
                                     驱动蜂鸣器
        LCALL DELAY                 ;调用延时子程序
        SJMP LOOP3                  ;P2. 2 口反复间隔 0. 4 s 变化,驱动蜂鸣器
        END
```

10.6　系统仿真及调试

基于 AT89C51 单片机抢答器仿真过程参考附录 C。仿真结果如图 10.4 所示。

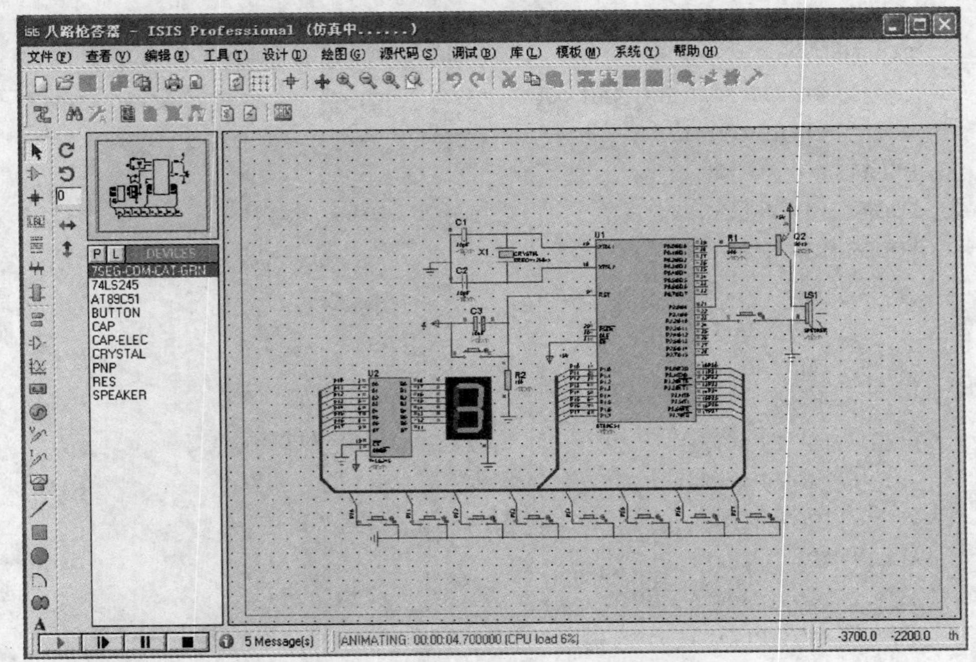

图 10.4　基于 AT89C51 单片机抢答器仿真图

应用系统设计完成之后，就要进行硬件调试和软件调试。软件调试可以利用开发及仿真系统进行调试。

1. 硬件调试

硬件的调试主要是把电路各种参数调整到符合设计要求。先排除硬件电路故障，包括设计性错误和公益性故障。一般原则是先静态后动态。

利用万用表或逻辑测试仪器，检查电路中的各器件以及引脚是否连接正确，是否有短路故障。

2. 软件调试

软件调试是利用仿真工具进行在线仿真调试，除发现和解决程序错误外，也可以发现硬件故障。程序调试一般是一个模块一个模块地进行，一个子程序一个子程序的调试，最后连起来统调。在单片机上把各模块程序分别进行调试使其正确无误，可以用系统编程器将程序固化到 AT89C51 的 FALSH ROM 中，接上电源脱机运行。

项目十一　基于 AT89C51 单片机的比赛记分牌设计

11.1　项目概述

现在篮球爱好者越来越多了，大多数比赛中都需要向观众和选手展示比赛得分情况，需要用到记分牌。在目前的市场上，普通记分牌系统都需要几百块，价格比较高。本项目设计的记分牌系统，电路简单，成本较低，灵敏可靠，操作方便，具有较高的推广价值。

11.2　项目要求

基于 AT89C51 单片机比赛记分牌，采用 12 MHz 晶振。项目具体要求如下：

（1）启动时显示为两队的初始状态 0 分。

（2）当得分的时候按相应的按键就能加分。

（3）计分范围是每个队能记到 0 ~ 99 分。

11.3　系统设计

记分牌主要用途是展示选手的得分情况，当选手得分时记分牌上需要加上相应的分数。根据项目要求进行系统设计。

11.3.1 框图设计

基于 AT89C51 单片机比赛记分牌由显示模块、按键模块、单片机主控模块、电源模块等组成，系统框图如图 11.1 所示。

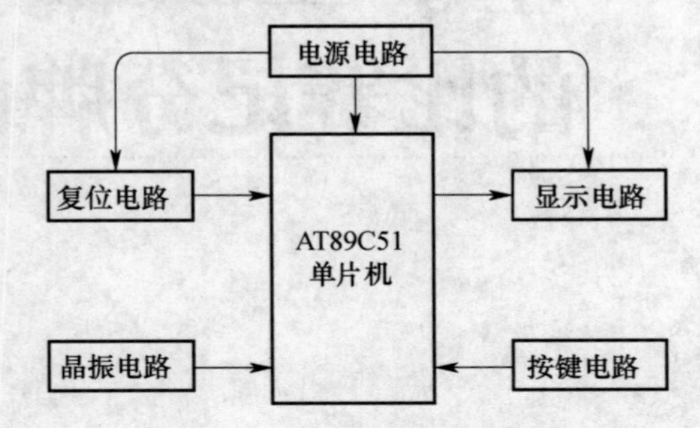

图 11.1 基于 AT89C51 单片机比赛记分牌系统框图

11.3.2 知识点

本项目需要通过学习和查阅资料，掌握和了解如下知识：

（1） +5 V 电源原理及设计。

（2）单片机复位电路工作原理及设计。

（3）单片机晶振电路工作原理及设计。

（4）按键电路设计。

（5）数码管特性及使用。

（6）AT89C51 单片机引脚。

（7）集成块 74LS07 的使用。

（8）单片机汇编语言及程序设计。

11.4 硬件设计

11.4.1 电路原理图

根据上述分析，设计出基于 AT89C51 单片机的比赛记分牌电路原理图如图 11.2 所示。电源电路为单片机以及其他模块提供标准 5 V 电源。晶振模块为单片机提供时钟标准，使系统各部分能协调工作。复位电路模块为单片机提供复位功能。单片机作为主控制器，根据输入信号对系统进行相应的控制。数码管显示选手当前的得分。按键设置模块用来刷新选手的得分，当选手得分或者失分时可通过这两个按钮对选手分数重新设置。

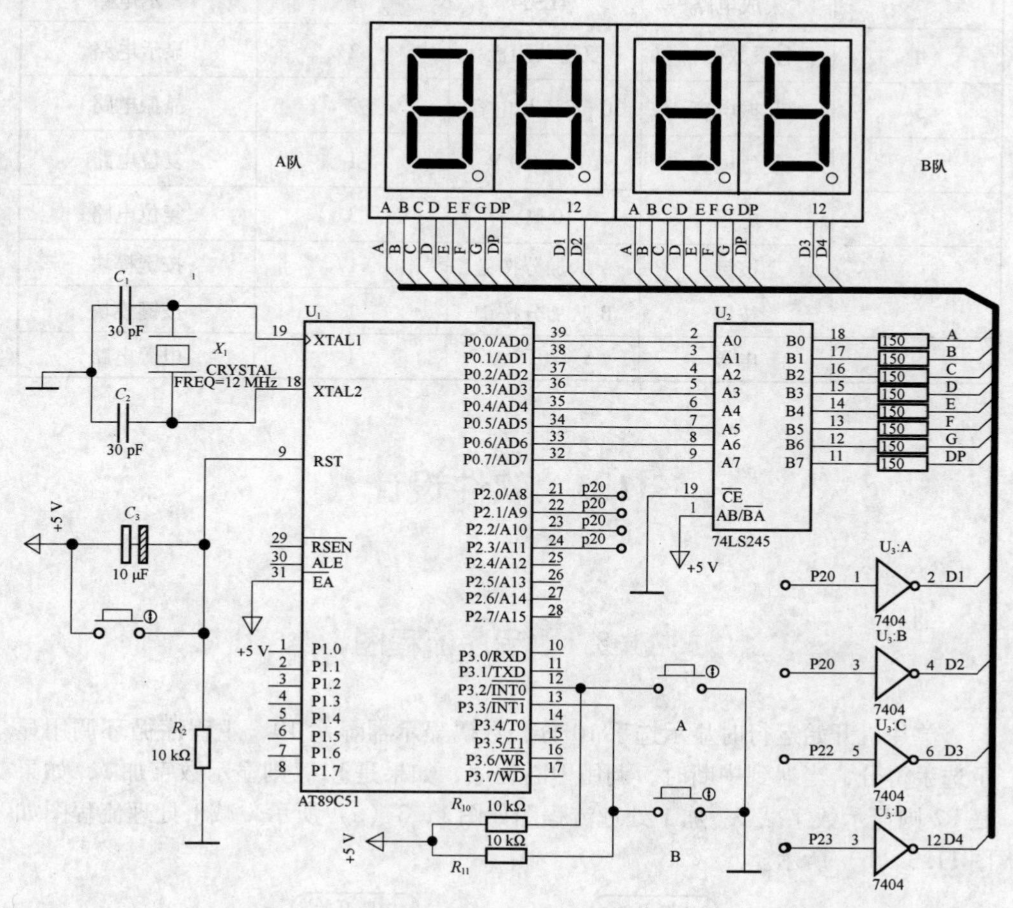

图 11.2　基于 AT89C51 单片机的比赛记分牌电路原理图

11.4.2　元件清单

基于 AT89C51 单片机的比赛记分牌元件清单如表 11.1 所示。

表 11.1　基于 AT89C51 单片机的比赛记分牌元件清单

序号	元件名称	规格	数量/个	用途
1	51 单片机	AT89C51	1	控制核心
2	晶振	12M 立式	1	晶振电路

续表

序号	元件名称	规格	数量/个	用途
3	集成电路	74LS245	1	驱动
	集成电路	74LS04	1	显示电路
4	七段数码管	双位共阴极	2	显示电路
5	起振电容	30 pF 瓷片电容	2	晶振电路
6	复位电容	10 μF/10 V	1	复位电路
7	电阻	10 kΩ	3	复位电路
8	按键	A 队加分按键	1	按键模块
	按键	B 队加分按键	1	按键模块
9	电源	5 V/0. 5 A	1	电源电路

11. 5 软件设计

11. 5. 1 程序流程图

单片机开始运行时显示选手 10 分，数码显示器显示 10，主程序循环调用显示选手得分，当遇到中断时，调用中断程序，如果是 P1，则显示数字加 1，如果是 P2 则显示数字减 1。加 1 处理流程图如图 11. 3（a）所示，减 1 处理流程图如图 11. 3（b）所示。

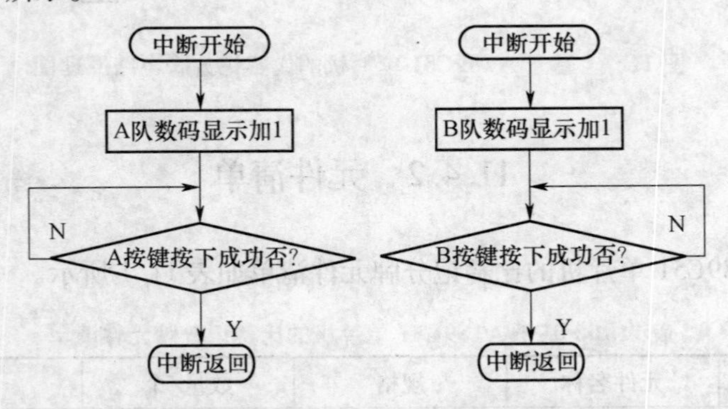

图 11. 3 基于 AT89C51 单片机的比赛记分牌程序流程图

（a）加 1 处理流程图；（b）减 1 处理流程图

11.5.2 程序清单

基于 AT89C51 单片机的比赛记分牌设计清单如下：

```
        PORT      EQU P0        ;段码从 P0 口输出
        FRIST     BIT P2.0      ;千位位选
        SECOND    BIT P2.1      ;百位位选
        THIRD     BIT P2.2      ;十位位选
        FOURTH    BIT P2.3      ;个位位选
        ORG       0000H
        LJMP      MAIN
        ORG       0003H
        LJMP      JIAYIA
        ORG       0013H
        LJMP      JIAYIB
        ORG       0040H
MAIN:   MOV       SP,#40H       ;初始化
        SETB      EX0
        SETB      EX1
        SETB      IT0
        SETB      IT1
        SETB      EA
        MOV       DPTR,#TAB
        LJMP      DISPLAY
        ORG       0200H
JIAYIA: CLR       A
        INC       R1            ;A 队加 1 中断处理程序
        MOV       A,R1
        MOV       B,#10
        DIV       AB
        MOV       30H,A
        MOV       31H,B
        RETI
        ORG       0300H
JIAYIB: CLR       A
        INC       R2            ;B 队加 1 中断处理程序
        MOV       A,R2
        MOV       B,#10
        DIV       AB
```

```
          MOV      32H,A
          MOV      33H,B
          RETI
DISPLAY:  SETB     FRIST
          SETB     SECOND
          SETB     THIRD
          SETB     FOURTH
          MOV      DPTR,#TAB
          MOV      A,30H
          MOVC     A,@A+DPTR
          MOV      PORT,A
          CLR      FRIST
          LCALL    DELAY              ;延时 5 ms
          SETB     FRIST
          MOV      A,31H
          MOVC     A,@A+DPTR
          MOV      PORT,A
          CLR      SECOND
          LCALL    DELAY              ;延时 5 ms
          SETB     SECOND
          MOV      A,32H
          MOVC     A,@A+DPTR
          MOV      PORT,A
          CLR      THIRD
          LCALL    DELAY              ;延时 5 ms
          SETB     THIRD
          MOV      A,33H
          MOVC     A,@A+DPTR
          MOV      PORT,A
          CLR      FOURTH
          LCALL    DELAY              ;延时 5 ms
          SETB     FOURTH
          LJMP     DISPLAY
          RET
DELAY:    MOV      R4,#20
D:        MOV      R3,#25
          DJNZ R3, $
          DJNZ R4,D
          RET
TAB:      DB       0C0H,0F9H,0A4H,0B0H,99H,92H,82H,0F8H,80H
```

```
        DB          90H,88H,83H,0C6H,0A1H,86H,8EH
        END
```

11.6　系统仿真及调试

基于AT89C51单片机的比赛记分牌仿真过程参考附录C。仿真结果如图11.4和图11.5所示。

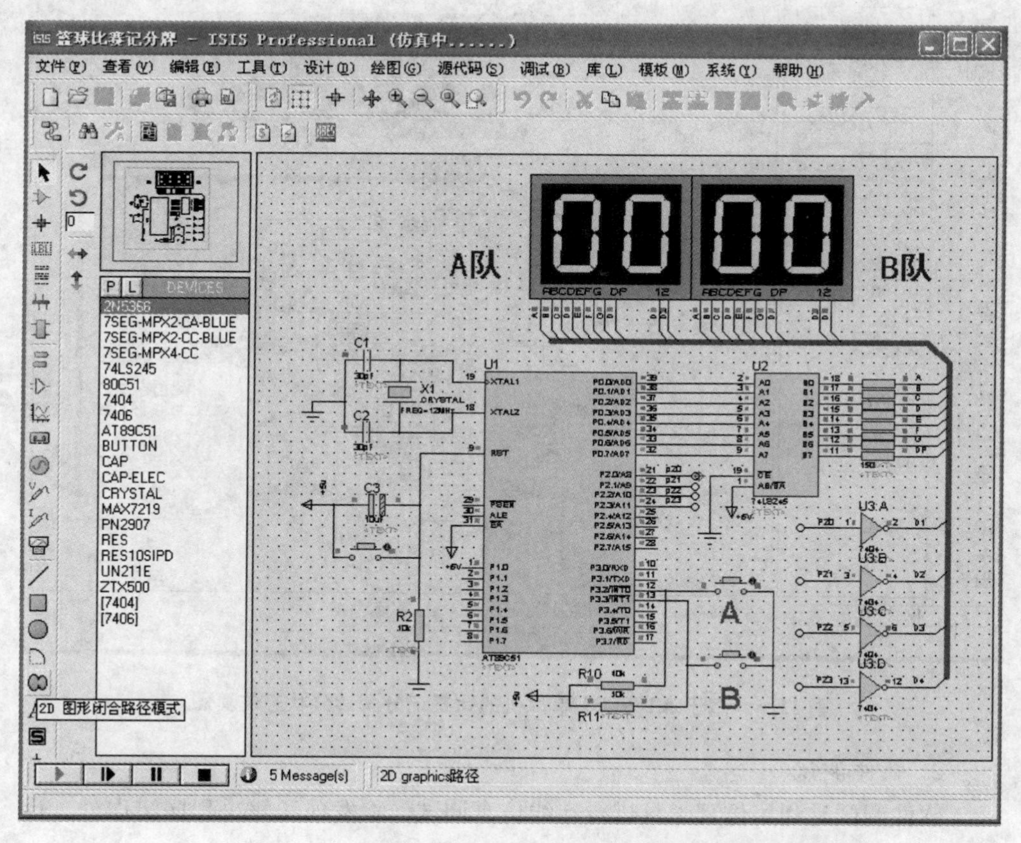

图11.4　基于AT89C51单片机的比赛记分牌初始状态仿真图

应用系统构建完成之后，就要进行硬件调试和软件调试。软件调试可以利用开发及仿真系统进行。

1. 硬件调试

硬件的调试主要是把电路中各种参数调整到符合设计要求。先排除硬件电路故障，包括社交性错误和工艺性故障。一般原则是先静态后动态。

利用万用表或逻辑测试仪器，检查电路中的各器件以及引脚是否连接正确，

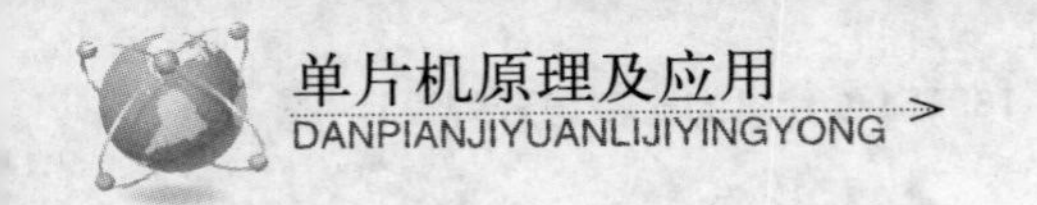

是否有短路故障。

先要将单片机 AT80C51 芯片取下，对电路板进行通电检查，通过观察看是否有异常，是否有虚焊的情况，然后用万用表测试各电源电压，若这些都没有问题，则接上仿真机进行联机调试，观察各接口线路是否正常。

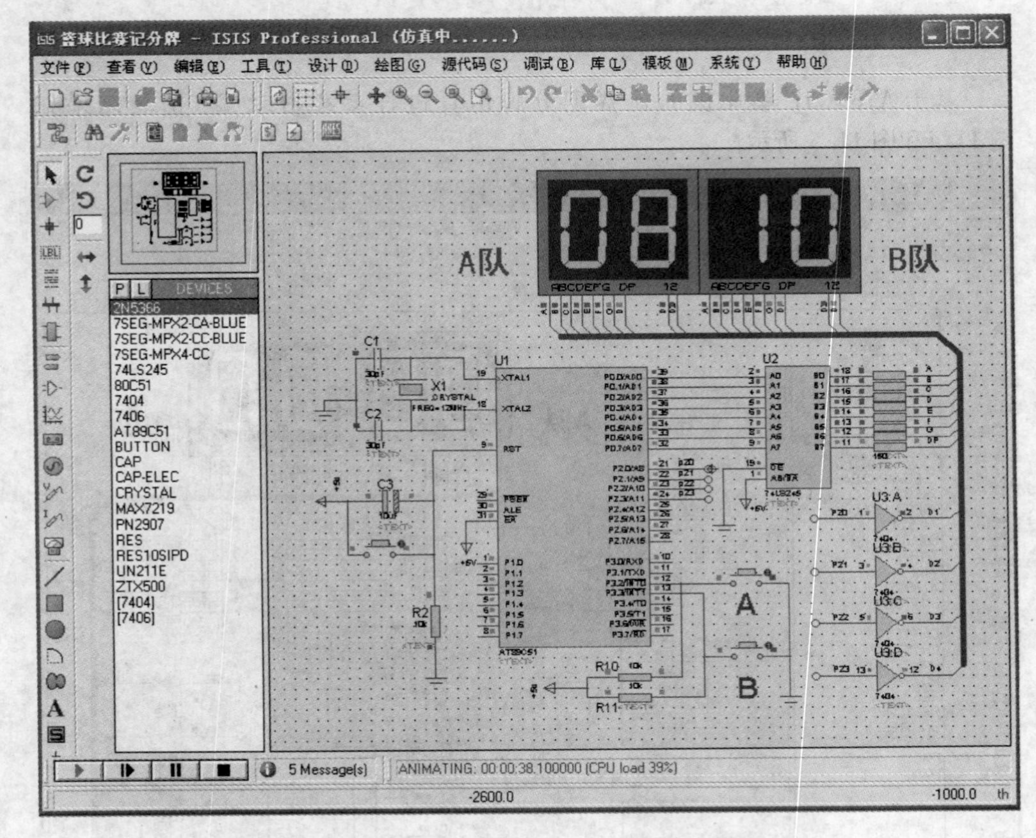

图 11.5　基于 AT89C51 单片机的比赛记分牌计分状态仿真图

2. 软件调试

软件调试是利用仿真工具进行在线仿真调试，除发现和解决程序错误外，也可以发现硬件故障。

程序调试一般是一个模块一个模块地进行，一个子程序一个子程序地调试，最后连起来统调，在单片机上把各模块程序分别进行调试使其正确无误，可以用在系统编程器将程序固化到 AT89C51 的 FLASH ROM 中，接上电源脱机运行。

附录 A 单片机设计相关模块介绍与制作

1. 参考电压源模块

实验系统板上提供了一个参考电压源模块，以 TL431 为核心，通过调节电位器 RP1 可输出可调的参考电压。参考电压源模块可为实验系统板上需要参考电压的芯片或外部设备提供参考电压，主要为 A/D、D/A 转换提供参考电压 V_{REF}，如图附录 A. 1 所示。

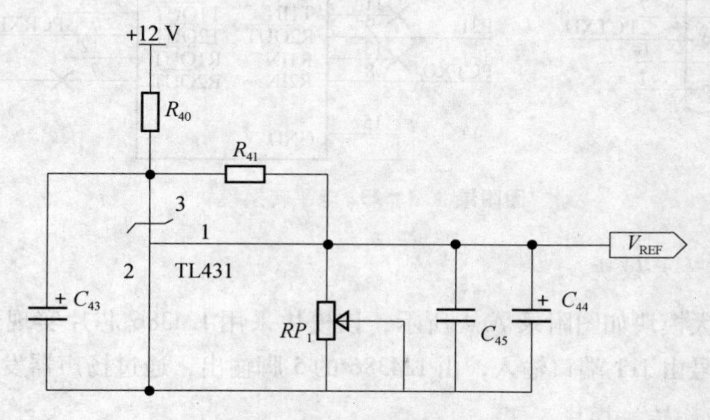

图附录 A. 1　参考电源模块

2. 电源模块

电源模块为实验系统主板上其他模块提供电源，如图附录 A. 2 所示。电源模块能提供多种电源，满足不同类型的单片机及外围电路供电要求。如图附录 A. 2，输入直流电压（例如 9 V，12 V 等）经 7805 后输出稳定的 +5 V 电压，供给需要 +5 V 供电的芯片或电路。如电流很大，需要给 7805 加装散热片。

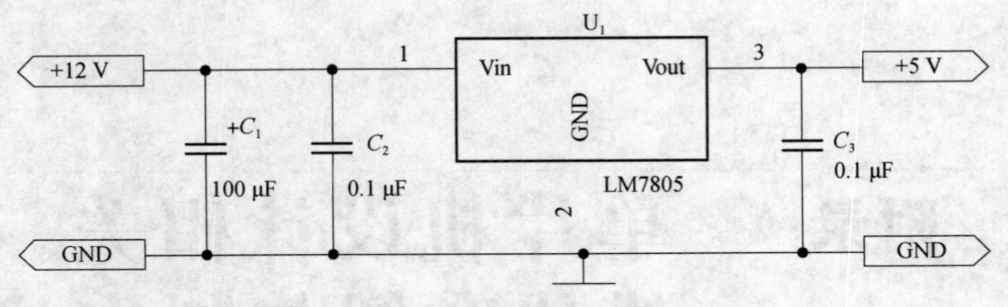

图附录 A.2　电源模块

3. 232 电平转换模块

232 电平转换模块如图附录 A.3 所示，采用 MAX232 芯片把 TTL 电平转换成 RS—232 电平格式，可以用单片机与微机通信，以及单片机与单片机之间的通信。实验系统板上提供一个 DB9 的接口，便于与其他具有 RS-232 接口等设备的等插界。

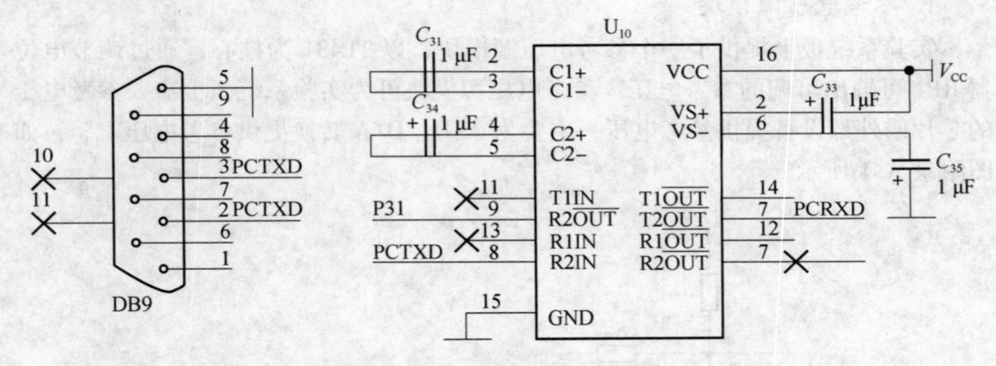

图附录 A.3　232 电平转换模块

4. 音频放大模块

音频放大模块如图附录 A.4 所示，该模块采用 LM386 芯片实现音频功率放大，音频信号由 J11 端口输入，由 LM386 的 5 脚输出，通过扬声器发出声音。

5. 模—数转换模块

模—数转换模块如图附录 A.5 所示，该模块采用 ADC0809 芯片组成 8 路 8 位的 A/D 转换电路，IN0 ~ IN7 为 8 路模拟的输入端，控制 ADC0809 芯片工作的信号有 CLK、OE、EOC、ADDA、ADDB、ADDC，转换出来的数据从 D0 ~ D7输出。参考电压可通过跳线方式直接接 +5 V 或基准电压模块输出的电压。

6. 数—模转换模块

数—模转换模块如图附录 A.6 所示，该模块采用 8 位的 D/A 转换芯片

DAC0832 来完成数模转换，DAC0832 是电流输出型 D/A 转换芯片，后面接集成运放 LM358 来完成电流到电压的转换，转换所得模拟量从 A_{OUT} 输出。参考电压可通过跳线直接接 +5 V 电压或接基准模块输出的电压。

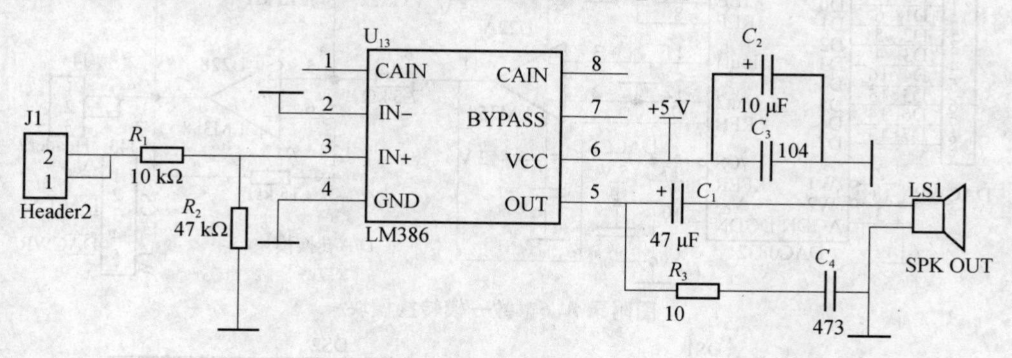

图附录 A.4　音频放大器

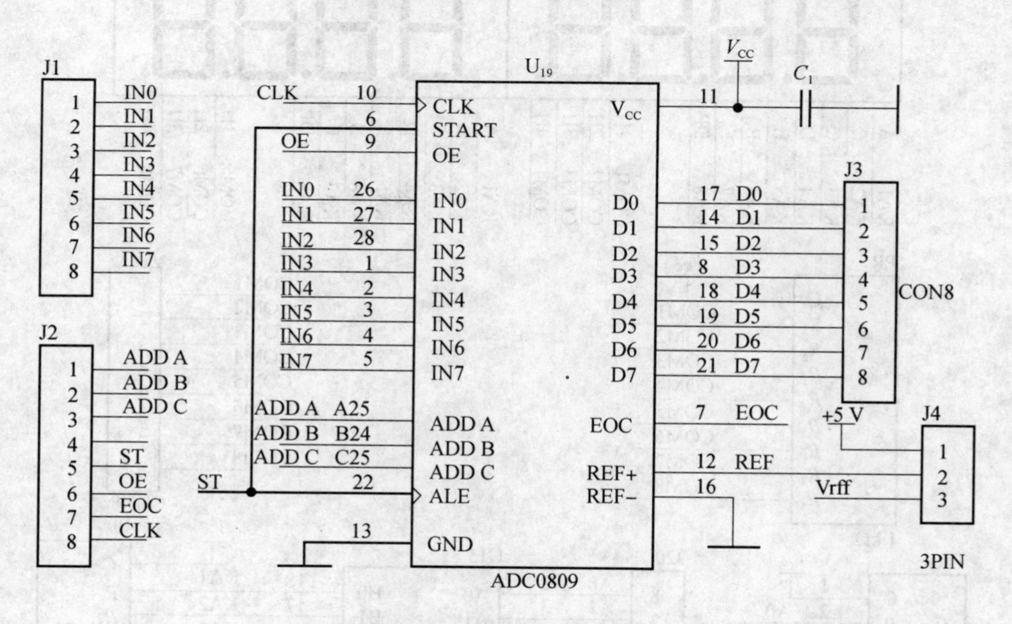

图附录 A.5　模—数转换模块

7. 数码显示模块

数码显示模块如图附录 A.7 所示，该模块中采用 8 位的数码管，控制数码管显示的数据分两部分：一部分为笔段亮灭控制信号，包括 KA1 ~ KA8 信号；另一部分控制位显示的控制信号，包括 COM1 ~ COM8。PR_2、PR_3 和 PR_4 为电阻排，74LS245 为电流驱动芯片。

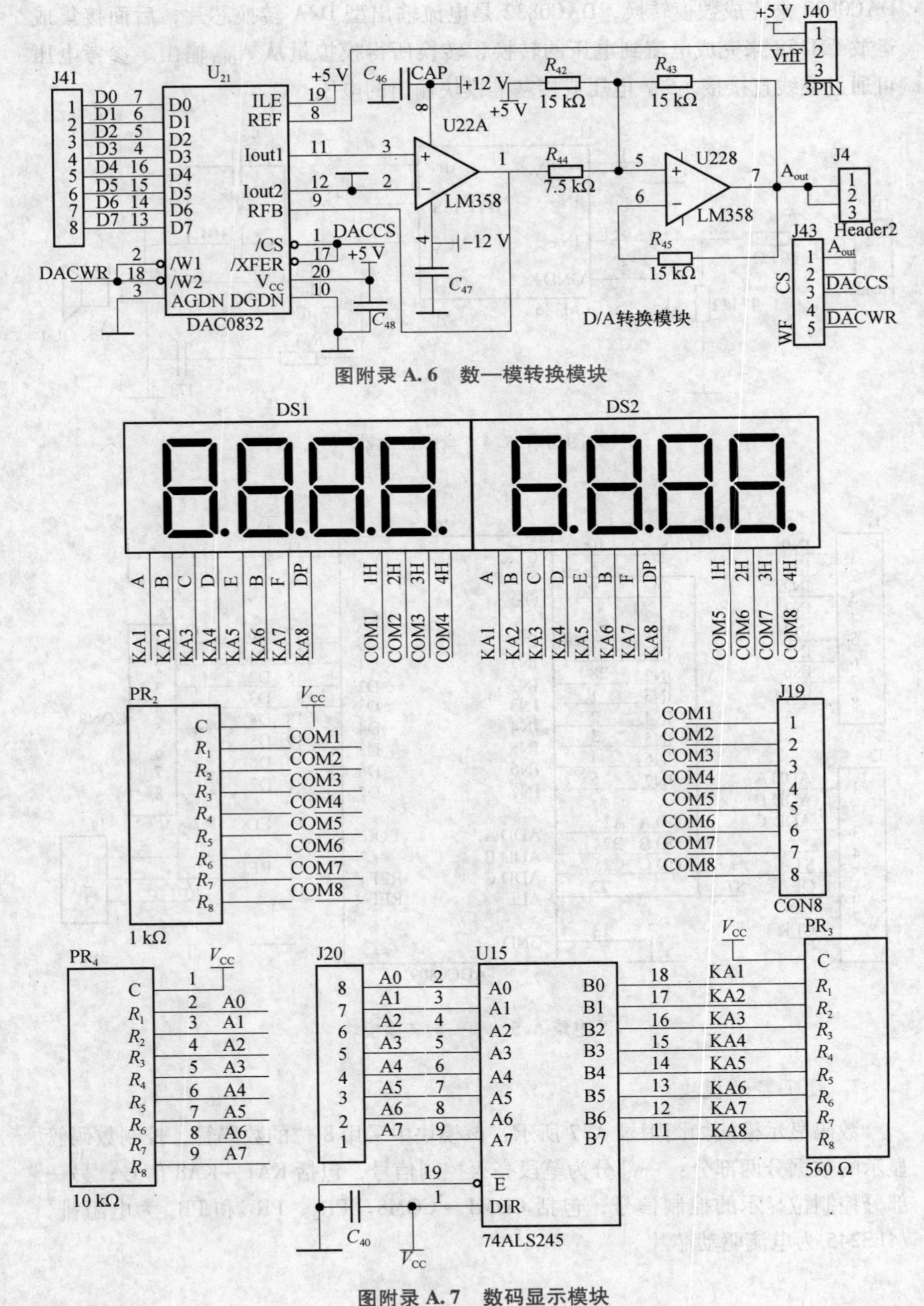

图附录 A.6　数—模转换模块

图附录 A.7　数码显示模块

8. 8×8 点阵模块

8×8 点阵模块如图附录 A. 8 所示，该点阵模块有两个输入控制端，一个控制行一个控制列。KB1 ~ KB8 为 8×8 点阵模块的行信号控制端，KA1 ~ KA8 为 8×8点阵模块的列信号控制端。PR_1 为电阻排。

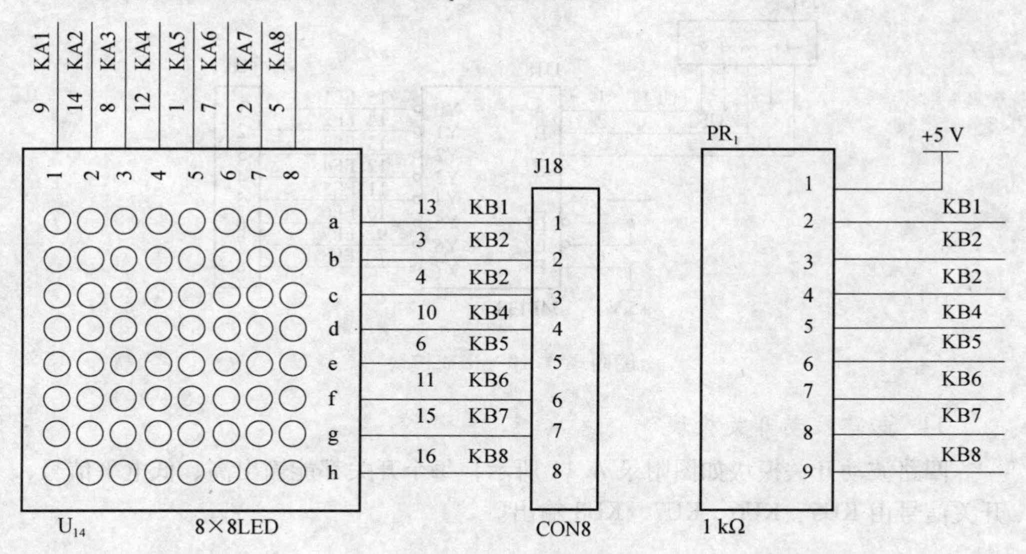

图附录 A. 8　8×8 点阵模块

9. 发光二极管指示模块

发光二极管指示模块如图附录 A. 9 所示，该模块采用 8 个发光二极管作为指示信号，既可以用排线来控制，也可以单个控制。当控制信号（L1 ~ L8）某位为低电平时，发光二极管亮；为高电平时，发光二极管熄灭。PR_5 为电阻排。

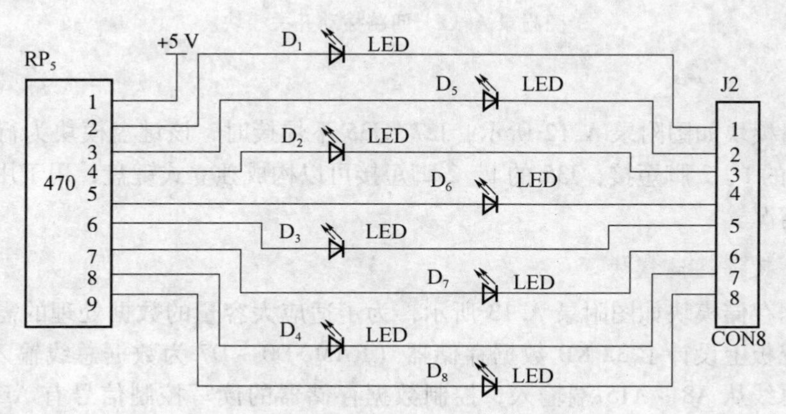

图附录 A. 9　发光二极管指示模块

10. 译码模块

译码模块如图附录 A. 10 所示，该模块采用 138 作译码器，A、B、C 为译码控制信号，Y0 ~ Y7 为译出信号输出端。

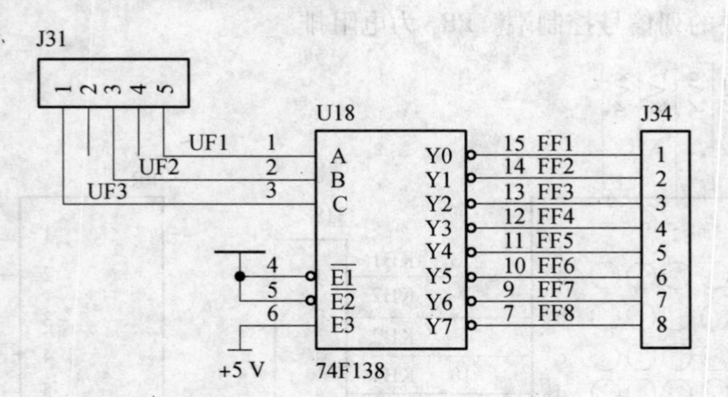

图附录 A. 10 译码模块

11. 四路拨动开关模块

四路波动开关模块如图附录 A. 11 所示，每个开关都能输出高、低电平信号，开关信号由 KU5、KU6、KU7、KU8 输出。

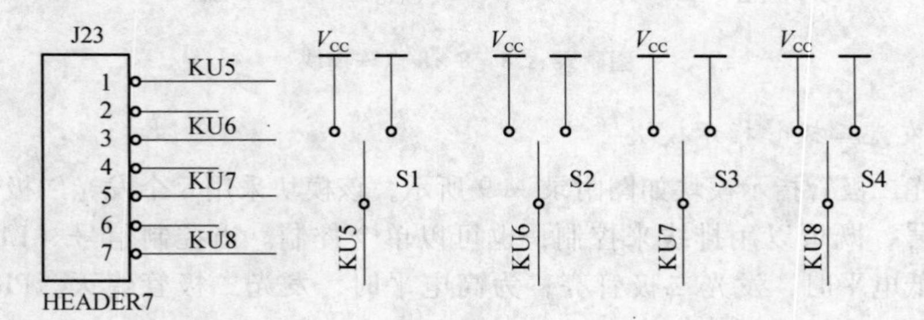

图附录 A. 11 四路拨动开关模块

12. 键盘模块

键盘模块如图附录 A. 12 所示，J27、J35 不焊接时，该键盘模块为行列式键盘，J27 的 1、2 脚短接，J35 的 1、2 脚短接可以构成独立式键盘，用于用键盘数时候的情况。

13. 数据存储模块

数据存储模块如图附录 A. 13 所示，为了适应大容量的数据处理的需要，在实验系统板上设计了 32 KB 数据存储器（RAM）D0 ~ D7 为数据总线输入，高 8 位地址总线从 A8 ~ A15 端输入，控制数据存储器的读写控制信号有 ALE、CS、WR、RD。

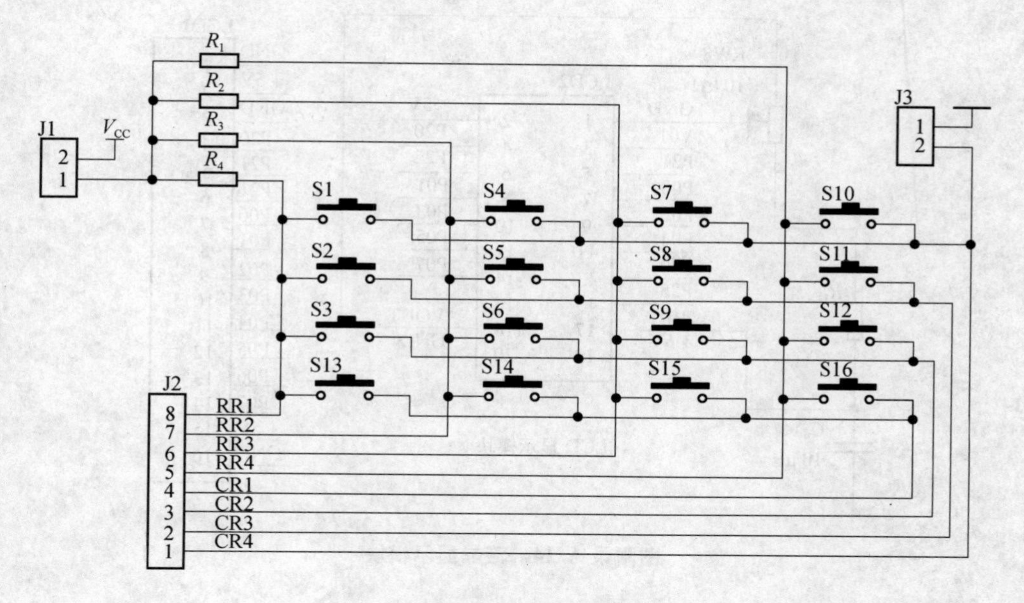

图附录 **A. 12** 键盘模块

14. 液晶显示模块

液晶显示模块如图附录 A. 13 所示，LCD1 为字符液晶显示接口，LCD2 为图形液晶显示接口。注意：实验系统板上只设计了相应液晶显示接口，液晶模块根据需要配置。

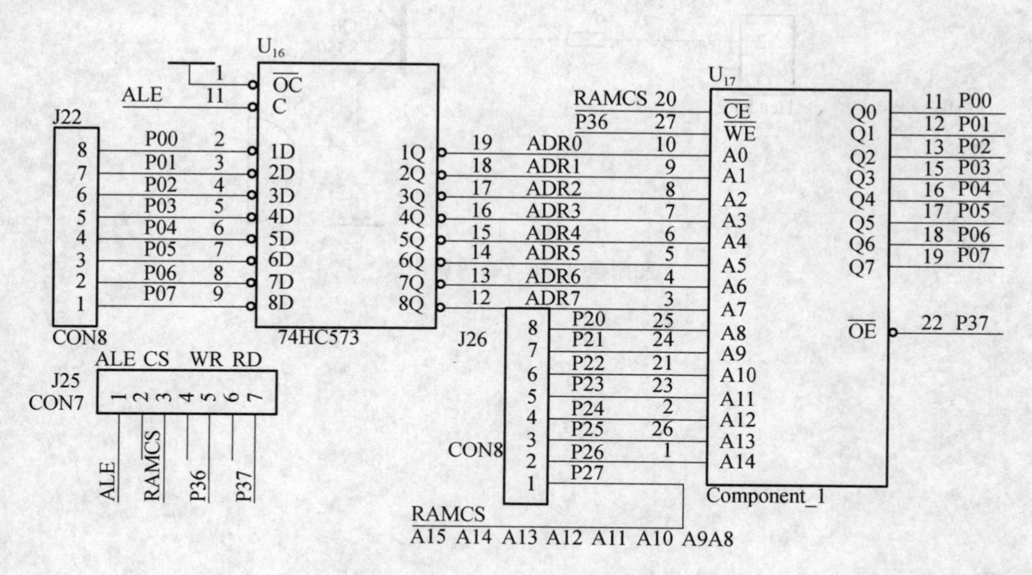

图附录 **A. 13** 数据存储模块

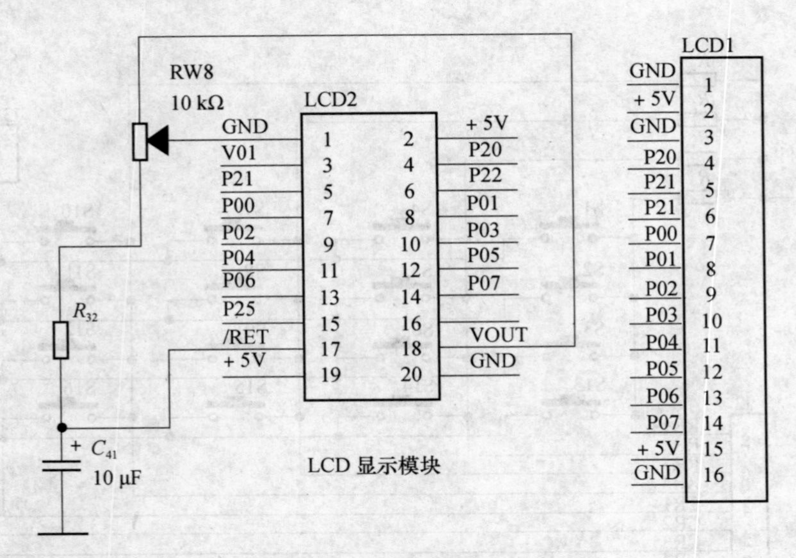

图附录 A. 14　液晶显示模块

15. 蜂鸣器模块

蜂鸣器模块如图附录 A. 15 所示，J24 为信号输入端，SP_1 为蜂鸣器。

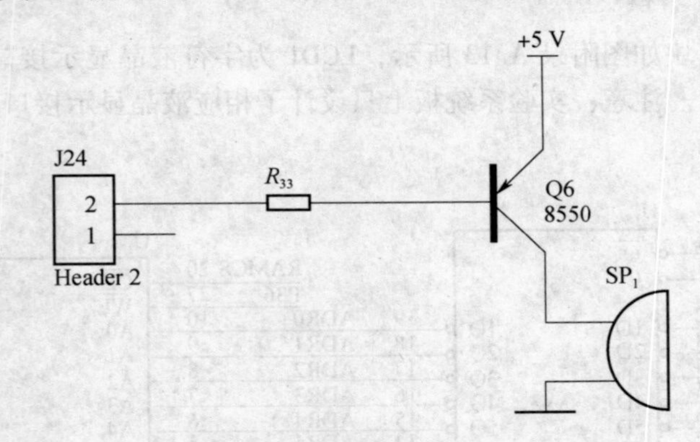

图附录 A. 15　蜂鸣器模块

附录B 常用元器件介绍

1. 电阻器

1）电阻器的分类

（1）固定电阻器的分类

固定电阻器根据其制造材料和结构的不同，又可分为碳膜电阻器、金属膜电阻器、金属氧化膜电阻器、合成碳膜电阻器、有机合成实心电阻器、玻璃釉电阻器、线绕电阻器、片状电阻器等多种。

（2）电位器的分类

电位器的种类很多，分类也很多，常见的电位器有：合成碳膜电位器、金属碳膜电位器、线绕电位器、实芯电位器和玻璃釉电位器。

2. 电阻器型号的命名方法

1）国内电阻

根据众多国标标准规定，电位器型号命名由以下四部分组成。

（1）第一部分：用字母“R”表示电阻器的主称。

（2）第二部分：用不同的字母表示电阻器的导电材料。

（3）第三部分：一般用数字表示分类，个别类型用字母表示。

（4）第四部分：用数字表示序号，以区别外形尺寸和性能指标。

详细型号命名如表附录B.1所示，电阻器型号命名实例如图附录B.1所示。

表附录 B.1 国内电阻器型号命名

第一部分		第二部分		第三部分		第四部分
主称		电阻器导电材料		电阻器的类别		序号
符号	R	符号	意义	数字	类别	用数字表示
意义	电阻器	H	合成碳膜	1	普通	
		I	玻璃釉膜	2	普通	
		J	金属膜	3	超高频	
		N	无机实心	4	高阻	
		G	沉积膜	5	高温	
		S	有机实心	6	高湿	
		T	碳膜	7	精密	
		X	线绕	8	高压	
		Y	氧化膜	9	特殊	
		F	复合膜	G	高功率	
		T	可调			

图附录 B.1 电阻器型号命名举例

2）国外电阻

国外电阻器型号命名也由四部分组成，详细型号命名如表附录 B.2 所示。

表附录 B.2 国外电阻器型号命名

第一部分		第二部分		第三部分		第四部分	
符号	意义	代号	意义	代号	意义	代号	意义
RD：碳膜电阻		05：圆柱形，非金属套，引线方向相反，与轴线平行		Y：一般型（适用 RD，RS，PK）		2B：1/8W 2E：1/4W	
RC：碳质电阻		08：圆柱形，无包装，引线方向相反，与轴线平行		GF：一般型（适用 RC）		2H：1/2W 3A：1W	
RS：金属氧化膜电阻		13：圆柱形，无包装，引线方向相同，与轴线垂直		J：一般型（适用 RW）		3D：2W	

续表

第一部分		第二部分		第三部分		第四部分	
符号	意义	代号	意义	代号	意义	代号	意义
RW：线绕电阻		14：圆柱形，非金属外包装，引线方向相同，与轴线平行		S：绝缘型 H：高频率型			
RK：金属化电阻		16：圆柱形，非金属外包装，引线方向相同，与轴线垂直		P：耐脉冲型 N：耐温型			
RB：精密线绕电阻		21：圆柱形，非金属套，接线片引出方向相同，与轴线平行		NL：低噪音型			
RN：金属膜电阻		23：圆柱形，非金属套，接线片引出方向相同，与轴线垂直					
		24：圆柱形，无包装，接线片引出方向相同，与轴线垂直					
		26：圆柱形，非金属外包装，接线片引出方向相同，与轴线垂直					

3）电阻器的规格标志阻值读取方法

（1）电阻器的直标法

电阻器的直标法主要有三种，如图附录 B. 2 所示。

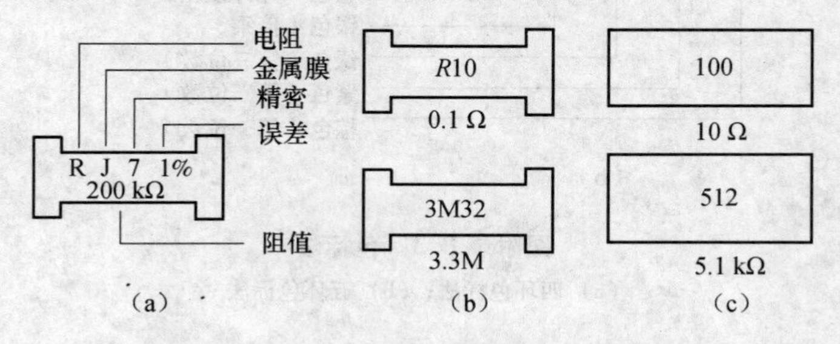

图附录 B. 2 直标法

（a）直标法 1；（b）直标法 2；（c）直标法 3；

①用数字和单位直接把标称电阻值和允许偏差标在电阻器的表面。

举例：RJ7 1%　200 k

表示：

精密金属膜电阻　阻值为 200 kΩ 误差为 1% y

②用文字、数字两者有规律的组合起来标志电阻器的标称阻值。

举例：

2R2 表示 2. 2 Ω；

3K3 表示 3. 3 kΩ；

R10 表示 0. 1 Ω；

R332 表示 0. 332 Ω。

③用三位数字标志电阻器的标称阻值，多用于片状电阻，最后一位的数字表示加零的个数。

举例：

100 表示 10 Ω；

221 表示 220 Ω；

512 表示 5 100 Ω 即为 5. 1 kΩ。

（2）电阻器的色标法

电阻器的色标法有四环色标法和五环色标法两种，如图附录 B. 3 所示。

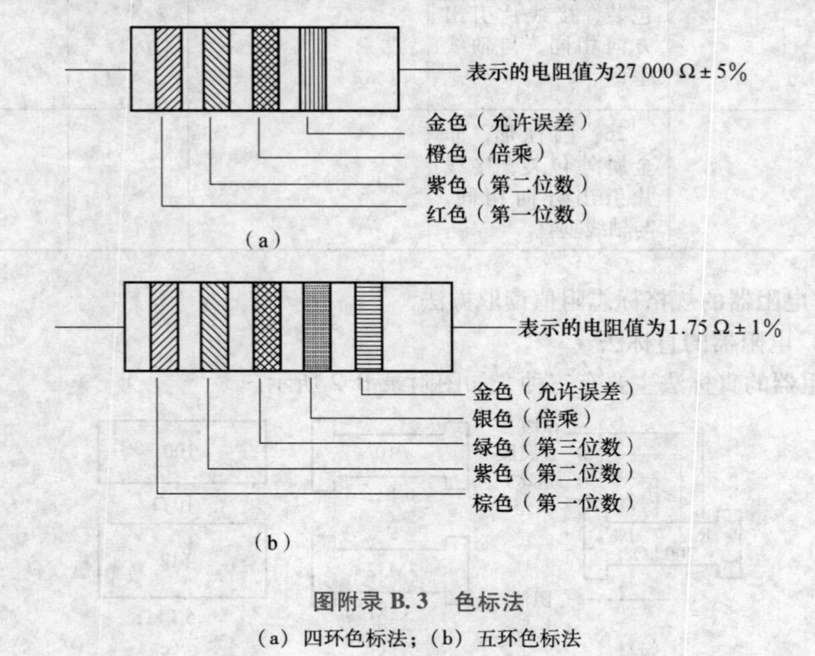

图附录 B. 3　色标法

（a）四环色标法；（b）五环色标法

电阻色环的含义（以四环色标法为例）如表附录 B. 3 所示。

表附录 B.3 电阻色环的含义

色环颜色	第1环（十位数）	第2环（个位数）	第3环（倍乘数）	第4环（误差）
黑		0	×1	
棕	1	1	×10	±1%
红	2	2	×100	±2%
橙	3	3	×1 000	
黄	4	4	×10 000	
绿	5	5	×100 000	±0.5%
蓝	6	6	×1 000 000	±0.2%
紫	7	7	×10 000 000	±0.1%
灰	8	8	×100 000 000	
白	9	9		
金			×0.1	±5%
银			×0.01	±10%
无环				±20%

注：第一环、第二环表示有效数字；第三环表示倍乘数；最后一环表示误差。如棕、黑、橙、金表示电阻的值为 10×103 =10 kΩ，误差为 ±5%。

3. 电容器

1）电容器的分类

电容器的种类很多，根据电容器的容量是否可调分为三类：固定电容器，半可变电容器（又称微调电容器）和可变电容器。

根据电容器所用绝缘介质分类有：空气介质电容器、云母电容器、纸介电容器、小型金属化电容器、瓷介电容器和电解电容器等。如表附录 B.4 所示。

表附录 B.4 电容器的种类

大类	小类	小类包含类
气体介质电容器	空气电容器	空气可变电容器 空气微调电容器
	真空电容器 充气式小类	

续表

大类	小类	小类包含类
有机固体介质电容器	纸介电容器	固体浸渍电容器
		液体浸渍电容器
	有机薄膜电容器	聚丙烯电容器
		聚苯乙烯电容器
		聚四氟乙烯电容器
		涤纶电容器
		漆膜电容器
		薄膜可变电容器
		薄膜微变电容器
	陶瓷电容器	低频陶瓷电容器
		高频陶瓷电容器
		瓷介微调电容器
	云母电容器	云母微调电容器
	玻璃釉电容器	
液体介质电容器	油渍电容器	
复合介质电容器	纸膜混合电容器	
电解介质电容器	铝电解电容器	有极性电容器
		无极性电容器
	铌电解电容器	
	钽电解电容器	固体钽电解电容器
		液体钽电解电容器

2）电容器型号的命名方法

（1）直标法

用字母和数字把型号、规格直接标在外壳上

（2）文字符号法

用数字、文字符号有规律的组合来表示容量。文字符号表示其电容量的单位，如 P、N、U、M、F 等，和电阻的表示方法相同。标称允许偏差也和电阻的表示方法相同。小于 10 pF 的电容，其允许偏差用字母代替，B 表示 ±01 pF、C 表示 ±02 pF、D 表示 ±05 pF、F 表示 ±1 pF。

（3）色标法

和电阻的表示方法相同，单位一般为 pF，小型电解电容器的耐压也有用色标法的，位置靠近正极引出线的根部，所表示的意义如表附录 5。

表附录 B.5 小型电解电容器的耐压用色标法

颜色	黑	棕	红	橙	黄	绿	绿	紫	灰
耐压/V	4	63	10	16	25	32	40	50	63

（4）数码表示法

数码表示法是用三位数字表示电容器容量的大小，其中前两位数字为电容器标称容量的有效数字，第三位数字表示有效数字后面零的个数，单位是 pF，如 103 表示容量为 10×103 pF，如第三位数字式“9”时，有效数字应为乘上 10^{-1} 来表示，如 229 就表示容量为 22×10^{-1} pF。

对于初学者容易混淆数码表示法和直标法，一般来说，直标法第三位一般为 0，而数码表示法第三位一般不为零。

电容器命名由下列四部分组成：第一部分（主称）；第二部分（材料），第三部分（分类特征），第四部分（序号）。它们的型号及意义见表附录 B.6 和表附录 B.7。

表附录 B.6 电容器型号命名方法

第一部分		第二部分		第三部分		第四部分
用字母表示主称		用字母表示材料		用字母或数字比欧式特征		序号
符号	意义	符号	意义	符号	意义	
C	电容器	C	瓷介	T	铁电	包括：品种、尺寸、代号、温度特性、直流工作电压、标称值、允许误差、标准代号
		I	玻璃釉	W	微调	
		O	玻璃膜	J	金属化	
		Y	云母	X	小型	
		V	云母纸	S	独石	
		Z	纸介	D	低压	
		J	金属化纸	M	密封	
		B	聚苯乙烯	Y	高压	
		F	聚四氟乙烯	C	穿心式	
		L	涤纶			
		S	聚碳酸酯			
		Q	漆膜			
		H	纸膜复合			
		D	铝电解			
		A	钽电解			
		G	金属电解			
		N	铌电解			
		T	钛电解			
		M	压敏			
		E	其他材料			

表附录 B.7　第三部分是数字所代表的意义

符号	特征（型号的第三部分）的意义			
（数字）	瓷介电容器	云母电容器	有机电容器	电解电容器
1	圆片		非密封	箔式
2	管型	非密封	非密封	箔式
3	迭片	密封	密封	烧结粉液体
4	独石	密封	密封	烧结粉固体
5	穿心		穿心	
6				
7				无极性
8	高压	高压	高压	
9			特殊	特殊

4. 电感器

1）电感器的分类

电感器的种类很多，而且分类方法也不一样。尽管各种电感线圈都具有不同的特点和用途，但它们大都是漆包线、纱包线、镀银裸铜线，绕在绝缘骨架上、铁芯或磁芯上构成，而且每圈之间要彼此绝缘。为适应各种用途的需要，电感线圈做成各式各样的形状。

①按形式分类：可分为固定电感器和可调电感器。

②按导磁体性质分类：可分为空芯线圈、铁氧体线圈、铁芯线圈、铜芯线圈。

③按工作性质分类：可分为天线线圈、振荡线圈、扼流线圈、陷波线圈、偏转线圈。

④按绕线结构分类：可分为单层线圈、多层线圈、蜂房式线圈。

单层线圈是用绝缘导线一圈挨一圈地绕在纸筒或胶木骨架上。如晶体管收音机中波天线线圈。

蜂房式绕制的线圈的平面不与旋转面平行，而是相交成一定的角度；而其旋转一周，导线来回弯折的次数，称为折点数。蜂房式绕法的优点是体积小，分布电容小，而且电感量大。蜂房式线圈都是利用蜂房绕线机来绕制，折点越多，分布电容越小。

2）电感器型号的命名方法

电感器的型号命名由三部分组成，各部分的含义如表附录8。

表附录 B. 8　电感器的型号命名及含义

第一部分：主称		第二部分：电感量			第三部分：误差范围	
字母	含义	数字与字母	数字	含义	字母	含义
L 或 PL	电感线圈	2R2	2．2	2．2 μH	J	±5%
		100	10	10 μH	K	±10%
		101	100	100 μH		
		102	1 000	1 mH	M	±20%
		103	10 000	10 mH		

注：第一部分：用字母表示主称为电感线圈。
　　第二部分：用字母与数字混合或数字来表示电感量。
　　第三部分：用字母表示误差范围。

固定电感的电感量及误差通常在外壳上均有标记，有的数字直接标出，有的用色点、色环直接标出。如图附录 B. 4 所示为几种典型电感线圈的标记方法。

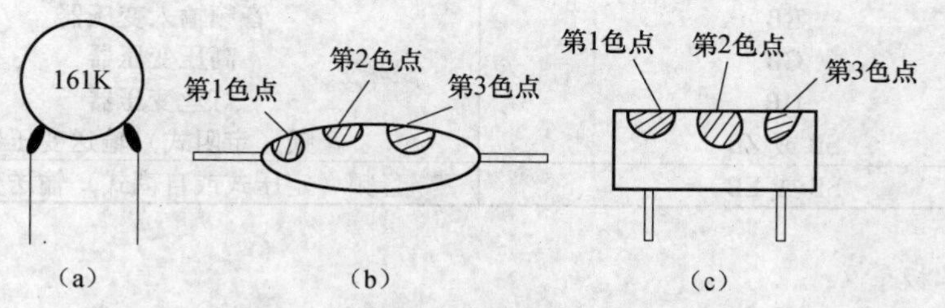

图附录 B. 4　几种典型电感的标记方法
(a) SP 型；(b) PL 型；(c) L 型

SP 型电感线圈的标记方法是：用三位数字表示，与电阻的表示方法相似，即第一、第二位数为有效数字，第三位数表示在前面两位数之后应加“0”的个数，小数点用 R 表示，最后用英文字母 J(±5%)、K(±10%)、M(±20%) 表示误差。如 161K 表示电感量为 160 μH，误差为 ±10%；又如 8R2J 表示电感量为 82 μH，误差为 ±5%。PL 型电感线圈的标记方法是：用色点表示电感量，与色环电阻标记方法相似，即数字与颜色的对应关系和色环电阻标记法相同，其误差用 ±10% 和 ±20% 两种表示。

L 型电感器线圈的标记方法是：用色点表示电感量，与色环电阻标记方法相似，只是顺序不同而已，其误差只有 ±5% 一种。

5. 变压器

1）变压器的分类

变压器可以根据其工作频率、用途及铁芯形状等进行分类。

①按工作频率分类：变压器按工作频率可分为高频变压器、中频变压器和低

频变压器。

②按用途分类：变压器按其用途可分为电源变压器、音频变压器、脉冲变压器、恒压变压器、耦合变压器、自耦变压器、隔离变压器等多种。

③按铁芯（或磁芯）形状分类：变压器按铁芯（磁芯）形状可分为“E”形变压器、“C”形变压器。

2）变压器型号的命名方法

第一部分：主称，用字母表示。

第二部分：功率，用数字表示，计量单位，用V·A或W标志，但RB型变压器除外。

第三部分：序号，用数字表示。

主称部分的字母所表示的意义如表附录B.9所示。

表附录B.9　变压器型号中主称部分所在表示的意义

字　母	意　义
DB	电源变压器
CB	音频输出变压器
RB	音频输入变压器
GB	高压变压器
HB	灯丝变压器
SB 或 ZB	音频（定阻式）输送变压器
SB 或 EB	音频（定压式或自耦式）输送变压器

6. 二极管

1）二极管的分类

二极管按材料分有硅二极管、锗二极管、砷二极管等。

按结构不同有点接触二极管、面接触二极管，外形如图附录B.5所示。

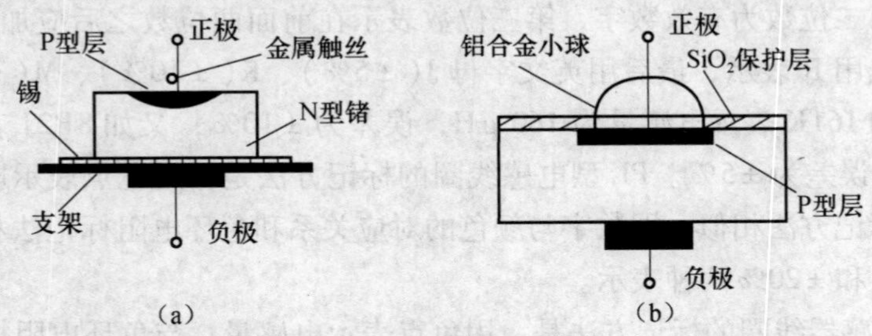

图附录B.5　二极管外形

（a）点接触二极管；（b）面接触二极管

按用途分有：整流二极管、检波二极管、变容二极管、发光二极管、光电二极管、隧道二极管、开关二极管。

无论构成二极管的材料、结构、特性如何，二极管均具有单向导电性和非线性的特点。

2）二极管型号的命名方法

国产半导体器件的命名方法

二极管型号命名通常根据国家标准 GB 249—1974 规定，由 5 部分组成，见图附录 B. 6 所示。

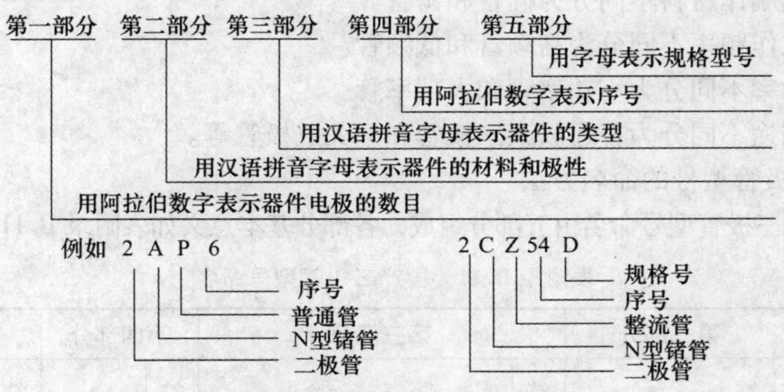

图附录 B. 6 二极管型号命名

第一部分：用数字表示器件电极的数目。

第二部分：用汉语拼音字母表示器件材料和极性。

第三部分：用汉语拼音字母表示器件的类型。

第四部分：用数字表示器件序号。

第五部门：用汉语拼音字母表示规格号，如表附录 B. 10 所示。

表附录 B. 10 国产半导体器件的命名方法

第一部分		第二部分		第三部分				第四部分	第五部分
符号	意义	字母	意义	字母	意义	字母	意义	意义	意义
2	二极管	A	N 型锗材料	P	普通	X	低频小功率 $f_a<3$ MHz, $P_c<1$ W	反映二极管、三极管参数的差别	反映二极管、三极管承受反向击穿电压的高低。如 A、B、C、D…其中承受反向击穿电压最低，B 稍高
		B	P 型锗材料	W	稳压管				
		C	N 型硅材料	Z	整流管	G	高频小功率 $f_a>3$ MHz, $P_c<1$ W		
		D	P 型硅材料	L	整流堆				
3	三极管	A	PNP 型锗材料	N	阻尼管	D	低频大功率 $f_a<3$ MHz, $P_c>1$ W		
		B	NPN 型锗材料	K	开关管				
		C	PNP 型硅材料	F	发光管	A	高频大功率 $f_a>3$ MHz, $P_c>1$ W		
		D	NPN 型硅材料	S	隧道管				
		E	化合物材料	U	光电管	T	可控硅		
						CS	场效应管		
						BT	特殊器件		

7. 三极管

1）三极管的分类

三极管的种类很多，有下列物种分类形式：

①按其内部结构类型不同分为 NPN 管和 PNP 管。

②按其制作材料不同分为硅管和锗管。

③按工作频率不同分为高频管和低频管。

④按功率不同分为小功率管和大功率管。

⑤按用途不同分为普通放大三极管和开关三极管等。

2）三极管型号的命名方法

①国产三极管型号命名由五部分组成，各部分基本意义如表附录 B. 11 所示。

表附录 B. 11　国产三极管型号命名

第一部分		第二部分		第三部分		第四部分		第五部分	
符号	意义	符号	意义	符号	意义	符号	意义	符号	意义
3	三极管	A	PNP 型，锗材料（锗管）	X	低频小功率晶体管（$f_a<3$ MHz，$P_c<1$ W）		同一类产品序号		用汉语拼音字母表示规格号
		B	NPN 型，锗材料（锗管）	G	高频小功率晶体管（$f_a\geqslant 3$ MHz，$P_c<1$ W）				
		C	PNP 型，硅材料（硅管）	D	低频大功率晶体管（$f_a<3$ MHz，$P_c\geqslant 1$ W）				
		D	NPN 型，硅材料（硅管）	A	高频大功率晶体管（$f_a\geqslant 3$ MHz，$P_c\geqslant 1$ W）				
		E	化合物材料	T	闸流管				
				Y	体效应管				
				B	雪崩管				
				J	阶跃恢复管				

②日本晶体管型号命名也由五部分组成，各部分基本意义如表附录 B. 12 所示。

表附录 B. 12　日本晶体管型号命名

第一部分		第二部分		第三部分		第四部分		第五部分	
符号	意义	符号	意义	符号	意义	符号	意义	符号	意义
2	三极管或具有三个电极的其他器件	S	在 JEIA 注册登记的器件	A	PNP 高频晶体管	多位数	JEIA 登记号		
				B	PNP 低频晶体管				
				C	NPN 高频晶体管				
				D	NPN 低频晶体管				
3	具有 4 个有效电极器件			J	P 沟道场效应管				
				K	N 沟道场效应管				

8. 石英晶体

1）石英晶体的分类

（1）按精度分类

石英晶体振荡器按精度（或频率稳定度）可分为普通石英晶体振荡器、精密石英晶体振荡器、中精密石英晶体振荡器和高精密石英晶体振荡器。

（2）按封装结构及外形分类

石英晶体振荡器按封装结构及外形可分为金属外壳晶体振荡器、玻璃外壳晶体振荡器、胶木壳晶体振荡器和塑料外壳晶体振荡器。金属外壳封装的石英晶体振荡器又有锡焊、冷压焊和电阻焊3种。

（3）按引出点击数目分类

石英晶体振荡器按引出电极数目可分为双I电极（二端）型晶体振荡器、三电极（三端）型晶体振荡器和四电极（四端）型晶体振荡器。

（4）按用途分类

石英晶体振荡器按用途可分为彩色电视机用晶体振荡器、摄像机用晶体振荡器、影碟机用晶体振荡器、无线通信用晶体振荡器、电子钟表用晶体振荡器等多种类型。

（5）按基本谐振电路分类

石英晶体振荡器按基本谐振电路可分为并联晶体振荡器和串联晶体振荡器两种类型。

（6）按晶体振荡器的品质因素等分类

晶体的品质、切割取向、晶体振子的结构及电路形式等共同决定振荡器的性能。按晶体的品质因素等国际电工委员会（IEC）将石英晶体振荡器分为四类：普通晶体振荡器（TCXO）、电压控制式振荡器（VCXO）、温度补偿式晶体振荡器（TCXO）、恒温控制式晶体振荡器（OCXO）。目前，发展中的还有数字补偿式晶体损振荡（DCXO）等。

2）石英晶体型号的命名方法

国产石英晶体的命名型号由三部分组成。第一部分用字母表示外壳材料及形状，如用J表示金属外壳，S表示塑料外壳，B表示玻璃外壳等。第二部分用字母表示石英晶体片的切割方式，如A表示晶体切型为AT型，B表示晶体切型为BT型等。第三部分用数字表示石英晶体元件的主要参数性能及外形尺寸，如用4.433表示石英晶体元件的标称工作频率。

9. 器件的筛选与检测

1）外观质量检查

拿到一个电子元器件之后，应看其外观有无明显损坏。如对变压器，要看其引线是否有折断，外表是否锈蚀，线包、骨架有无破损等。如对三极管，要看其外表有无破损，引脚有无折断或锈蚀，还要检查一下器件上的型号是否清晰可辨。对电位器、可变电容器之类的可调元件，还要检查其调节范围内活动是否平滑、灵活、松紧是否合适，应无机械噪声，手感好，并保证各触点良好。各种不同的电子元器件都有其自身的特点和要求，平时应多了解元件的性能、参数和特点等，以积累经验。

2）电气性能的筛选

要保证试制的电子装置能够长期、稳定地通电工作，并且经得起应用环境和其他可能因素的考验，对电子元器件的筛选是必不可少的一道工序，所谓筛选，就是对电子元器件施加一种应力或多种应力试验，暴露元器件的固有缺陷而又不破坏它的完整性。

筛选的理论是：如果试验及应力等级选择适当，劣质品会失效，而优良品则会通过。人们在长期的生产实践中发现新制造出来的电子元器件，在刚投入使用时，一般失效率较高，叫做早期失效。经过失效后，电子元器件便进入了正常使用期阶段。一般来说，在这一阶段中，电子元器件的失效率会大大降低。过了正常使用阶段，电子元器件便进入损耗老化期阶段，那将意味着“寿终正寝”。这个规律，恰似一条浴盆曲线，人们称它为电子元器件的效能曲线，如图附录 B. 7 所示。

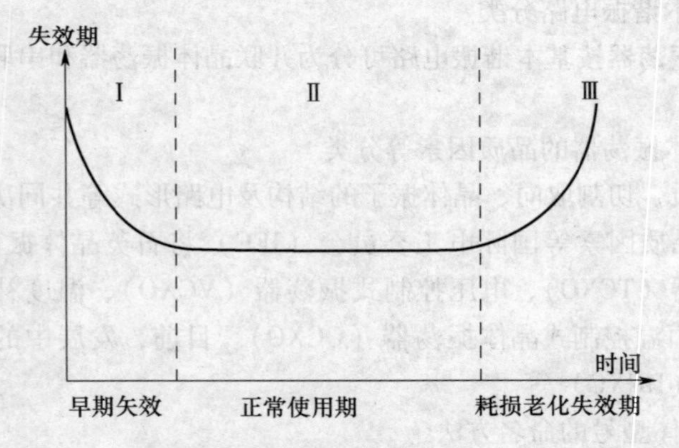

图附录 B. 7　效能曲线

电子元器件失效的原因是由于在设计和生产时所选用的原材料或工艺措施不当而引起的。元器件的早期失效十分有害，但又不可避免，因此，人们只能人为地创造早期工作条件，从而在制成成品前就将劣质品剔除，让用于产品生产、制作的元器件一开始就进入正常使用阶段，减少失效，增加其可靠性。

在正规的电子工厂里，采用的老化筛选项一般有：高温存储老化、高低温循环老化，高低温冲击老化和高温功率老化等。其中，高温功率老化是给试验的电子元器件通电，模拟实际工作条件，再在 80℃ ~ 180℃ 的高温环境中工作几个小时，它是一种对元器件多种潜在故障都有检验作用的有效措施，也是目前采用最多的一种方法。对于业余者来说，在单件电子制作过程中，是不太可能采取这些方法进行老化检测的，在大多数情况下，采用自然老化的方式。例如，使用前将元器件存放一段时间，让电子元器件自然而然地经历夏季高温和冬季低温的考验，然后再来检测它们的电性能，看是否符合使用要求，优存劣汰。对于一些急用的电子元器件，也可采用简易电老化方式，用一台输出电压可调的脉动直流电源使加在电子元器件两端的电压略高于元件额定值的工作器件的电压，调整流过元器件的电流强度，使其功率为 1.5 ~2 倍额定功率，通电几分钟甚至更长时间，利用元器件自身的特性而发热升温，完成简易老化过程。

3）元器件的检测

经过外观检查以及老化处理后的电子元器件，还必须对其电气性能与技术参数进行测量，以确定其优劣，剔除那些已经失效的元器件。当然，对于不同的电子元器件应有不同的测量仪器，但对于业余爱好者来说，一般不具备专用电子测量仪器的条件，但起码有一块万用表，利用万用电表可以对一些常用的电子元器件进行粗略检测。各种电子元器件涉及的电性能参数很多，要根据业余制作所必须要弄清楚的有关参数进行检测，而不必对该元器件的所有参数一一检测。下面列举几种基本元器件的检测。

①电阻器。它是所有电子装置中应用最为广泛的一种元件，也就是最便宜的电子元件之一。它是一种线性元件，在电路中的主要用途有：限流、降压、分压、分流、匹配、负载、阻尼、取样等。

检测该元件时，主要看它的标称阻值与实际测量阻值的偏差程度。在大批量的生产中，由于加工过程中各道工序对电阻器的作用，电阻器的实际值不可能做到与它的标称值完全一致，因此其阻值具有离散性，为了便于管理和组织生产，工程上按照使用的需要，给出了允许偏差值，如 ±5%、±10%、±20%等。再加上万用表检测电阻器时的误差，一般要求其误差不超过允许偏差的 10% 即认为合格。同时亦可通过外观检查综合判断其优劣。

②电容器。电容器也是电子装置中用得最多的电子元器件之一。它的质量好坏直接影响到整机的性能，同时也是容易失效的元件。在检查电容器时，如果电解电容器的储存期超过三年，可以认为该元件失效。有些电容器上没有出厂年限标志，外观上完好无损，肉眼很难判断出它的质量问题，因此就必须要对它进行检测。

电容器在电路中起隔波、滤波、旁路、耦合、中和、退耦、谐振、振荡等作用。它的常见故障有击穿、漏电、失效（干涸）。用万用电表的欧姆挡检查电容器是利用了电容器能够充放电原理进行的，这时应选用欧姆挡的最高量程（R ×1 kΩ 或 R ×10 kΩ）来测量，如图附录 B.8 所示。当万用电表的两根表棒与电容器的两引脚相接时，表针先向顺时针方向偏转一个角度，此时称电容器的充电，当充电到一定程度时，电容器又开始放电，此时万用电表的指针便返回到

∞位置。在测量过程中，表针摆动的角度越大，说明所检测的电容容量越大。表针返回后越接近∞处，说明所检测的电容器漏电越小，即所检测的电容器质量越高。

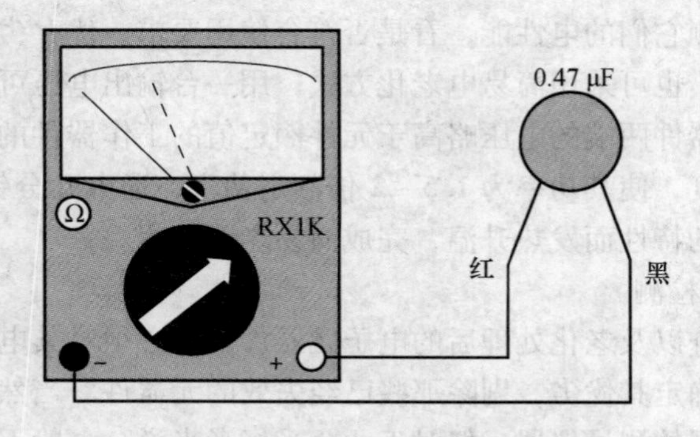

图附录 B.8　电容器检测（1）

测量电解电容器时，由于其引脚有正、负极之分，应将红表棒接电容器的负极，黑表棒接电容器的正极，这样测量出来的漏电电阻才是正确的。反接时一般漏电电阻要比正接时小，利用这一点，还可判断出无极性标志的电解电容器的极性。如果电容器的容量太小，如在 4 700 pF 以下，就只能检查它是否漏电或击穿。如果在测量中，表针摆动一下回不到∞处，而是停留在 0 ~ ∞处的中间某一位置上，说明该电容器漏电严重；也可采取图附录 B.9 所示的办法。在万用电表与被测小电容之间加装一只 NPN 型硅三极管，要求其β值大于 100，集电极与发射极之间的耐压应大于 25 V，I_{CEO}越小越好。被测电容器接到 A、B 两端。由于三极管 VT 的电流放大作用，较小容量的电容器也能引起表针较大幅度的摆动，然后返回到∞位置，如不能返回到∞处的，则可估测出漏电电阻。

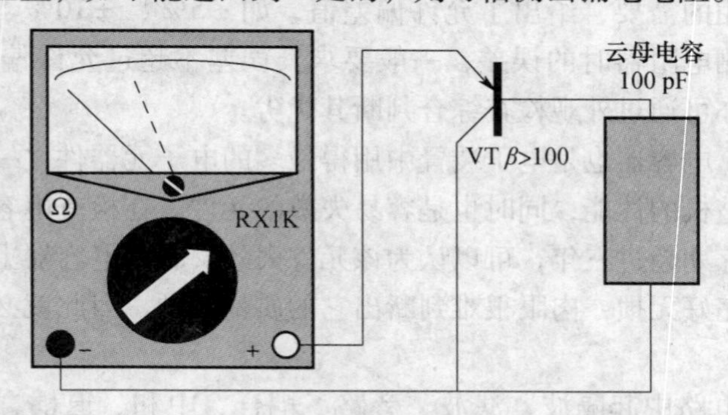

图附录 B.9　电容器检测（2）

对于可变电容器、拉线电容器，亦可用万用电表检测出它们有否碰片或漏电、短路等。

③电感器。电感器是一种非线性元件，可以储存磁能。由于通过电感的电流值不能突变，所以，电感对直流电流短路，对突变的电流呈高阻态。电感器在电

路中的基本用途有扼流、交流负载、振荡、陷波、调谐、补偿、偏转等。利用万用电表对其进行检测时，即只能判断出它的直流电阻值，如果已经标明了数值的电感器，只要其直流电阻值大致符合，即可视为合格。

④晶体二极管。晶体二极管是一种非线性器件，它的正、反两个方向的电阻值相差悬殊，这就是二极管的单向导电性。在电路中，利用这一特性，可以用作整流、检波、限幅、阻尼、隔离等。

附录 C　Proteus 仿真基础

1. Proteus 仿真平台简介

Proteus 是英国 Labcenter Electronics 公司开发的 EDA 工具软件。该软件具有原理布图、PCB 设计及自动布线和电路的分析与仿真功能，可以对基于微控制器的设计以及所有的周围电子器件一起仿真。用户甚至可以实时采用诸如 LED/LCD、键盘、RS232 终端等动态外设模型来对设计进行交互式仿真。Proteus 具有功能很强的 ISIS 智能原理图输入系统，有丰富的操作菜单与工具。在 ISIS 编辑区中，能方便地完成单片机系统的硬件设计、软件设计、单片机源代码级调试与仿真。

Proteus 有三十多个元器件库，数千种元器件仿真模型，十余种信号源激励源，十余种虚拟仪器仪表。特别有从 8 位单片机的 8051 系列直至 32 位单片机 ARM7 系列的多种单片机类型库。Proteus 软件中还有交直流电压表、逻辑分析仪、示波器、定时/计数器和信号发生器等测试型号用于电路测试。

Proteus 由 ISIS 和 ARES 两部分构成，其中 ISIS 是电子系统仿真平台，它用于电路原理图的设计及交互式仿真。ARES 是布线编辑软件，它用于印制电路板的设计，并产生光绘输出文件。本书只介绍有关 ISIS 的仿真应用。

2. Proteus 应用举例

本节通过一个 MCS—51 单片机具体应用实例——《秒表的设计》介绍在 Proteus 平台上进行设计与开发的主要过程。

1）启动 Proteus 的 ISIS 模块

从 Windows 开始菜单启动 Proteus 的 ISIS 模块后，可进入该软件的主界面（见图附录 C.1）。

可以看出，ISIS 的编辑界面是标准的 Windows 软件风格，包括标准工具栏、主菜单栏、绘图工具栏、仿真控制工具栏、对象选择窗口、原理图编辑窗口和预览窗口等。

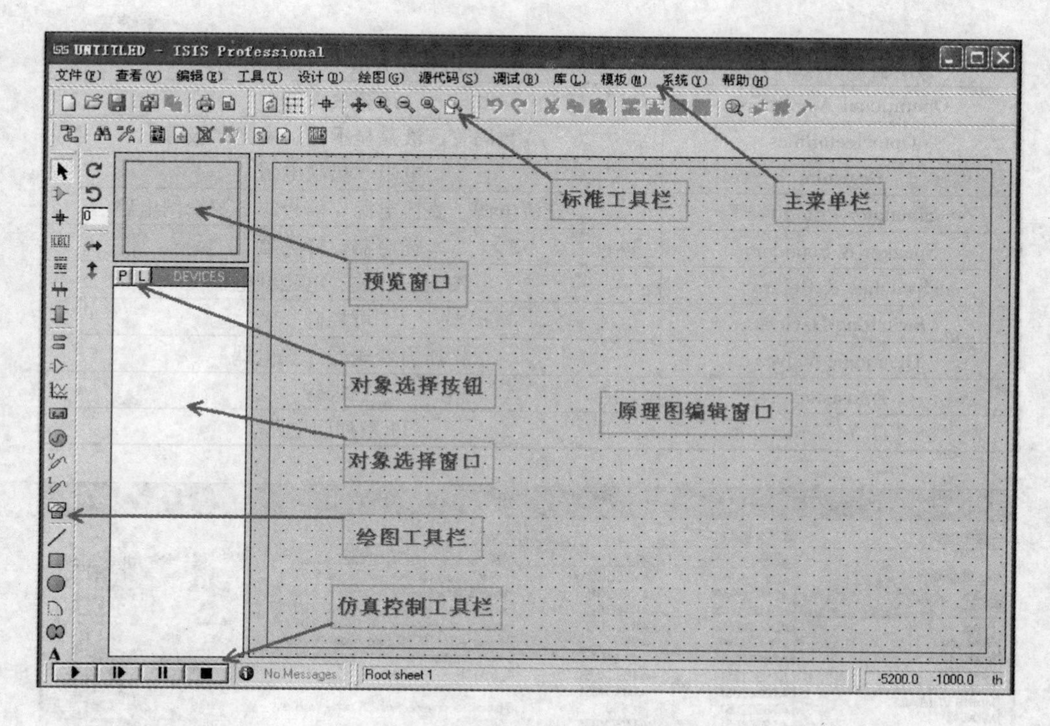

图附录 C.1 ISIS 仿真软件的主界面

2）选择元器件

单击图 2 左侧的对象选择按钮“P”，可弹出“Pick Devices”元件选择窗口（见图附录 C.2）。原件选择窗口中包含了 Proteus 支持的全部元器件，它们的中英文对照见表附录 C.1。

表附录 C.1 Proteus 中的原件中英文对照表

分类（Category）	元器件类型（Results）
Aalog Ics	三端稳压电源、时基电路、基准电源、运算放大器、V/F 转换器、比较器
Capacitors	电容、电解电容
CMOS 4 000 series	4 000 系列 COMS 门电路
Connect	接插件
Data Converters	A/D 转换器、D/A 转换器、温度传感器、温度继电器
Diodes	二极管、稳压管
Electromechnical	直流电动机、步进电动机、伺服电动机
Inductors	电感线圈、变压器
Memory ICs	数据存储器、程序存储器
Mcroprocessor ICs	微处理器、单片机
Miscellaneous	天线、电池、晶振、熔断器、交通信号灯

续表

分类（Category）	元器件类型（Results）
Operational Amplifiers	运算放大器
Optoelectormics	数码管、液晶显示器、发光二极管
Resistors	电阻、热敏电阻
Simulator Primitives	交流电源、直流电源、信号源、逻辑门电路
Speaker & Sounders	扬声器、蜂鸣器
Switches & Relays	按钮、开关、电磁继电器
Switching Devices	可控硅
Themionic Valves	压力变送器、热电偶
Transistors	三极管
TTL 74 series	74 系列门电路

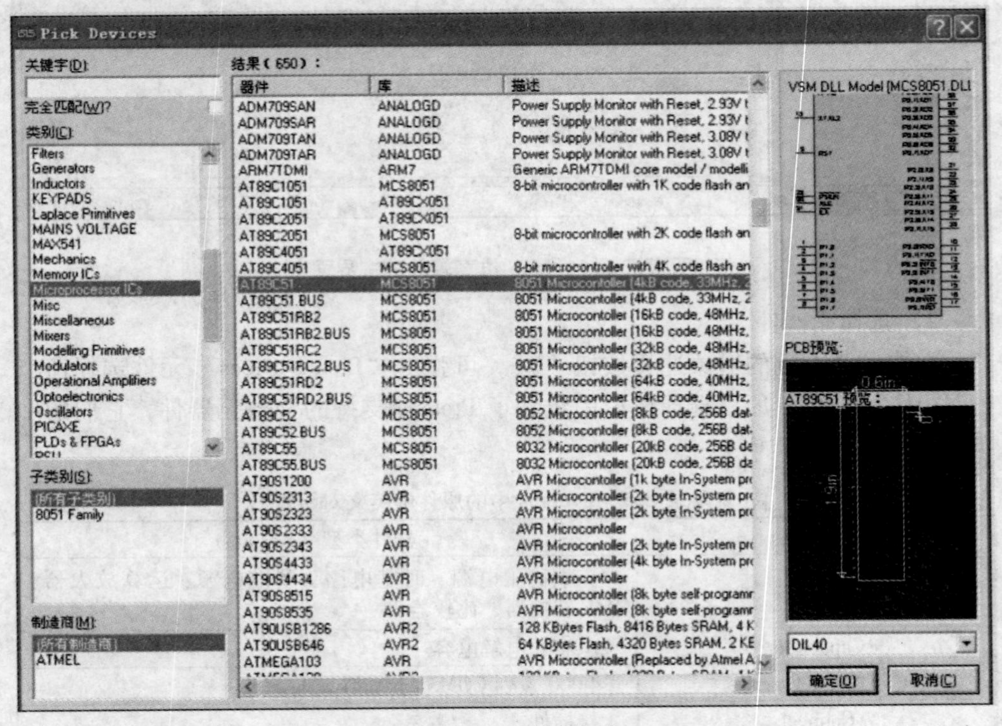

图附录 C. 2　元件选择窗口

利用“Keywords”检索框可查找所需的元器件，例如输入“80C51”，系统会在对象库中进行搜索查找，并将搜索结果显示在“Results”列表框中（见图附录 C. 3）。

双击所需元件名后，该元件会出现在对象选择列表窗口里。利用此方法可继续选择其他元件。如欲退出选择，单击“OK”按钮，关闭元件选择窗口，返回到主界面（见图附录 C. 4）。

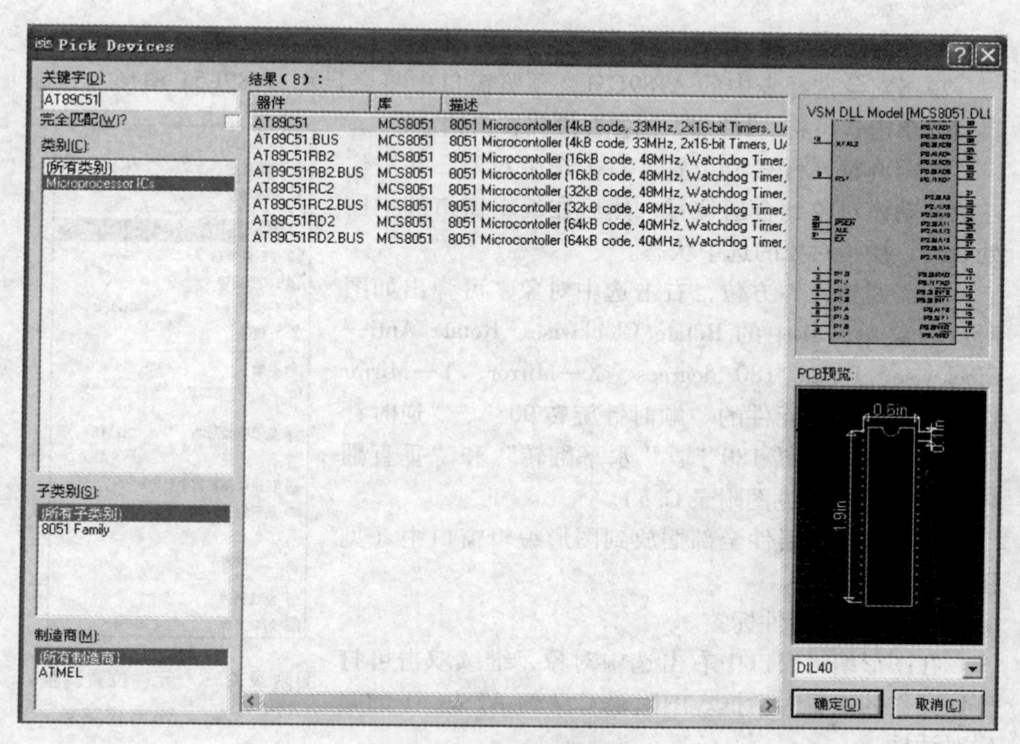

图附录 C.3　元件搜索结果

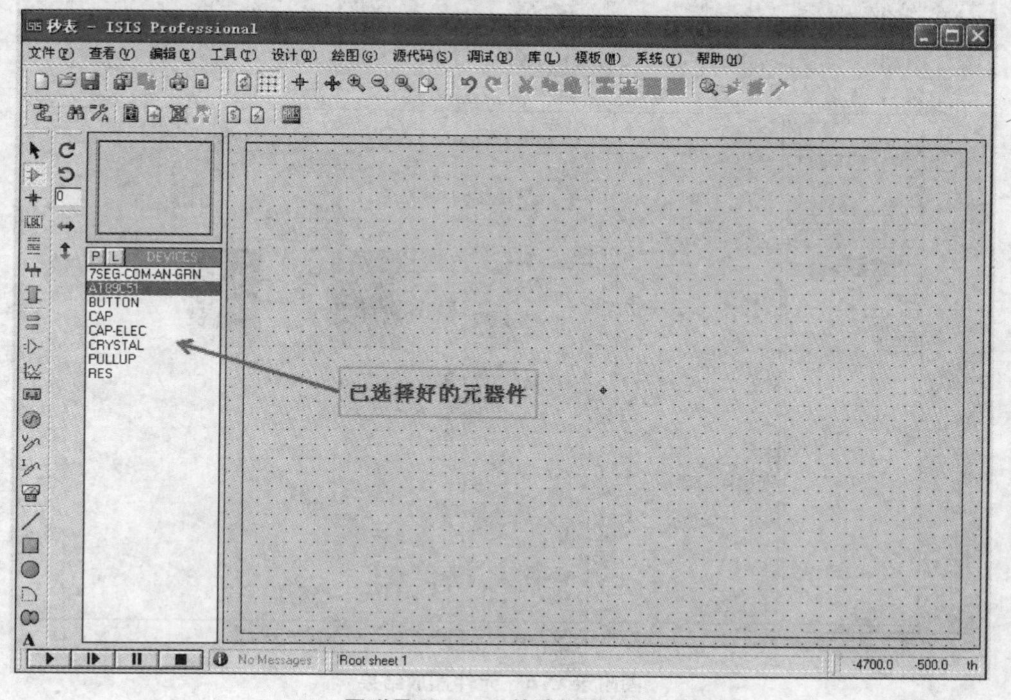

图附录 C.4　元件选择完成后

3）摆放元器件

单击对象选择表中的 AT89C51，预览窗口中将会显示 AT89C51 图形。在编辑窗口单击，可将 AT89C51 放置在编辑窗口内。

如需调整元件摆放位置，右击选中对象，并按住左键拖动该对象到合适位置，然后在编辑窗口的空白处右击，撤销对象的选中状态。

如需调整元件方位，右击选中对象，可弹出如图所示的菜单，其中的 Rotate Clockwise、Rotate Anti—Clockwise、Rotate 180 degrees、X—Mirror、Y—Mirror 选项可分别用于元件的“顺时针旋转 90°”、“逆时针旋转 90°”、“旋转 180°”、“水平翻转”和“垂直翻转”调整操作（见图附录 C. 5）。

依次可将元器件全部摆放到图形编辑窗口中（见图附录 C. 6）。

4）编辑元器件标签

在图形编辑窗口中右击选中对象，继续双击可打开该元件的编辑对话框。图附录 C. 7 为 AT89C51 的编辑对话框。

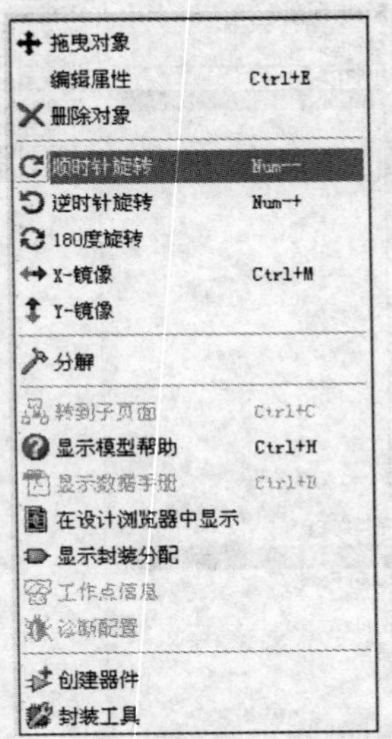

图附录 C. 5 元件位置调整弹出式菜单

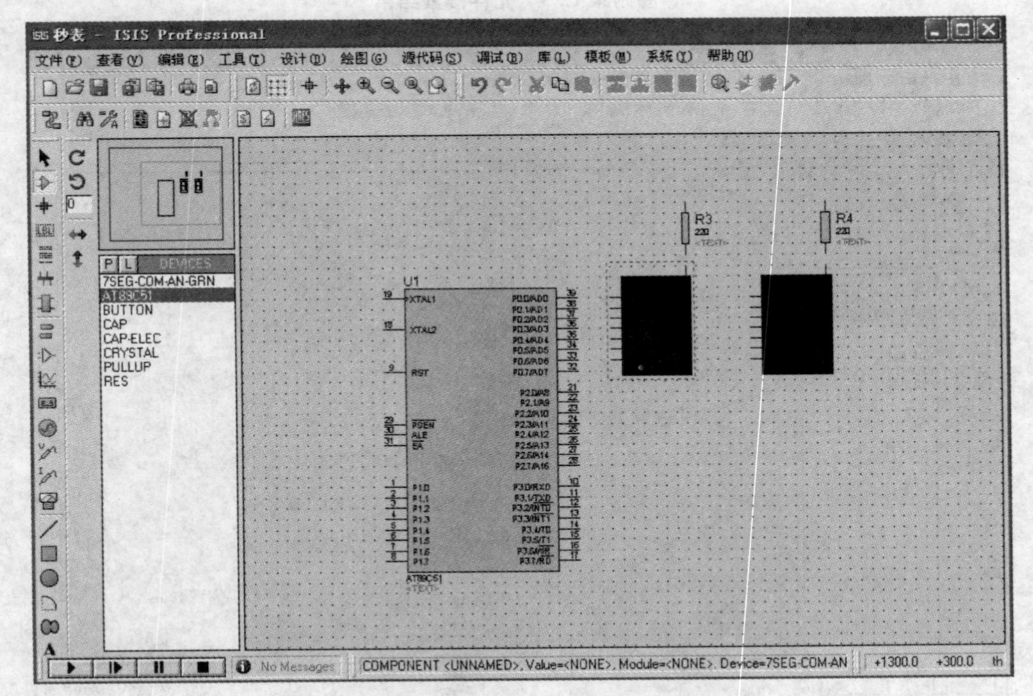

图附录 C. 6 元件摆放结果

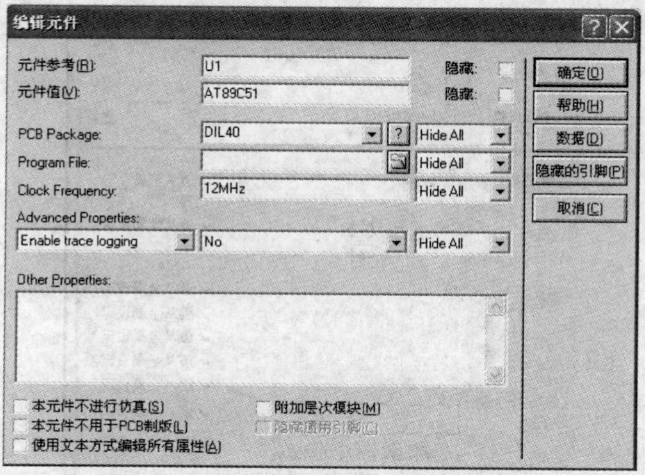

图附录 C. 7　AT8980C51 编辑对话框

图中列出的参数类型可能依元器件不同而有所不同，但表示元器件在原理图中参考号的“Component Referer”选项总是存在的。对话框中的选项一般都可根据用户需要进行更改。

需要注意的是，对话框中的“Hidden”选项可使对应参数值变为隐藏的，即不出现在原理图上，用户可以根据需要自行设置。

5）编辑元器件属性

从图附录 C. 6 中可以看出，每个元器件下面都有一个 <TEXT> 框，可能影响原理图的美观。为取消 <TEXT> 框，需要元器件的属性进行设置。

双击 <TEXT> 框进入元器件属性编辑对话框，并且单击“Style”选项卡，如图附录 C. 8 所示。

取消“Visible”项的“Follow Globl”属性，Visible 将由灰色状态变为黑色，同样取消其选中状态，<TEXT> 框将从原理图中影藏起来。按此步骤，可将每个元器件下面的 <TEXT> 框变为隐藏状态。

6）对原理图布线

（1）画导线

ISIS 模块中没有提供专门的连线工具，省去了用户选择连线模式的麻烦。在 ISIS 中，两个元件之间的连线非常简单。只需要直接单击两个元件的连接点，ISIS 即可自动定出走线的路径并完成两连接点的连线操作，这就是 ISIS 的线路自动路径功能（简称 WAR）。WAR 功能可通过使用工具栏里的 WAR 命令按钮来关闭或打开。如果想自己决定走线的路径，只需要单击第一个元器件的连接点，然后在希望放置拐点的地方单击，最后单击另一个元器件的连接点即可。

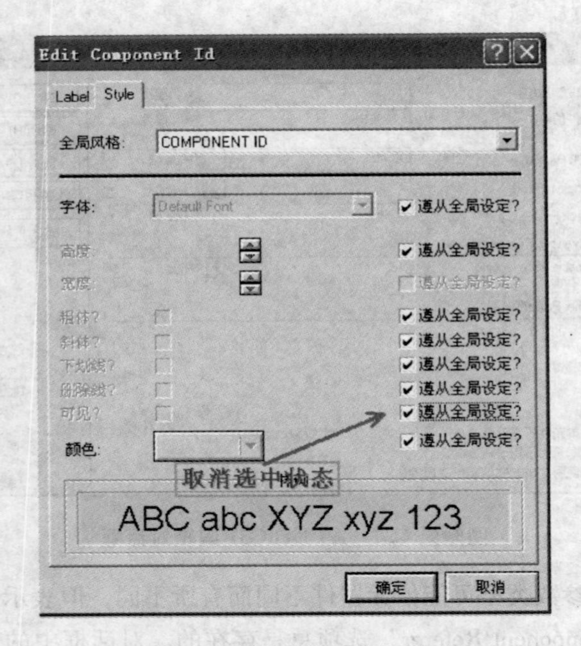

图附录 C.8　元器件的属性编辑对话框

ISIS 具有重复布线功能。例如，用户要画出 AT89C51 P0 口与 LED1 之间的 7 条导线（见图附录 C.9），可以采取如下步骤：

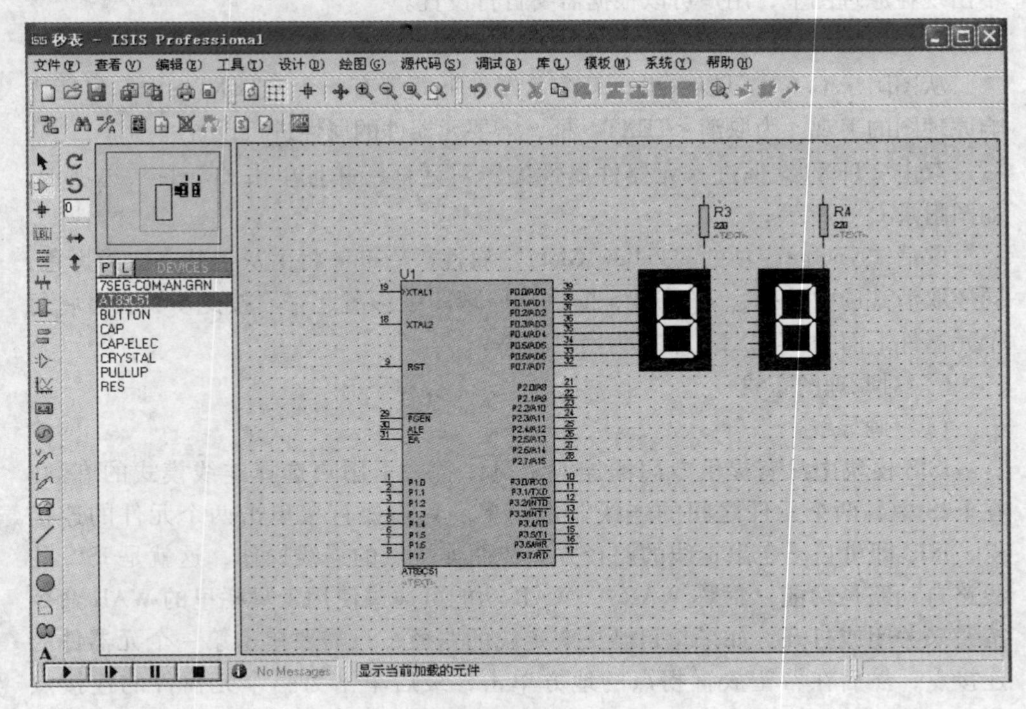

图附录 C.9　画导线

从P0口的第一个引脚发向LED1的第一个引脚连接一根导线，双击P0口的第二个引脚，重复画线功能就会被激活，ISIS会自动在P0口与LED1的第二个引脚之间画出导线。双击第三个引脚，依此类推，可以轻松地完成所有导线的连接。

（2）画总线

为了简化原理图，可以用一条导线代表数条并行的导线，这就是所谓的总线。单击工具栏里的总线按钮，即可在编辑窗口画总线（见图附录C.10）。

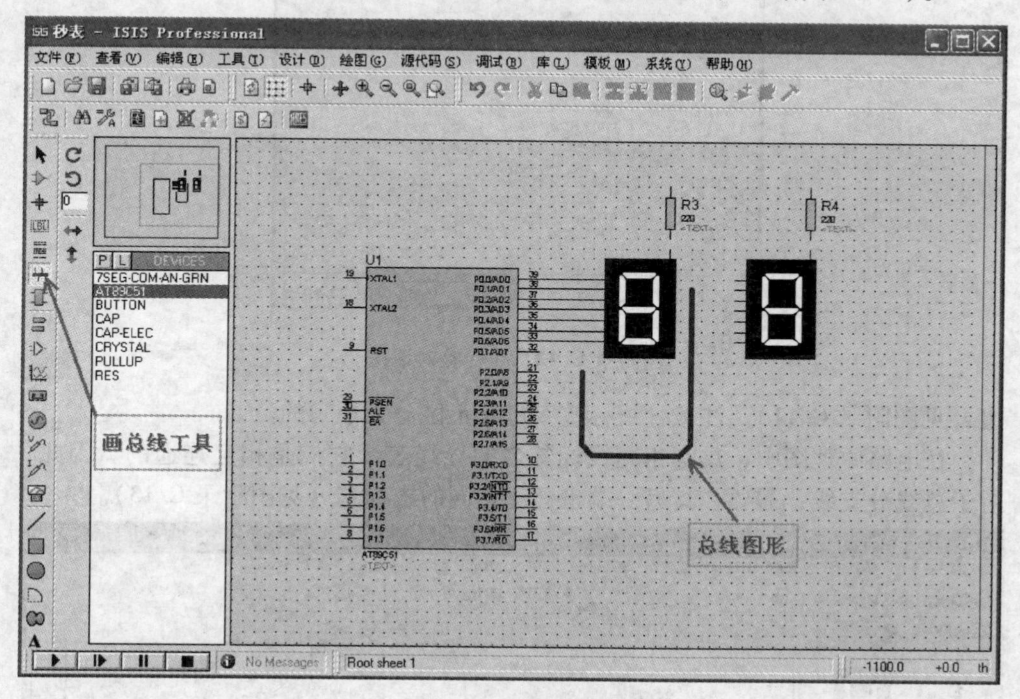

图附录C.10　画总线

总线分支线是连接总线和元器件引脚的导线，为了和一般导线区分，通常采用与总线倾斜相连的方式表示。画线时在拐点处按住Ctrl键的同时移动鼠标，导线便可随意倾斜，达到合适的位置后单击即可完成分支线，如图附录C.11所示。

总线分支线画好后还需要添加线标签（如图所示的标号a、b、c…），具体做法是：

①从绘图工具栏中选择Wire Labels图标LBL，在期望放置线标签的导线上单击，将出现如图附录C.12所示的线标签对话框。

②在“String”下拉参数框内输入线标签的名称，如“a”。对话框中还有线标签的摆放方位（Rotate）和对齐方式（Justify）选项，可酌情选用。单击“OK”按钮关闭对话框，该线标签便可出现在被标注导线旁

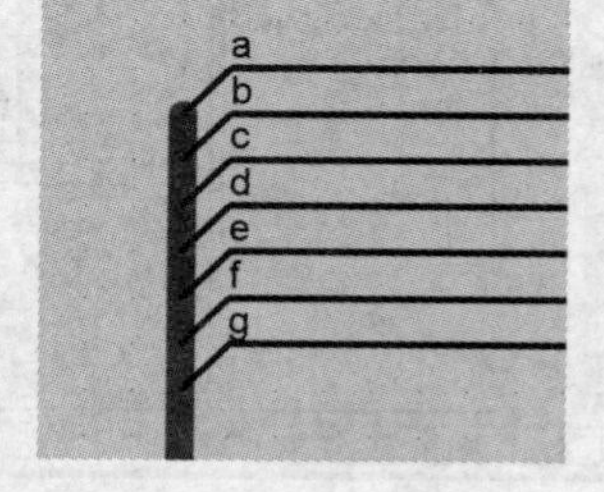

图附录C.11　总线分支线

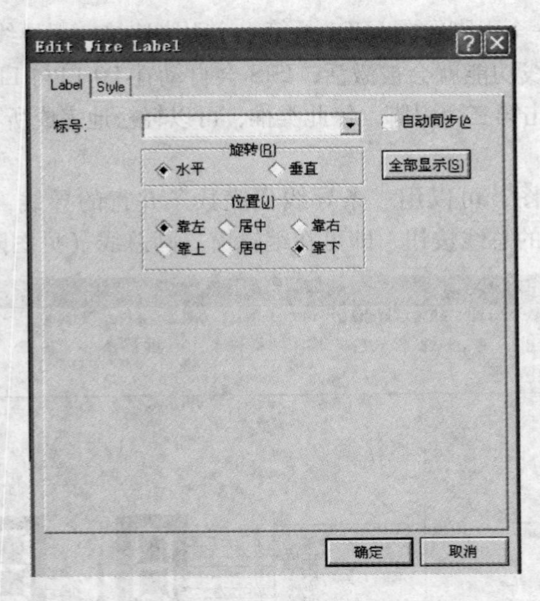

图附录 C.12　线标签对话框

边（见图附录 C.11）。注意，线标签字母是不区分大小写的。

在电路原理图中，具有相同线标签名的导线表示它们是相互连通的。因此，对于总线分支线，需要在其另一端也标注相同的线标签（见图附录 C.13）。

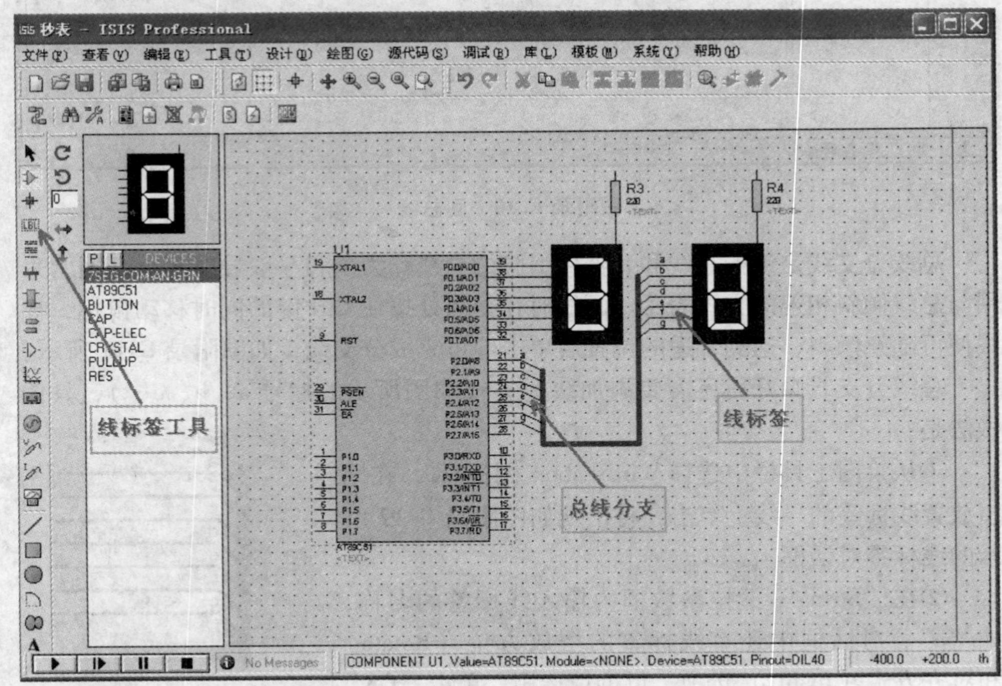

图附录 C.13　添加线标签

(3) 画电源线

选择绘图工具栏中的 Terminals Mode 图标，会出现端子列表（见图附录 C. 14)，其中 POWER 为电源，GROUND 为接地端。选择 GROUND，并在原理图编辑窗口中单击，“接地”端就被放置到原理图编辑窗口中了。同理，选择 POWER 可放置正电源。

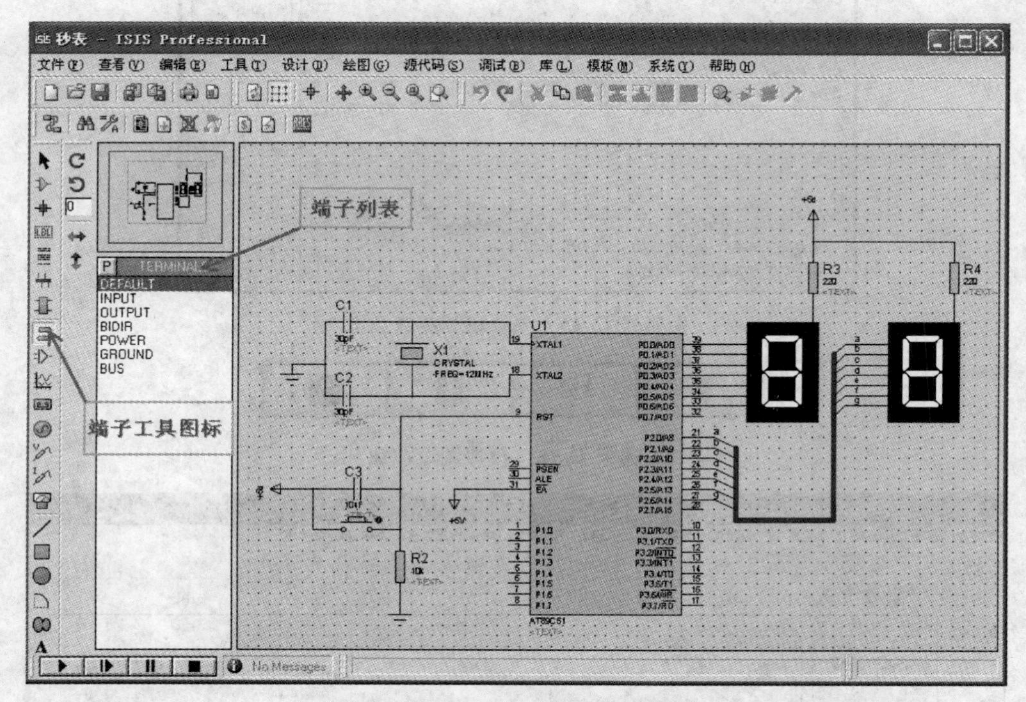

图附录 C. 14 添加电源端和接地端

至此，电子秒表的电路原理图便完成了。

7）添加 . hex 仿真文件

原理图绘制好后需要加载可执行文件 * . hex 才能进行仿真运行，加载方法如下：

①双击原理图中 AT89C51 元件，可弹出标签对话框（见图附录 C. 15)。

②单击“Program File”参数框后面的文件夹按钮，在文件夹中找到经过编译后形成的可执行文件，单击“OK”按钮结束加载过程。

8）仿真运行

单击原理图编辑窗口左下角的仿真控制工具栏中的图标（见图附录 C. 16)，可进行仿真运行。图中的 4 个仿真控制按钮（由左至右）的功能依次是“运行”“单步”“暂停”“停止”。

仿真允许启动后，单击原理图（如参考电路图）中的按钮 BUT，将可以看到数码管上显示数字的变化（见图附录 C. 17)。

编辑元件
元件参考(R): U1 隐藏:
元件值(V): AT89C51 隐藏:
PCB Package: DIL40 Hide All
Program File: 秒表.HEX Hide All
Clock Frequency: 12MHz Hide All
Advanced Properties:
Enable trace logging No Hide All
Other Properties:
本元件不进行仿真(S) 附加层次模块(M)
本元件不用于PCB制版(L) 隐藏通用引脚(C)
使用文本方式编辑所有属性(A)
确定(O) 帮助(H) 数据(D) 隐藏的引脚(P) 取消(C)

图附录 C.15 单片机标签对话框

图附录 C.16 模拟调试按钮

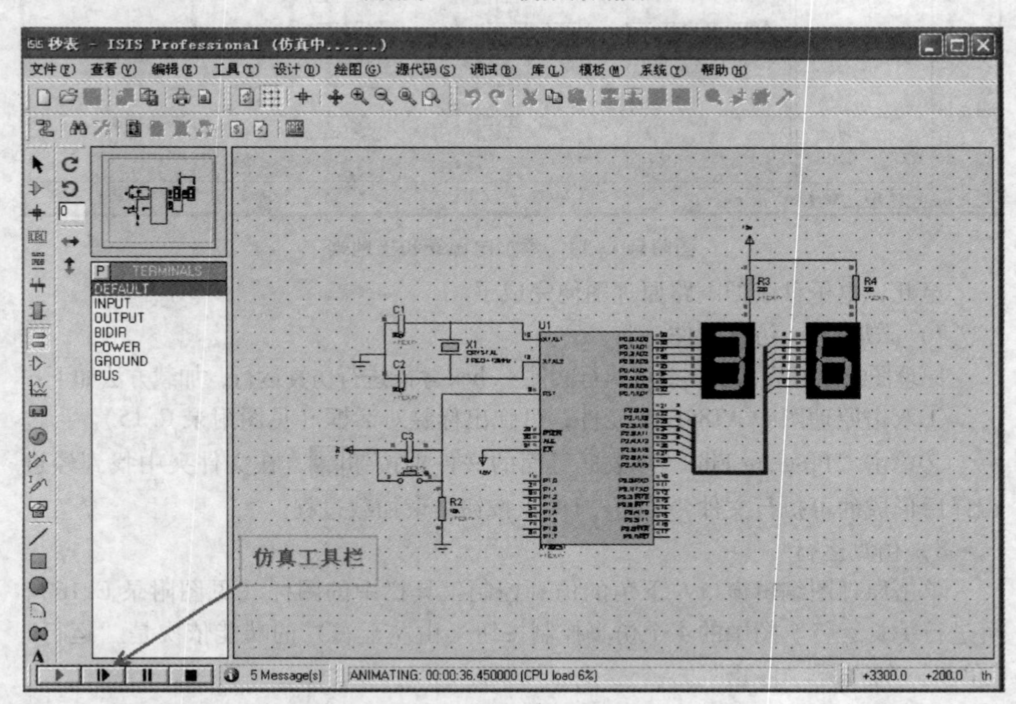

图附录 C.17 仿真运行效果

以上就是 Proteus 原理图绘制和仿真运行的基本方法，原理图的绘制技能的提高还需要在实践中多练习。

附录 D　ASCII 码表

低位 \ 高位		0	1	2	3	4	5	6	7
		0000	0001	0010	0011	0100	0101	0110	0111
0	0000	NUL	DLE	SP	0	@	P	、	p
1	0001	SOH	DC1	!	1	A	Q	a	q
2	0010	STX	DC2	”	2	B	R	b	r
3	0011	ETX	DC3	#	3	C	S	c	s
4	0100	EOT	DC4	$	4	D	T	d	t
5	0101	ENQ	NAK	%	5	E	U	e	u
6	0110	ACK	SYN	&	6	F	V	f	v
7	0111	BEL	ETB	’	7	G	W	g	w
8	1000	BS	CAN	(	8	H	X	h	x
9	1001	HT	EM	)	9	I	Y	i	y
A	1010	LF	SUB	*	:	J	Z	j	z
B	1011	VT	ESC	+	;	K	[	k	{
C	1100	FF	FS	,	<	L	\	l	|
D	1101	CR	GS	–	=	M	]	m	}
E	1110	SO	RS	·	>	N	^	n	~
F	1111	SI	US	/	?	O	—	o	DEL

表中符号说明：

NUL	空	FF	换页	CAN	作废
SOH	标题开始	CR	回车	EM	载终
STX	正文结束	SO	移出符	SUB	取代
ETX	本文结束	SI	移入符	ESC	换码
EOT	传输结束	DLE	转义符	FS	文字分隔符
ENQ	询问	DC1	设备控制 1	GS	组分隔符
ACK	应答	DC2	设备控制 2	RS	记录分隔符
BEL	报警符	DC3	设备控制 3	US	单元分隔符
BS	退一格	DC4	设备控制 4	SP	空格
HT	横向列表	NAK	否定	DEL	删除
LF	换行	SYN	同步		
VT	横向列表	ETB	信息组传送结束		

附录 E MCS—51 指令表

指　令	功能说明	机器码（H）	字节数	周期数
数据传送类指令				
MOV A，Rn	寄存器送累加器	E8 ~ EF	1	1
MOV A，direct	直接字节送累加器	E5 direct	2	1
MOV A，@Ri	间接 RAM 送累加器	E6 ~ E7	1	1
MOV A，#data	立即数送累加器	74 data	2	1
MOV Rn，A	累加器送寄存器	F8 ~ FF	1	1
MOV Rn，direct	直接字节送寄存器	A8 ~ AF direct	2	2
MOV Rn，#data	立即数送寄存器	78 ~ 7F direct	2	1
MOV direct，A	累加器送直接字节	F5 direct	2	1
MOV direct，Rn	寄存器送直接字节	88 ~ 8F direct	2	2
MOV direct1，direct2	直接字节送直接字节	85 direct1 direct2	3	2
MOV direct，@Ri	间接 RAM 送直接字节	86 ~ 87 direct	2	2
MOV direct，#data	立即数送直接字节	75 direct data	3	2
MOV @Ri，A	累加器送间接 RAM	F6 ~ F7	1	1
MOV @Ri，direct	直接字节送间接 RAM	A6 ~ A7 direct	2	2
MOV @Ri，#data	立即数送间接 RAM	76 ~ 77 data	2	1
MOV DPTR，#data16	16 位立即数送数据指针	90 data15 ~ 8 data7 ~ 0	3	2
MOVC A，@A + DPTR	以 DPTR 为变址寻址的程序存储器读操作	93	1	2
MOVC A，@A + PC	以 PC 为变址寻址的程序存储器读操作	83	1	2
MOVX A，@Ri	外部 RAM（8 位地址）读操作	E2 ~ E3	1	2

续表

指　令	功能说明	机器码（H）	字节数	周期数
MOVX A，@DPTR	外部 RAM（16 位地址）读操作	E0	1	2
MOVX @Ri，A	外部 RAM（8 位地址）写操作	F2～F3	1	2
MOVX @DPTR，A	外部 RAM（16 位地址）写操作	F0	1	2
PUSH direct	直接字节进栈	C0 direct	2	2
POP direct	直接字节出栈	D0 direct	2	2
XCH A，Rn	交换累加器和寄存器	C8～CF	1	1
XCH A，direct	交换累加器和直接字节	C5 direct	2	1
XCH A，@Ri	交换累加器和间接 RAM	C6～C7	1	1
XCHD A，@Ri	交换累加器和间接 RAM 地低 4 位	D6～D7	1	1
算术运算指令				
ADD A，Rn	寄存器加到累加器	28～2F	1	1
ADD A，direct	直接字节加到累加器	25 direct	2	1
ADD A，@Ri	间接 RAM 加到累加器	26～27	1	1
ADD A，#data	立即数加到累加器	24 data	2	1
ADDC A，Rn	寄存器带进位加到累加器	38～3F	1	1
ADDC A，direct	直接字节带进位加到累加器	35 direct	2	1
ADDC A，@Ri	间接 RAM 带进位加到累加器	36～37	1	1
ADDC A，#data	立即数带进位加到累加器	34 data	2	1
SUBB A，Rn	累加器带借位减去寄存器	98～9F	1	1
SUBB A，direct	累加器带借位减去直接字节	95 direct	2	1
SUBB A，@Ri	累加器带 减去间接 RAM	96～97	1	1
SUBB A，#data	累加器带借位减去立即数	94 data	1	1
INC A	累加器加 1	04	2	1
INC Rn	寄存器加 1	08～0F	1	1
INC direct	直接字节加 1	05 direct	1	1

续表

指 令	功能说明	机器码（H）	字节数	周期数
INC @ Ri	间接 RAM 加 1	06 ~ 07	1	1
DEC A	累加器减 1	14	2	1
DEC Rn	寄存器减 1	18 ~ 1F	1	1
DEC direct	直接字节减 1	15 direct	1	1
DEC @ Ri	间接 RAM 减 1	16 ~ 17	1	1
INC DPTR	数据指针加 1	A3	1	2
MUL AB	A 乘以 B	A4	1	4
DIV AB	A 除以 B	84	1	4
DA A	十进制调整	D4	1	1
逻辑运算指令				
ANL A，Rn	寄存器“与”累加器	58 ~ 5F	1	1
ANL A，direct	直接字节“与”累加器	55 direct	2	1
ANL A，@ Ri	间接 RAM“与”累加器	56 ~ 57	1	1
ANL A，#data	立即数“与”累加器	54 data	2	1
ANL direct，A	累加器“与”直接字节	52 driect	2	1
ANL direct，#data	立即数“与”直接字节	53 direct data	3	2
ORL A，Rn	寄存器“或”累加器	48 ~ 4F	1	1
ORL A，direct	直接字节“或”累加器	45 direct	2	1
ORL A，@ Ri	间接 RAM“或”累加器	46 ~ 47	1	1
ORL A，#data	立即数“或”累加器	44 data	2	1
ORL direct，A	累加器“或”直接字节	42 direct	2	1
ORL direct，#data	立即数“或”直接字节	43 direct data	3	2
XRL A，Rn	寄存器“异或”累加器	68 ~ 6F	1	1
XRL A，direct	直接字节“异或”累加器	65 direct	2	1
XRL A，@ Ri	间接 RAM“异或”累加器	66 ~ 67	1	1
XRL A，#data	立即数“异或”累加器	64 data	2	1
XRL direct，A	累加器“异或”直接字节	62 direct	2	1
XRL direct，#data	立即数“异或”直接字节	63 direct data	3	2
CLR A	累加器清 0	E4	1	1
CPL A	累加器取反	F4	1	1

续表

指 令	功能说明	机器码（H）	字节数	周期数
位操作指令				
MOV C，bit	直接位送进位位	A2 bit	2	1
MOV bit，C	进位位送直接位	92 bit	2	2
CLR C	进位位清0	C3	1	1
CLR bit	直接位清0	C2 bit	2	1
SETB C	进位位置1	D3	1	1
SETB bit	直接位置1	D2 bit	2	1
CPL C	进位位取反	B3	1	1
CPL bit	直接位取反	B2 bit	2	1
ANL C，bit	直接位“与”进位位	82 bit	2	2
ANL C，/bit	直接位取反“与”进位位	B0 bit	2	2
ORL C，bit	直接位“或”进位位	72 bit	2	2
ORL C，/bit	直接位取反“或”进位位	A0 bit	2	2
控制转移指令				
ACALL addr11	绝对子程序调用	addr10 ~ 8 1001 addr7 ~ 0	2	2
LCALL addr16	长子程序调用	12 addr15 ~ 8 addr7 ~ 0	3	2
RET	子程序返回	22	1	2
RETI	中断返回	32	1	2
AJMP addr11	绝对转移	Addr10 ~ 800001addr7 ~ 0	2	2
LJMP addr16	长转移	02 addr15 ~ 8adddr7 ~ 0	3	2
SJMP rel	短转移	80 rel	2	2
JMP @ A + DPTR	间接转移	73	1	2
JZ rel	累加器为0转移	60 rel	2	2
JNZ rel	累加器不为0转移	70 rel	2	2
CJNE A，direct，rel	直接字节与累加器比较，不相等则转移	B5 direct rel	3	2
CJNE A，#data，rel	立即数与累加器比较，不相等则转移	B4 direct rel	3	2
CJNE Rn，#data，rel	立即数与寄存器比较，不相等则转移	B8 ~ BF data rel	3	2

续表

指　令	功能说明	机器码（H）	字节数	周期数
CJNE @Rn，#data，rel	立即数与间接 RAM 比较，不相等则转移	B6 ~ B7 data rel	3	2
DJNZ Rn，rel	寄存器减 1 不为 0 转移	D8 ~ DF rel	2	2
DJNZ direct，rel	直接字节减 1 不为 0 转移	D5 direct rel	3	2
NOP	空操作	00	1	1
JC rel	进位位为 1 转移	40 rel	2	2
JNC rel	进位位为 0 转移	50 rel	2	2
JB bit，rel	直接位为 1 转移	20 bit rel	3	2
JNB bit，rel	直接位为 0 转移	30 bit rel	3	2
JBC bit，rel	直接位为 1 转移并清 0 该位	10 bit rel	3	2